零基础 Python 编程入门与实战

吴晶晶　主编

洪立彬　刘杰　国勇　副主编

化学工业出版社

·北京·

本书从初学者学习角度出发，通过四个部分：Python 编程基础、大家一起来编程、编程进阶、程序调试与数据库，全面讲解了 Python 的编程基础、软件结构、常用模块等编程知识以及基于 Python 编程的多个游戏综合设计实例，同时也介绍了 Python 文本操作与数据库的有关技巧，不仅适于初学者入门，也利于 Python 开发者全面提高技能。

书中每一章都有配套教学视频，详细讲解操作步骤、编程技巧和注意事项，读者可以扫描每一章的二维码详细、直观学习，如同老师现场指导。

本书可供 Python 编程爱好者、初学者学习使用，也适合作为中学生"信息技术"课程的配套阅读资料，同时也可作为创客教育机构的教学用书。

图书在版编目（CIP）数据

零基础Python编程入门与实战 / 吴晶晶主编. —北京：化学工业出版社，2019.10（2021.1重印）
ISBN 978-7-122-34923-1

Ⅰ.①零… Ⅱ.①吴… Ⅲ.①软件工具 - 程序设计 Ⅳ.① TP311.561

中国版本图书馆 CIP 数据核字（2019）第 151852 号

责任编辑：刘丽宏　　　　　　　　　　　　　文字编辑：吴开亮
责任校对：王　静　　　　　　　　　　　　　装帧设计：王晓宇

出版发行：化学工业出版社（北京市东城区青年湖南街13号　邮政编码100011）
印　　装：北京缤索印刷有限公司
787mm×1092mm　1/16　印张23　字数573千字　2021年1月北京第1版第2次印刷

购书咨询：010-64518888　　　　　　　　　　售后服务：010-64518899
网　　址：http://www.cip.com.cn
凡购买本书，如有缺损质量问题，本社销售中心负责调换。

定　　价：99.00元

前言

Python 由荷兰人 Guido van Rossum 于 1989 年发明。由于 Python 语言的简洁性、易读性以及可扩展性，Python 已成为最受欢迎的程序语言之一。

本书内容设置均以用计算机解决问题、用 Python 编程思维实现功能为目标，通过四个部分，全面讲解了 Python 软件的安装、软件结构、常用模块等编程知识以及基于 Python 编程的多个游戏综合设计实例，同时也介绍了 Python 文本操作与数据库的有关技巧，不仅适于初学者入门，也利于 Python 开发者全面提高技能。

全书内容具有以下特点：

◆ 全彩印刷，大量开发实例引导，Python 开发者轻松入门；

◆ 每个案例注重整体程序的简洁、实用，都经过反复调试、验证，可以直接用于开发实践；

◆ 编程进阶：综合开发实例循序渐进，全面提高开发者技能；

◆ 运维测试、文本与数据库操作，Python 编程开发技能全涵盖；

◆ 二维码视频教学，详细讲解操作步骤、编程技巧和注意事项，如同老师直接指导。

本书由吴晶晶主编，洪立彬、刘杰、国勇副主编，参加编写的还有张伯虎、孔凡桂、张振文、曹振华、赵书芬、张伯龙、张胤涵、张校珩、曹祥、焦凤敏、张校铭、王桂英、蔺书兰，另外本书的编写得到了固安县智科美晟电子科技有限公司培训中心的大力支持，在此，对参与编写、校对以及提供资料等支持的作者表示诚挚的谢意！

因编者水平有限，书中不足之处难免，恳请广大读者批评指正（欢迎关注下方二维码下载学习资源并与我们交流）。

编者

目 录

第一部分　Python 编程基础

第4章 函数

▶ 视频讲解

第5章 列表

▶ 视频讲解

第6章 字典和结构化数据

▶ 视频讲解

第7章 字符串操作

▶ 视频讲解

第8章 Python 常用模块

▶ 视频讲解

第9章 海龟作图

▶ 视频讲解

Python

第二部分　大家一起来编程

第 10 章　动手操作

▶ 视频讲解

第 11 章　游戏初体验学用书

▶ 视频讲解

第 12 章　互动式游戏

▶ 视频讲解

第三部分　编程进阶

第 13 章　弹球游戏

▶ 视频讲解

第14章 大战外星人

▶ 视频讲解

Python

Python

第四部分　程序调试与数据库

第18章 数据库基本操作

▶ 视频讲解

Python

第一部分

Python 编程基础

第1章

Python 安装

1.1
搭建编程环境

  Python 是一种跨平台的编程语言，这意味着它能够运行在所有主要的操作系统中。在所有安装了 Python 的现代计算机上，都能够运行编写的任何 Python 程序。然而，在不同的操作系统中，安装 Python 的方法存在细微的差别。

  在这一节中，将学习如何在自己的系统中安装 Python 和运行 "Hello World" 程序。首先要检查自己的系统是否安装了 Python，如果没有，就安装它。其次，需要安装一个简单的文本编辑器，并创建一个空的 Python 文件——Hello World.py。最后，运行 "Hello World" 程序，并排除各种故障。接下来将详细介绍如何在各种操作系统中完成这些任务，能够搭建一个对初学者友好的 Python 编程环境。

  本书使用的 Python 版本是 Python 3 版本，如果使用本书网站上的安装程序，得到的就是这个版本，本书里的所有例子已经用 Python 3 做过测度，它们很可能也可以用于以后的版本，不过我们无法预知未来，但是有一点我们可以保证，就是无论以后如何升级，我们所学到的知识都可以应用，并且可以轻松学习后面的版本。

Python 2 与 Python 3

  简单的说，2是旧3是新，3是2的升级版，3完全高于2，2是时代的眼泪3是现在和未来，2逐渐被淘汰3用的人越来越多。之前两个版本共存只是因为诸多package的更新换代并没有跟上，但是到了现在只要还有人维护的package基本都兼容3了，然而新建的package却越来越多不兼容2。

1.2
不同操作系统中搭建 Python 编程环境

1.2.1　电脑上安装 Python

电脑上的操作系统不同，但其安装方法基本相同，下面我们在 Windows 7 上安装 Python。先用网页浏览器打开 http：//www.python.org/，然后下载 Python 2 或 Python 3 安装程序。

下载了安装程序以后，双击图标，然后按照提示把 Python 安装到默认位置，步骤如下。

① 选择 "Install for All Users"，然后点击 "Next"。

② 不要改变默认路径，但要留意一下安装的路径（C：\Python3）。点击 "Next"。

③ 忽略来自安装过程中定义 Python 的部分，点击 "Next"。

安装完成后，在"开始"菜单中应该多了一项 Python 3.8，如图 1-1 所示。

图 1-1　"开始"菜单中多了一项 Python 3.8

1.2.2　在苹果 OSX 上安装 Python

如果使用的是苹果电脑，应该已经有预先安装好的 Python，但它可能是语言的早期版本。要确保运行的是最新版本，用浏览器打开 http：//www.python.org/getit/ 来下载最新版本的苹果安装程序。

有两种不同的安装程序。选择下载哪一个取决于安装的苹果 OSX 的版本（在顶部的菜单条上点击苹果图标，然后选择"关于这台 Mac"）。按照以下操作来选择一个安装程序。

如果运行的苹果 OSX 的版本介于 10.3 ～ 10.6 之间，下载 "32-bit version of Python 3 for i386/PPC"。

如果运行的苹果 OSX 版本是 10.6 或更高的话，下载 "64-bit/32-bit version of Python 3 for x86-64"。

当文件下载好以后（它的文件扩展名是 .dmg），双击它，会看到在一个窗口中显示文件的内容。

在这个窗口中，双击 Python.mpkg，然后按照提示（英文）安装软件。在安装 Python 前会提示输入管理员的密码。

接下来，需要在桌面上加上一个脚本来启动 Python 的 IDLE 程序。步骤如下：

① 点击屏幕右上角的 Spotlight 放大镜图标。

② 在出现的输入框中输入 Automator。

③ 点击菜单中出现的那个看起来像个机器人一样的应用。

④ 在 Automator 启动后，选择"应用程序"模板。

⑤ 点击"选择"来继续。

⑥ 在动作列表中找到"运行脚本"，然后把它拖到右边空白处。

1.2.3　在 Linux 系统上安装 Python

Linux 系统是为编程而设计的，因此在大多数 Linux 计算机中，都默认安装了 Python。要在这种系统中编程，几乎不用安装什么软件，也几乎不用修改设置。

Geany 是一款简单的文本编辑器：它易于安装；能够直接运行几乎所有的程序（而无须通过终端来运行）；使用不同的颜色来显示代码，以突出代码语法；在终端窗口中运行代码，使用户能够习惯使用终端。这里强烈建议使用 Geany。

如果按前面的步骤做，应该能够成功地搭建编程环境。但如果始终无法运行程序 Hello-World.py，可尝试如下几个解决方案。

① 程序在严重的错误时，Python 将显示 Trackback。Python 会仔细研究文件，试图找出其中的问题。Trackback 可能会提供线索，让用户知道是什么问题让程序无法进行。

② 离开计算机，先休息一会儿再尝试。在编程中，语法非常重要，即便是少一个冒号、引号不匹配或括号不匹配，都可能导致程序无法正确地运行。可再次阅读本章相关的内容，审视所做的工作，看看能否找出错误。

③ 推倒重来。也许不需要把一切都推倒重来，但将文件 Hello-World.py 删除并重新创建它也许是合理的选择。

④ 让别人在你的计算机或其他计算机上按本章的步骤重做一遍，并仔细观察。可能是自己遗漏了一小步，而别人刚好没有遗漏。

⑤ 请懂 Python 的人帮忙。

⑥ 到网上寻求帮助。如论坛或在线聊天网站，可以前往这些地方，请求他人提供解决方案。

第2章

Python 入门基础

2.1
在交互式环境中输入表达式

启动 Python 有两种方法，其中一种方法是从 IDLE 启动，也就是我们现在要使用的方法。

在 Start（开始）菜单中，可以看到"Python 3.8"下面的"IDLE（Python GUI）"。点击这个选项，会看到 IDLE 窗口打开（类似下面显示的窗口）。如图 2-1 所示。

图 2-1　IDLE 窗口打开

IDLE 是一个 Python Shell。Shell 的意思就是"外壳",基本说来,这是一个通过键入文本与程序交互的途径,可以利用这个 Shell 与 Python 交互(正是因为这个原因,可以看到窗口的标题栏上显示着 Python Shell)。IDLE 本身还是一个 GUI(图形用户界面),所以在开始菜单中显示为 Python GUI。除了 Shell,IDLE 还有其他一些特性,不过这方面内容我们后文再讲。

图 2-1 中的 >>> 是 Python 提示符(prompt)。提示符是程序等待用户键入信息时显示的符号。这个 >>> 提示符就是在告诉用户,Python 已经准备好了,在等着键入 Python 指令。

下面就来向 Python 下达我们的第一条指令。

在 >>> 提示符末尾的光标后面键入:

```
>>> print("Hello world!")
```

然后按下 Enter(回车键,这个键称为 Return 键)。每键入一行指令之后,都要按回车键。

按下回车键之后,会得到这样一个响应:

```
>>> print("Hello world!")
Hello world!
>>>
```

图 2-2 显示了 IDLE 窗口中执行这个指令的情况。

图 2-2　IDLE 窗口执行指令

Python 会完全照用户的指示去做:它会"打印"(print)消息(在编程中,"打印"通常是指在屏幕上显示文本,而不是打印在一张纸上)。键入的这行文本就是一个 Python 指令。

IDLE 里为什么会有那些奇妙的颜色呢?是为了 IDLE 帮用户更好地理解这些内容。它用不同的颜色显示文本,便于用户区分代码(code)的不同部分(在 Python 之类的语言中,代码就是下达给计算机的指令,这只是指令的另一个叫法)。本书后面会慢慢解释这些部分究竟是什么。

如果出问题，可能会看到类似图 2-3 的结果。

图 2-3　IDLE 会有哪些奇妙的颜色

这个错误消息表示，Python 不懂用户键入的内容。在上面的例子中，print 被错拼为 pront，Python 不知道该怎么处理。如果犯了这个错误，可以再试一次，这次一定要完全按照例子键入指令。

这是有道理的。因为 print 是一个 Python 关键字，而 pront 不是。

> 关键字（keyword）是作为 Python 语言一部分的特殊词，也称为保留字（reserved word）。

刚才所做的就是在交互模式中使用 Python。键入命令（指令）后，Python 立即执行这个命令。

> 执行（executing）命令、指令或程序就表示"运行"或者"发生"，这只是运行或发生的另外一种形象说法。

下面就在交互模式中再尝试几条指令。

在提示符后面键入下面这条指令。

```
>>> print(6 + 6)
```

会得到如图 2-4 所示的结果。

图 2-4　>>>print6+6 指令

这说明 Python 确实会做加法！这并不奇怪，因为计算机本来就很擅长算术运算。
下面再试一个：

```
>>> print(6 * 6)
36
```

几乎所有计算机程序和语言中都使用 * 符号作为乘号。这个符号称作"星号"或
"星"。

如果在数学课上总是把"5 乘以 3"写作 5×3，在 Python 中就必须习惯用 * 来
做乘法。

5 乘以 3 太简单了，再试试这个：

```
>>> print(3.1415926 * 3.1415926)
9.86960406437476
```

利用计算机，超大数的数学计算也能完成。不仅如此，还可以做些别的事情，
比如：

```
>>> print("dog" + "cat")
dogcat
```

或者再试试这个：

```
>>> print(6 * "cat")
catcatcatcatcatcat
>>>
```

除了数学计算，计算机擅长的另一件事就是反复地做事情。在这里，我们告诉 Python
让它把 cat 打印 6 次。

2.2
整型、浮点型和字符串数据类型

表达式是值和操作符的组合，它们可以通过求值成为单个值。"数据类型"是一类值，
每个值都只属于一种数据类型。表 2-1 列出了 Python 中最常见的数据类型。例如，值 -2 和
30 属于"整型"值。整型（或 int）数据类型表明值是整数。带有小数点的数，如 3.14 称为
"浮点型"（或 float）。注意，尽管 42 是一个整型，但 42.0 是一个浮点型。

表 2-1　常见数据类型

数据类型	例子
整型	-2, -1, 0, 1, 2, 3, 4, 5
浮点型	-1.25, -1.0, -0.5, 0.0, 0.5, 1.0, 1.25
字符串	'a', 'aa', 'aaa', 'Hello!', '11 cats'

Python 程序也可以有文本值，称为"字符串"，或 atirs（发音为"atirs"）。总是用单引号包围住字符串（例如 'Hello' 或 'Goodbye cruel world！'），这样 Python 就知道字符串的开始和结束。甚至可以有没有字符的字符串，称为"空字符串"。第 7 章更详细地解释了字符串。

如果看到错误信息 SyntaxError：EOL while scanning string literal，可能是忘记了字符串末尾的单引号，如下面的例子所示：

```
Type "copyright", "credits" or "license()" for more information
>>> 'Hello World!
SyntaxError: EOL while scanning string literal
>>>
```

2.2.1 改变类型

很多情况下，我们需要将数据从一种类型转换成另一种类型。例如，想要打印一个数字时，就需要把它转换成文本，使它能够出现在屏幕上。Python 的 print 命令可以为我们实现这点。不过，有时我们只是想转换而不需要打印出来，或者需要从字符串转换成数字（这是 print 无法做到的）。这称为类型转换（typeconversion），这该如何做到呢？

Python 实际上并没有把一个东西从一种类型"转换"成另一种类型。它只是由原来的东西创建一个新东西，而且这个新东西正是用户想要的类型。下面给出一些函数，它们可以把数据从一种类型转换为另一种类型。

- float( ) 从一个字符串或整数创建一个新的浮点数（小数）。
- int( ) 从一个字符串或浮点数创建一个新的整数。
- str( ) 从一个数（可以是任何其他类型）创建一个新的字符串。

float( )、int( ) 和 str( ) 后面有小括号，因为它们不是 Python 关键字（如 print）——它们只是 Python 的内置函数（function）。

后面我们还会学习更多有关函数的内容。现在只需要知道：可以把想要转换的值放在函数后面的小括号里，要说明这一点，最好的办法就是举一些例子。在 IDLE Shell 中，采用交互模式完成下面的例子。

（1）将整数转换为浮点数。下面先从整数开始，由它创建一个新的浮点数（小数），这里要使用 float( )：

```
>>> a = 10
>>> b = float(a)
>>> a
10
>>> b
10.0
```

⚠ **注意**：b 得到一个小数，末尾有一个 0。这就告诉我们这是一个浮点数而不是整数。变量 a 保持不变，因为 float( ) 不会改变原来的值——它只是创建一个新的值。

🌐 **记住**：在交互模式中，可以直接键入变量名（而不需要使用 print），Python 会显示这个变量的值，不过这只在交互模式中奏效，在程序中是行不通的。

（2）将浮点数转换为整数。下面再反过来试试，从一个小数用 int( ) 创建一个整数：

```
>>> c = 10.0
>>> d = int(c)
>>> c
10.0
>>> d
10
```

我们创建了一个新的整数 d，这是 c 的整数部分。

```
>>> 0.1 + 0.2
0.30000000000000004
```

怎么会发生这种事情？

这是因为在计算机中使用的都是二进制，对于 0.1 和 0.2 之和，Python 会用足够多的二进制位（比特）创建一个浮点数（小数）来保证 15 个小数位。不过这个二进制数并不完全等于 0.3，它只是相当接近。在这里，误差是 0.00000000000000004，这个差称为舍入误差。

在交互模式中键入 0.1+0.2 这个表达式时，Python 会显示它存储的原始数值，包括所有的小数位。使用 print 时，会得到期望的结果，因为 print 很清楚要四舍五入显示 0.3。

所有计算机语言中浮点数都存在舍入误差。对于不同的计算机或者不同的语言来说，得到的正确的位数可能有所不同，不过都会使用同样的基本方法来存储浮点数。

通常舍入误差都很小，所以不需要担心这些误差。

下面再试试另一个转换：

```
>>> e = 54.99
>>> f = int(e)
>>> print(e)
54.99
>>> print(f)
54
>>>
```

尽管 54.99 与 55 很接近，但是得到的整数仍然是 54。int( ) 函数总是下取整。它不会给出最接近的整数，而是会给出下一个最小的整数，实际上 int( ) 函数就是去掉小数部分。

（3）将字符串转换为浮点数。还可以从字符串创建一个数，就像这样：

```
>>> a = '12.8'
>>> b = float(a)
>>> a
'12.8'
>>> b
12.8
>>>
```

注意：显示 a 时，结果两边有引号。Python 通过这种方式告诉我们 a 是一个字符串。显示 b 时，会得到浮点数值，这里包括所有小数位。

2.2.2 得到更多信息：type( )

上一节说过，我们通过看引号来确定一个值究竟是数还是字符串。要确定它是一个数还是字符串，还有一种更直接的方法。

Python 还提供了函数 type( )，它可以明确地告诉我们变量的类型。

```
>>> a = '10.0'
>>> b = 10.0
>>> type(a)
<type 'str'>
>>> type(b)
<type 'float'>
>>>
```

type( ) 函数告我们 a 的类型是 'str'，这代表字符串（string），b 的类型是 'float'，很明显这代表浮点数。

2.2.3 类型转换错误

当然，如果向 int( ) 或 float( ) 提供的不是一个数，它就会不正常。

试试看：

```
>>> print (float('apple'))
Traceback (most recent call last):
  File "<pyshell#18>", line 1, in <module>
    print (float('apple'))
ValueError: could not convert string to float: 'apple'
>>>
```

我们得到了一个错误消息。这个非法文字错误消息说明 Python 不知道怎么从 "apple" 创建一个数。

2.3
字符串连接和复制

根据操作符之后的值的数据类型，操作符的含义可能会改变。例如，在操作两个整型或浮点型值时，＋是相加操作符。但是，在用于两个字符串时，它将字符串连接起来，成为"字符串连接"操作符。在交互式环境中输入以下内容：

```
>>> 'dog' + 'cat'
'dogcat'
>>>
```

该表达式求值为一个新字符串，包含了两个字符串的文本。但是，如果对一个字符串和一个整型值使用加操作符，Python 就不知道如何处理，它将显示一条错误信息。

```
>>> 'dog' +6

Traceback (most recent call last):
  File "<pyshell#2>", line 1, in <module>
    'dog' +6
TypeError: cannot concatenate 'str' and 'int' objects
>>> |
```

错误信息 cannot concatenate 'str' and 'int' objects 表示 Python 认为，用户试图将一个整数连接到字符串 'dog'。代码必须将整数转换为字符串。因为 Python 不能自动完成转换（"程序剖析"在讨论函数时，将解释数据类型转换）。

在用于两个整型或浮点型值时，* 操作符表示乘法。但 * 操作符用于一个字符串值和一个整型值时，它变成了"字符串复制"操作符。在交互式环境中输入一个字符串乘一个数字，看看效果。

```
>>> print ( 6 * "cat" )
catcatcatcatcatcat
>>>
```

该表达式求值为一个字符串，它将原来的字符串重复若干次，次数就是整型的值。字符串复制是一个有用的技巧，但不像字符串连接那样常用。

* 操作符只能用于两个数字（作为乘法），或一个字符串和一个整型（作为字符串复制操作符）。否则，Python 将显示错误信息。

```
>>> 'dog' *'cat'

Traceback (most recent call last):
  File "<pyshell#3>", line 1, in <module>
    'dog' *'cat'
TypeError: can't multiply sequence by non-int of type 'str'
>>>
```

Python 不理解这些表达式是有道理的：不能把两个单词相乘，也很难将一个任意字符串复制小数次。

2.4
在变量中保存值

"变量"就像计算机内存中的一个盒子，其中可以存放一个值。如果程序稍后将用到一个已求值的表达式的结果，就可以将它保存在一个变量中。

2.5
第一个程序

到目前为止，我们看到的例子都只是（交互模式中）单个的 Python 指令。通过这些指令可以查看 Python 能够做些什么，这固然不错，不过这些例子并不是真正的程序。前面已经提到过，程序是多个指令集合在一起。所以下面就来创建我们的第一个 Python 程序。

首先需要键入我们的程序。如果只是在交互式窗口中键入指令，Python 不会"记住"键入的内容，需要使用一个文本编辑器（比如 Windows 上的"记事本"、Mac OSX 上的 TextEdit，或者 Linux 上的 vi），它能把程序保存到硬盘上，IDLE 提供了一个文本编辑器，它比记事本更适合需要，可以从 IDLE 的菜单中选择 File（文件）→ New Window（新窗口）找到这个文本编辑器。

然后会看到一个类似的窗口。标题栏显示 Untitled（意思是"未命名"），因为还没有给文件命名。

现在，在这个编辑器中键入第一个程序。如图 2-5 所示。

图 2-5 编辑器键入第一个程序

键入代码之后，使用 File（文件）→ Save（保存）或者 File（文件）→ Save As（另存为）菜单项保存这个程序。把这个文件命名为 apple & banana.py。可以把它保存到希望的任何位置（只要记得保存在哪里，以便以后还能找到它）。可能还想创建一个新的文件夹来保存 Python 程序。文件名末尾的 .py 部分很重要，因为这一部分会告诉计算机这是一个 Python 程序，而不只是普通的文本文件。

这个编辑器在程序中使用了不同的颜色，有些词是橙色，还有一些是绿色，这是因为 IDLE 编辑器认为用户打算键入一个 Python 程序。对于 Python 程序，IDLE 编辑器把 Python 关键字用橙色显示，引号中间的所有内容都显示为绿色，这样是为了帮助用户更容易地读 Python 代码。

保存了程序之后，就可以选择 Run（运行）菜单（还是在 IDLE 编辑器中），再选择 Run Module（运行模块），如图 2-6 所示。这样就能运行程序了。

```
File  Edit  Format  Run  Options  Window  Help
print("I like app    Run Module         F5
print("I like ban    Run... Customized  Shift+F5
                     Check Module        Alt+X
                     Python Shell
```

图 2-6 选择 Run Module（运行模块）

Python Shell 窗口（就是启动 IDLE 时出现的窗口）再次变成活动窗口，并会显示如图 2-7 所示的结果。

RESTART 部分表明已经开始运行一个程序。

当然，这个程序确实没太大用处。不过起码能让计算机听从用户的指令了。随着学习的深入，我们的程序会越来越有意思。

如果程序中出现错误无法运行，怎么办呢？可能会发生两种不同类型的错误。下面就来了解这两种错误，这样无论遇到哪一种错误都能知道如何应对。

```
I like apple!
I like banana!I like banana!I like banana!I like banana!I like banana!I like ban
ana!I like banana!I like banana!I like banana!I like banana!
>>> 
```

图 2-7　启动 IDLE 时出现的窗口

（1）语法错误　IDLE 在尝试运行程序前会对程序做一些检查。如果 IDLE 发现一个错误，这往往是一个语法错误（syntax error）。语法就是一种编程语言的拼写和语法规则，所以出现语法错误意味着键入的某个内容不是正确的 Python 代码。

下面给出一个例子，如图 2-8 所示。

图 2-8　语法错误

运行程序会得到如图 2-9 所示的结果。

图 2-9　运行结果

如果运行这个程序，IDLE 会弹出一个消息 "There's an error in your program：invalid syntax"，意思是程序中有一个错误，语法不正确。必须查看代码，找出哪里出了问题。IDLE 的编辑器会（用红色）突出显示它认为出错的位置，也许问题不会恰好出现在红色显示的位置，不过应该很接近。

（2）运行时错误　可能发生的第二种错误是运行程序之前 Python（或 IDLE）无法检测出来的错误。这种错误只是在程序运行时才会发生，所以被称为运行时错误（runtime error）。下面是程序中出现运行时错误的例子，如图 2-10 所示。

```
apple&banana-error2.py - C:\Users\ThinkPad\Desktop\apple&banana...    —    □    ×
File  Edit  Format  Run  Options  Window  Help
print("Hello,and welcome to Python! ")
print("I hope you will enjoy learning to program.")
print("Bye for now!" + 5)
```

图 2-10　运行错误

如果保存这个程序，并试图运行，程序确实会开始运行。前两行会打印出来，但是接下来会得到一个错误消息，如图 2-11 所示。

```
>>>
=========== RESTART: C:\Users\ThinkPad\Desktop\apple&banana-error2.py ===========
Hello,and welcome to Python!
I hope you will enjoy learning to program.
Traceback (most recent call last):
  File "C:\Users\ThinkPad\Desktop\apple&banana-error2.py", line 3, in <module>
    print("Bye for now!" + 5)
TypeError: can only concatenate str (not "int") to str
>>>
```

图 2-11　错误消息

Traceback 开头的代码行表示错误消息开始。下一行指出哪里发生了错误，这里会给出文件名和行号。然后显示出错的代码行，这可以帮助用户找到代码中哪里出了问题。错误消息的最后一部分会告诉用户 Python 认为存在什么问题。对编程和 Python 有了更多了解之后，就更容易理解这个消息是什么意思了。

这有点像将苹果和鳄鱼放在一起。在 Python 中，不能把两个完全不同的东西加在一起，比如说数字和文本。正是因为这个原因，print（"Bye for now!"）+5 会给出错误消息。这就像是在说："5 个苹果加 3 只鳄鱼是多少？"结果是 8，但是 8 个什么呢？把这些东西加在一起没有任何意义。不过几乎所有东西都可以乘以一个数来翻倍（如果有两只鳄鱼，再乘以 5，那就会有 10 只鳄鱼）。正因如此，print（"Bye for now！"＊5）是可以的。如图 2-12 所示。

为什么这样可以：
Print（"Bye for now!"*5)
但这样不行：
Print（"Bye for now!"+5)

图 2-12　正确的和错误的程序举例

2.6
程序剖析

新程序在文件编辑器中打开后，快速看一看它用到的 Python 指令，逐一查看每行代码。

2.6.1　注释

下面这行称为"注释"。

```
# This program says hello and asks for my name.
```

Python 会忽略注释，可以用它们来写程序注解，或提醒自己代码试图完成的事。这一行中，# 标志之后的所有文本为注释。

有时候，程序员在测试代码时，会在一行代码前面加上 #，临时删除它。这称为"注释掉"代码。在想搞清楚为什么程序不工作时，这样做可能有用。稍后，如果准备还原这一行代码，可以去掉 #。

Python 也会忽略注释之后的空行。在程序中，想加入空行时就可以加入。这会让代码更容易阅读，就像书中的段落一样。

2.6.2　print( ) 函数

print( ) 函数将括号内的字符串显示在屏幕上。

```
print('Hello world!')
print('What is your name?') # ask for their name
```

代码行 print（'Hello world！'）表示打印出字符'Hello world！'的文本。Python 执行到这行时，告诉 Python 调用 print( ) 函数，并将字符串"传递"给函数。传递给函数的值称为"参数"。注意，引号没有打印在屏幕上，它们只是表示字符串的起止，不是字符串的一部分。

也可以用这个函数在屏幕上打印出空行，只要调用 print( ) 就可以了，括号内没有任何东西。

在写函数名时，末尾的左右括号表明它是一个函数的名字。这就是为什么在本书中会看到 print( )，而不是 print。第 4 章更详细地介绍了函数。

小结：

- 安装了 Python；
- 学习了如何启动 IDLE；
- 了解了交互模式；
- 交给 Python 指令来执行；
- 看到了 Python 知道如何完成算术运算（包括非常大的数）；
- 启动 IDLE 文本编辑器键入第一个程序；
- 运行第一个 Python 程序；
- 了解错误消息。

2.7

编程实例

动手试一试：

① 在交互模式中，使用 Python 计算一周有多少分钟。

② 编写一个简短的小程序，打印 3 行：名字、出生日期、最喜欢的颜色。打印结果应该类似这样：

```
My name is Warren Sande.
I was born January 1,1970.
My favorite color is blue.
```

保存这个程序，然后运行。如果程序没有像期望的那样运行，或者给出了错误消息，试着改正错误，让它能够正确运行。

扫描本章第 1 页二维码可以看到本实例的编程视频讲解。

## 第 3 章

控制流

在上一章我们学习了单条指令的基本知识。程序就是一系列指令。但编程真正的作用不仅在于运行（或"执行"）一条接一条的指令，就像周末的任务清单那样。根据表达式求值得结果，程序可以决定跳过指令，重复指令，或从几条指令中选择一条运行。实际上，用户几乎永远不希望程序从第一行代码开始，简单地执行每行代码，直到最后一行。"控制流语句"可以帮用户决定在什么条件下执行哪些 Python 语句。

这些控制流语句直接对应于流程图中的符号，下面来看一个示例代码的流程图。图 3-1 展示了一张流程图，内容是"如果今天下雨怎么办？"按照箭头构成的路径，从开始到结束。

图 3-1 "如果今天下雨怎么办？"流程图

在流程图中，通常有不止一种方法从开始走到结束。计算机程序中的代码行也是这样。流程图用菱形表示这些分支节点，其他步骤用矩形表示。开始和结束步骤用带圆角的矩形表示。

但在学习流程控制语句之前，首先要学习如何表示这些"是"（Yes）和"否"（No）选项。同时也需要理解如何将这些分支节点写成 Python 代码。要做到这一点，让我们先看看布尔值、比较操作符和布尔操作符。

3.1
布尔值

虽然整型、浮点型和字符串数据类型有无数种可能的值，但是"布尔"数据类型只有两种值：是（True）和否（False）。布尔的首字母大写，因为这个数据类型是根据数学家 George　Boole 命名的。在作为 Python 代码输入时，布尔值是（True）和否（False），不像字符串，两边没有引号，它们总是以大写字母 T 或 F 开头，后面的字母小写。在交互环境中输入下面内容，其中有些指令是故意弄错的，它们将导致错误信息。

```
>>> A = True
>>> A
True
>>> true

Traceback (most recent call last):
  File "<pyshell#2>", line 1, in <module>
    true
NameError: name 'true' is not defined
```

像其他值一样，布尔值也用在表达式中，并且可以保存在变量中。如果大小写不正确，Python 就会给出错误信息。

⚠ **注意**：在编写程序时，不能使用 True 和 False 作为变量名。

3.2
比较操作符

"比较操作符"比较两个值，求值为一个布尔值。表 3-1 列出了比较操作符。

表 3-1　比较操作符

操作符	含义
==	等于
！=	不等于
<	小于

操作符	含义
>	大于
<=	小于等于
>=	大于等于

这些操作符根据给它们提供的值，求值为 True 或 False。现在尝试一些操作符，从 == 和！＝开始。

```
>>> 1 == 1
True
>>> 1 == 2
False
>>> 1 != 2
True
>>> 1 != 1
False
```

如果两边的值一样，==（等于）求值为 True。如果两边的值不同，！＝（不等于）求值为 True。== 和！＝操作符实际上可以用于所有数据类型的值。

```
>>> 'hello' == 'hello'
True
>>> 'hello' == 'Hello'
False
>>> 'dog' == 'cat'
False
>>> 'dog' != 'cat'
True
>>>
```

另一方面，<、>、<= 和 >= 操作符仅用于整型和浮点型值。

操作符的区别：

■ == 操作符（等于）有两个等号，而 = 操作符（赋值）只有一个等号，这两个操作符很容易混淆。只要记住：

== 操作符（等于）问两个值是否彼此相同。

= 操作符（赋值）将右边的值放到左边的变量中。

■ 注意 == 操作符（等于）包含两个字符，就像！＝操作符（不等于）包含两个字符一样。

3.3
布尔操作符

3 个布尔操作符（and、or 和 not）用于比较布尔值。像比较操作符一样，它们将这些表达式求值为一个布尔值。让我们仔细看看这些操作符，从 and 操作符开始。

3.3.1 二元布尔操作符

and 和 or 操作符总是接受两个布尔值（或表达式），所以它们被认为是"二元"操作符。如果两个布尔值都为 True，and 操作符就将表达式求值为 True，否则求值为 False。在交互式环境中输入某个使用 and 的表达式，看看效果。

"真值表"显示了布尔操作符的所有可能结果。表 3-2 为操作符 and 的真值表。

表 3-2　and 操作符的真值表

表达式	求值为
True and True	True
True and False	False
False and True	False
False and False	False

另一方面，只要有一个布尔值为真，or 操作符就将表达式求值为 True。如果都是 False，所求值为 False。

可以在 or 操作符的真值表中看到每一种可能的求值，如表 3-3 所示。

表 3-3　or 操作符的真值表

表达式	求值为
True or True	True
True or False	True
False or True	True
False or False	False

3.3.2　not 操作符

跟 and 和 or 不同，not 操作符只作用于一个布尔值（或表达式）。not 操作符求值为相反的布尔值。

就像在说话和写作中使用双重否定，可以嵌套 not 操作符，虽然在真正的程序中并不经常这样做。表 3-4 展示了 not 操作符的真值表。

表 3-4　not 操作符的真值表

表达式	求值为
not True	False
not False	True

3.4
混合布尔和比较操作符

既然比较操作符求值为布尔值，就可以和布尔操作符一起，在表达式中使用。

and、or 和 not 操作符称为布尔操作符，是因为它们总是操作于布尔值。虽然像 4<5 这样的表达式不是布尔值，但可以求值为布尔值。在交互式环境中，输入一些使用比较操作符的布尔表达式。

```
>>> (4 < 5) and (5 < 6)
True
>>> (4 < 5) and (9 < 6)
False
>>> (1 == 2) and (1 == 1)
False
>>> (1 == 2) or (1 == 1)
True
```

计算机将先求值左边的表达式，然后求值右边的表达式。知道两个布尔值后，它又将整个表达式再求值为一个布尔值。可以认为是计算机求值（4<5）和（5<6）的过程，如图 3-2 所示。

也可以在一个表达式中使用多个布尔操作符，与比较操作符一起使用。

和算术操作符一样，布尔操作符也有操作顺序。在所有算术和比较操作符求值后，Python 先求值 not 操作符，然后是 and 操作符，最后是 or 操作符。

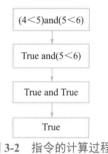

图 3-2　指令的计算过程

3.5
控制流的元素

控制流语句的开始部分通常是"条件"，接下来是一个代码块，称为"子句"。在开始学习具体的 Python 控制流语句之前，先介绍条件和代码块。

3.5.1　条件

前面看到的布尔表达式可以看成是条件，它和表达式是一回事。"条件"只是在控制流语句的上下文中更具体的名称。条件总是求值为一个布尔值：True 或 False。控制流语句根据条件是 True 还是 False 来决定做什么。几乎所有的控制流语句都使用条件。

3.5.2　代码块

一些代码行可以作为一组，放在"代码块"中。可以根据代码行的缩进，知道代码块的开始和结束。代码块有 3 条规则。

① 缩进增加时，代码块开始。

② 代码块可以包含其他代码块。

③ 缩进减少为零，或减少为外面包围代码块的缩进，代码块就结束了。

看一些有缩进的代码，更容易理解代码块。所以让我们在一小段游戏程序中，寻找代码块，如下代码所示：

```python
if name == 'Mary':
    print('Hello Mary')
if name == 'Lucy':
    print('Hello Lucy')
else:
    print('Wrong password')
```

第一个代码块开始于代码行 print（'Hello Mary'），并且包含后面所有的行。在这个代码块中有另一个代码块，它只有一行代码：print（'Hello Lucy'）。第三个代码块也只有一行：print（'Wrong password'）。

3.6 程序执行

在前面的程序中，Python 开始执行程序顶部的指令，然后一条接一条往下执行。"程序执行"（或简称"执行"）这一术语是指当前被执行的指令。如果将源代码打印在纸上，在它执行时用手指指着每一行代码，可以认为手指就是程序执行。

但是，并非所有的程序都是从上至下简单地执行。如果用手指追踪一个带有控制流语句的程序，可能会发现手指会根据条件跳过源代码，有可能跳过整个子句。

3.7 控制流语句

现在，让我们来看最重要的控制流部分——语句本身。语句代表了在图 3-1 的流程图中看到的菱形，它们是程序将做出的实际决定。

3.7.1 if 语句

最常见的控制流语句是 if 语句。if 语句的子句（也就是紧跟 if 的语句块），将在语句的条件为 True 时执行。如果条件为 False，子句将跳过。

在英文中，if 语句合起来可能是："如果条件为真，执行子句中的代码。"在 Python 中，if 语句包含以下部分：

● if 关键字；

- 条件（即求值为 True 或 False 的表达式）；
- 冒号；
- 在下一行开始，缩进的代码块（称为 if 子句）。

例如，假定有一些代码，检查某人的名字是否为 Alice（假设此前曾为 name 赋值）。

```
if name == 'Alice':
    print('Hi, Alice')
```

所有控制流语句都是以冒号结尾，后面跟着一个新的代码块（子句）。语句的 if 子句是代码块，包含 print（'Hi，Alice'）。图 3-3 展示了这段代码的流程图。

3.7.2 else 语句

if 子句后面有时候也可以跟着 else 语句。只有 if 语句的条件为 False 时，else 子句才会执行。在英语中，else 语句读起来可能是："如果条件为真，执行这段代码。否则，执行另一段代码"。else 语句不包含条件，在代码中，else 语句中包含下面部分：

图 3-3　if 语句的流程图

- else 关键字；
- 冒号；
- 在下一行开始，缩进的代码块（称为 else 子句）。

回到 Alice 的例子，我们来看看使用 else 语句的一些代码，在名字不是 Alice 时，提供不一样的问候。

```
if name == 'Alice':
    print('Hi, Alice')
else:
    print('Hello!')
```

图 3-4 展示了这段程序的流程图。

图 3-4　else 语句的流程图

3.7.3 elif 语句

虽然只有 if 或 else 子句会被执行,但有时候可能希望"许多"可能的子句中有一个被执行。elif 语句是"否则如果",总是跟在 if 或另一条 elif 语句后面。它提供了另一个条件,仅在前面的条件为 False 时才检查该条件。在代码中,elif 语句总是包含以下部分:

- elif 关键字;
- 条件(即求值为 True 或 False 的表达式);
- 冒号;
- 在下一行开始,缩进的代码块(称为 elif 子句)。

在名字检查程序中添加 elif,看看这个语句的效果。

```python
if name == 'Alice':
    print('Hi, Alice')
elif age < 12:
    print('You are not Alice,Kiddo')
```

这一次检查此人的年龄。如果比 12 岁小,就告诉他一些不同的东西。可以在图 3-5 中看到这段代码的流程图。

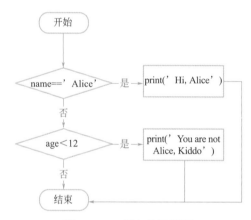

图 3-5　elif 语句的流程图

如果 age<12 为 True 并且 name=='Alice' 为 False,elif 子句就会执行。但是,如果两个条件都是 False,那么两条子句都会跳过。"不能"保证至少有一条子句会被执行。如果有一系列的 elif 语句,仅有一条或零条子句会被执行。一旦一条语句的条件为 True,剩下的 elif 子句会自动跳过。如图 3-6 所示。例如,打开一个新的文件编辑器窗口,输入以下代码:

```python
if name == 'Alice':
    print('Hi, Alice')
elif age < 12:
    print('You are not Alice,Kiddo')
elif age > 2000:
    print('Unlike you,Alice is not an undead,immortal vampire.')
elif age > 100:
    print('You are not Alice,grannie.')
```

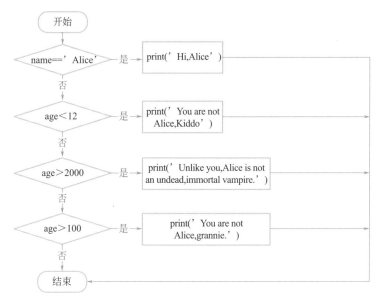

图 3-6　多重 elif 语句的流程图

　　假设在这段代码执行之前，age 变量的值设置为 3000，你可能预计代码会打印出字符串 "Unlike you，Alice is not an undead，immortal vampire." 没错，程序会按照预期进行打印，看看结果吧！

```
======== RESTART: C:\Users\Administrator\Desktop\example\control1.py ========
Unlike you,Alice is not an undead, immortal vampire.
>>>
```

　　字符串被打印出来，剩下的语句会自动跳过，别忘了，最多只有一条子句会执行，对于 elif 语句，次序是很重要的。

　　图 3-7 展示了前面代码的流程图，注意，菱形 age>100 和 age>2000 交换了位置。

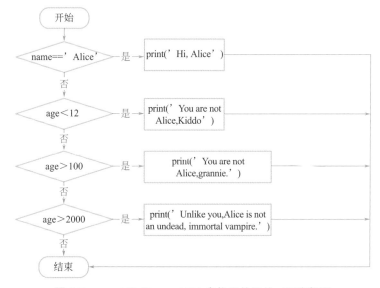

图 3-7　age>100 和 age>2000 交换了位置的 elif 流程图

运行程序，来看看运行结果吧！

```
======== RESTART: C:\Users\Administrator\Desktop\example\control1.py ========
You are not Alice,grannie.
>>>
```

可以选择在最后的 elif 语句后面加上 else 语句。在这种情况下，保证至少一条子句（且只有一条）会执行。如果每个 if 和 elif 语句中的条件都为 False，就执行 else 子句。例如，让我们使用 if、elif 和 else 子句重新编写 Alice 程序。

```
if name == 'Alice':
    print('Hi, Alice.')
elif age < 12:
    print('You are not Alice,Kiddo.')
else:
    print('You are neither Alice nor a little kid.')
```

图 3-8 展示了这段新程序的流程图。

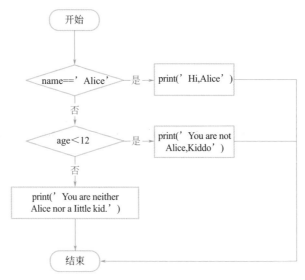

图 3-8　增加 else 后的流程图

在英语中，这类控制流结构会使得："如果第一个条件为真，做这个。否则，如果第二个条件为真，做那个。否则，做另外的事。"如果同时使用这 3 条语句，要记住这些次序规则。首先，总是只有一条 if 语句，所有需要的 elif 语句都应该跟在 if 语句之后。其次，如果希望确保至少一条子句被执行，应在最后加上 else 语句。

3.7.4　while 语句

利用 while 语句，可以让一个代码块一遍又一遍地执行。只要 while 语句的条件为 Ture，while 子句中的代码就会执行。在代码中，while 语句总是包含下面几部分：
- 关键字；
- 条件（求值为 True 或 False 的表达式）；
- 冒号；

- 从新行开始，缩进的代码块（称为 while 子句）。

可以看到，while 语句看起来和 if 语句类似，不同之处是它们的行为。if 子句结束时，程序继续执行 if 语句之后的语句。但在 while 子句结束时，程序执行跳回到 while 语句开始处。while 子句常被称为"while 循环"，或者是"循环"。

让我们来看一下 if 语句和一个 while 循环。它们使用同样的条件，并基于该条件做出同样的动作。下面是 if 语句的代码：

```
temp = 0
if temp < 5:
    print('Hello world.')
    temp = temp + 1
```

下面是 while 语句的代码：

```
temp = 0
while temp < 5:
    print('Hello world.')
    temp = temp + 1
```

这些语句类似，if 和 while 都检查 temp 的值，如果它小于 5，就打印一条消息。但是如果运行这两段代码，它们各自的表现非常不同。对于 if 语句，输出就是"Hello world."。但是对于 while 语句，输出是"Hello world."重复了 5 次！看一看这两段代码的流程图（图 3-9 和图 3-10），找一找原因。

带有 if 语句的代码检查条件，如果条件为 True，就打印一次"Hello world."。带有 while 循环的代码则不同，会打印 5 次。打印 5 次后停下来就是因为在每次循环迭代末尾，temp 中的整数都增加 1。这意味着循环将执行 5 次，然后 temp<5 变为 False。

在 while 循环中，条件总是在每次"迭代"开始时检查（也就是每次循环执行时）。如果条件为 True，子句就会执行，然后再次检查条件。当条件第一次为 False 时，while 子句就跳过。

图 3-9　if 语句代码的流程图

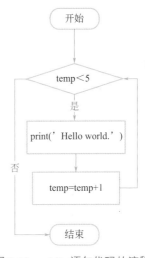

图 3-10　while 语句代码的流程图

下面再来看一个小例子：让 Python 来问问你叫什么。

```
Temp = 0
while Temp < 3:
    if Temp == 0:
        print('Please type your name.')
        print('Mary')
    elif Temp == 1:
        print('Please type your name.')
        print('Lucy')
    else :
        print('Please type your name.')
        print('Jack')
    Temp = Temp + 1
print('Trank you!')
```

现在来看看程序运行的效果：

```
>>>
========== RESTART: C:\Users\Administrator\Desktop\example\while.py ==========
Please type your name.
Mary
Please type your name.
Lucy
Please type your name.
Jack
Trank you!
>>>
```

如果程序中 Temp 不进行加 1 操作的话，循环的条件就永远为 True，程序将永远执行下去。在其他程序，条件可能永远没有实际变化，这可能会出问题。接下来看看如何跳出循环。

3.7.5 Break 语句

有一个捷径，让执行提前跳出 while 循环子句。如果执行遇到 break 语句，就会马上退出 while 循环子句。在代码中，break 语句仅包含 break 关键字。

这里有一个程序，和前面的程序做一样的事情，但使用了 break 语句来跳出循环。

```
Temp = 0
while True:
    if Temp == 0:
        print('Please type your name.')
        print('Mary')
    elif Temp == 1:
        print('Please type your name.')
        print('Lucy')
    else :
        print('Please type your name.')
        print('Jack')
    Temp = Temp + 1
    if Temp == 3:
        break
print('Trank you!')
```

程序中创建了一个"无限循环 while True"，它是一个条件总是为 True 的 while 循环。程序执行将总是进入循环，只有遇到 break 语句执行时才会退出。

上面这段程序的流程如图 3-11 所示。

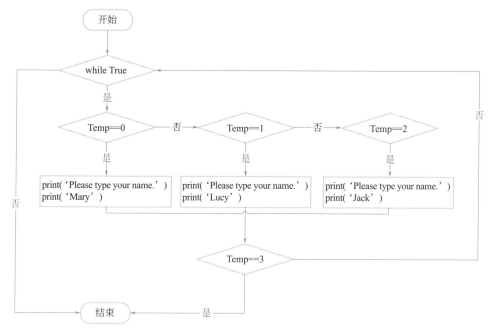

图 3-11 带有无限循环的流程图

3.7.6 continue 语句

像 break 语句一样，continue 语句用于循环内部。如果程序执行遇到 continue 语句，就会马上跳回循环开始处，重新对循环条件求值（这也是执行到达循环末尾时发生的事情）。

```python
Temp = 0
while True:
    if Temp != 3:
        print('Please type your name.')
        Temp = Temp +1
        continue
    else:
        print('Jack')
        break
print('Trank you!')
```

如果 Temp 不是 3，continue 语句将导致程序执行跳回到循环开始处。再次对条件求值时，执行总是进入循环，因为条件就是 True。如果执行通过了 else 语句，break 语句执行，跳出 while 循环，打印"Trank you！"。来看看运行结果吧！

```
======== RESTART: C:\Users\Administrator\Desktop\example\continue.py ========
Please type your name.
Please type your name.
Please type your name.
Jack
Trank you!
>>>
```

这个程序的流程图如图 3-12 所示。

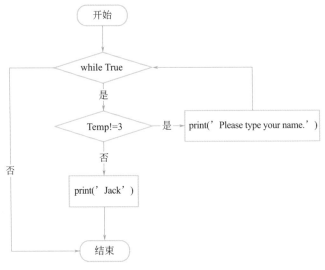

图 3-12　continue 语句的流程图

如果运行一个有缺陷的程序，导致缺陷在一个无限循环中，那么可按Ctrl+C。这将向程序发送KeyboardInterrupt错误，导致它立即停止。试一下，在文件编辑器中创建一个简单的无限循环，将它保存为infiniteloop.py。

```
while True:
    print('Hello world!')
```

如果运行这个程序，它将永远在屏幕上打印"Hello world!"，因为while语句的条件总是True。在IDLE的交互式环境窗口中，只有两种办法停止这个程序：

按下Ctrl+C或从菜单中选择Shell-Restart Shell。如果希望马上停止程序，即使它不是陷在一个无限循环中，Ctrl+C也是很方便的。

3.7.7　for 循环和 range( ) 函数

在条件为 True 时，while 循环就会继续循环（这是它的名称的由来）。但如果想让一个代码块执行固定次数，可以通过 for 循环语句和 range( ) 函数来实现。

> "类真"和"类假"的值
> 其他数据类型中的某些值，条件认为它们等价于True和False。在用于条件时，0、0.0和' '（空字符串）被认为是False，其他值被认为是True。

在代码中，for 语句看起来像"for i in range（5）："这样，总是包含以下部分：

- for 关键字；
- 一个变量名；
- in 关键字；
- 调用 randge( ) 方法，最多传入 3 个参数；
- 冒号；
- 从下一行开始，缩退的代码块（称为 for 子句）。

下面创建一个新的程序，来看看 for 循环的效果。

```
print('My name is')
for i in range(5):
    print('Lily Five times('+str(i)+')')
```

for 循环子句中的代码运行了 5 次，第一次运行时，变量 i 被设为 0。子句中的 print( ) 调用将打印出 Lily Five times（0）。Python 完成 for 循环子句内的所有代码的一次迭代之后，执行将回到循环的顶部，for 语句让 i 增加 1。这就是为什么 range（5）导致子句的 5 次迭代，i 分别被设置为 0、1、2、3、4。变量 i 将递增到（但不包括）传递给 range( ) 函数的整数。来看看下面的运行结果吧！

```
=========== RESTART: C:\Users\Administrator\Desktop\example\for.py ===========
My name is
Lily Five times(0)
Lily Five times(1)
Lily Five times(2)
Lily Five times(3)
Lily Five times(4)
>>>
```

图 3-13 展示了以上程序的流程图。

图 3-13 **for** 语句的流程图

也可以在循环中使用 continue 语句。continue 语句将让 for 循环变量继续下一个值，就像程序执行已经到达循环的末尾并返回开始一样。实际上，只能在 while 和 for 循环内部使用 continue 和 break 语句。如果试图在别处使用这些语句，Python 将报错。

作为 for 循环的另一个例子，请考虑数学家高斯的故事。当高斯还是一个小孩时，老师想给全班同学布置很多计算作业。老师让他们从 0 加到 100。高斯想到了一个聪明办法，在几秒钟内算出了答案，但我们可以用 for 循环写一个 Python 程序来完成计算。

```
total = 0
for num in range(101):
    total = total + num
print(total)
```

结果应该是 5050。程序刚开始时，total 变量被设为 0。然后 for 循环执行 100 次 total=total+num。当循环完成 100 次迭代时，0 ~ 100 的每个整数都加给了 total。

这时，total 被打印到屏幕上。即使在最慢的计算机上，这个程序也不用 1s 就能完成计算。

某些函数可以用多个参数调用，参数之间用逗号分开，range( ) 就是其中之一。这能够改变传递给 range( ) 的整数，实现各种整数序列，包括从 0 以外的值开始。

```
for i in range(12,16):
    print(i)
```

第一个参数是 for 循环变量开始的值，第二个参数是上限，但不包含它，也就是循环停止的数字。

```
=========== RESTART: C:\Users\Administrator\Desktop\example\for.py ===========
12
13
14
15
>>>
```

range( ) 函数也可以有多个参数。前两个参数分别是起始值和终止值，第三个参数是"步长"。步长是每次迭代后循环变量增加的值。

```
for i in range(0,10,2):
    print(i)
```

所以调用 range（0，10，2）将从 0 数到 8，间隔为 2。

```
=========== RESTART: C:\Users\Administrator\Desktop\example\for.py ===========
0
2
4
6
8
>>>
```

在为 for 循环生成序列数据方面，range( ) 函数很灵活。举例来说，甚至可以用负数作为步长参数，让循环计数逐渐减少，而不增加。

```
for i in range(5,-1,-1):
    print(i)
```

运行一个 for 循环，用 range（5，-1，-1）来打印 i，结果将从 5 降至 0。

```
=========== RESTART: C:\Users\Administrator\Desktop\example\for.py ===========
5
4
3
2
1
0
>>>
```

3.8
导入模块

Python 程序可以调用一组基本的函数，这称为"内建函数"，包括 print( )、input( ) 和 len( ) 函数。Python 也包括一组模块，称为"标准库"。每个模块都是一个 Python 程序，包含一组相关的函数，可以嵌入程序之中。例如，math 模块有数学运算相关的函数，random 模块有随机数相关的函数，等等。

在开始使用一个模块中的函数之前，必须用 import 语句导入该模式。在代码中，import 语句包含以下部分：

- import 关键字；
- 模块的名称；
- 可选的更多模块名称，之间用逗号隔开。

在导入一个模块后，就可以使用该模块中所有的函数。让我们试一试 random 模块，它让我们能使用 random.randint( ) 函数。

```
import random
for i in range(5):
    print(random.randint(1, 10))
```

如果运行这个程序，输出看起来可能像这样：

```
========= RESTART: C:\Users\Administrator\Desktop\example\import.py =========
8
10
5
2
2
>>>
```

random.randint( ) 函数调用求值为传递给它的两个整数之间的一个随机整数。因为 randint( ) 属于 random 模块，必须在函数名称之前先加上"random."，告诉 python 在 random 模块中寻找这个函数。

下面是 import 语句的例子。它导入了 4 个不同的模块：

```
import random, sys, os, math
```

现在我们可以使用这 4 个模块中的所有函数。本书后面我们将学习更多的相关内容。

import 语句的另一种形式包括 from 关键字，之后是模块名称、import 关键字和一个星号，例如 from random import*。

使用这种形式的 import 语句，调用 random 模块中的函数时不需要 random. 前缀。但是，使用完整的名称会让代码更可读，所以最好是使用普通形式的 import 语句。

3.9
用 sys.exit( ) 提前结束程序

要介绍的最后一个控制流概念，是如何终止程序。当程序执行到指令的底部时，总是会终止。但是，通过调用 sys.exit( ) 函数，可以让程序终止或退出。因为这个函数在 sys 模块中，所以必须先导入 sys，才能使用它。

在 IDLE 中运行这个程序。该程序有一个无限循环，里面没有 break 语句。结束该程序的唯一方式，就是用户输入 exit，导致 sys.exit( ) 被调用，如果 response 等于 exit，程序就会中止。因为 response 变量由 input( ) 函数赋值，所以用户必须输入 exit，才能停止该程序。

小结：

■　通过使用求值为 True 或 False 的表达式（也称为条件），可以编写程序来决定哪些代码执行，哪些代码跳过。可以在循环中一遍又一遍地执行代码，只要某个条件求值为 True。如果需要跳出循环或回到开始处，break 和 continue 语句很有用。

■　还有另一种类型的控制流，可以通过编写自己的函数来实现。

3.10
编程实例

（1）以下表达式求值的结果是什么？

```
(5 > 4) and (3 == 5)
not (5 > 4)
(5 > 4) or (3 == 5)
not (5 > 4) or (3 == 5)
(True and True) and (True == Flase)
(not False) or (not True)
```

（2）识别这段代码中的 3 个语句块。

```
spam = 0
if spam == 0:
    print('eggs')
    if spam > 5:
        print('bacon')
    else:
        print('ham')
    print('spam')
print('spam')
```

第4章

函数

很快程序会变得越来越大，越来越复杂，需要一些方法把它们分成较小的部分进行组织，这样更易于编写，也更容易明白。

要把程序分解成较小的部分，主要有 3 种方法。函数（function）就像是代码的积木，可以反复地使用；利用对象（object），可以把程序中的各部分描述为自包含的单元；模块（module）就是包含程序各部分的单独的文件。在这一章中，我们将学习函数。

最简单地讲，函数就是可以完成某个工作的代码块。这是可以用来构建更大程序的一个小部分。可以把这个小部分与其他部分放在一起，就像用积木搭房子一样。

4.1
def 语句和参数

4.1.1 创建一个函数

创建或定义函数要使用 Python 的 def 关键字，然后可以和函数名来使用或调用这个函数。下面先来看一个简单的例子。

```
def printMyAddress():
    print ("Welcome road")
    print ("Wanfu community")
    print ("Building 1")

printMyAddress()
```

第 1 行中，我们使用 def 关键字定义了一个函数。在函数名后面有一对括号 "( )"，然后是一个冒号：

```
def printMyAddress():
```

后面很快就会解释这个括号做什么用。冒号告诉 Python 接下来是一个代码块（就像 for 循环、while 循环和 if 语句中一样）。

图 4-1 就是构成这个函数的代码。

```
            def printMyAssress():
                print ("Welcome road")
(2)    (3)      print ("Wanfu community")
                print ("Building 1")
            printMyAddress()
     (1)                              (4)
            print ("Done the function")
```

图 4-1　函数的代码

主程序调用函数时，就像是这个函数在帮助主程序完成它的任务。

def 块中的代码并不是主程序的一部分，所以程序运行时，它会跳过这一部分，从 def 块以外的第一行代码开始运行。调用函数时会发生什么。这里在程序最后额外增加了一行代码，它会在函数完成后打印一条消息。

图 4-1 中包括以下步骤。

① 从这里开始。这是主程序的开始。

② 调用函数时，跳到函数中的第一行代码。

③ 执行函数中的每一行代码。

④ 函数完成时，从离开主程序的那个位置继续执行。

4.1.2　参数

现在来看括号做什么用：它用来传递参数（arnument）。

在编程中，参数这个词是指交给函数的一条信息。我们把这称为向函数传递参数。

假设希望对所有家庭成员使用这个地址打印函数，所有人的地址都是一样的，但是每一次人名会有所不同。不能在函数中把人名硬编码写成 Warren Sande，可以建立一个变量，调用函数时将这个变量传递到函数。

要说明这是如何工作的，最容易的方法就是举例子。在代码中，修改了地址打印函数，要使用一个对应人名的参数。参数是有名字的，就像其他变量一样，把这个变量命名为 myName。

函数运行时，变量 myName 会填入调用函数时为它传入的任何参数。调用函数时，我们把参数放在括号里，通过这种方式将参数传入函数。

因此，在代码中，参数 myName 赋值为 xiao ming。

```
def printMyAddress(myName):
    print (myName)
    print ("Welcome road")
    print ("Wanfu community")
    print ("Building 1")

printMyAddress("xiaoming")
```

运行代码，会得到期望的结果：

```
=============== RESTART: C:\Users.
xiaoming
Welcome road
Wanfu community
Building 1
>>>
```

这看上去与第一个程序（没有使用参数）得到的输出完全相同。不过，我们每次可以用不同方式打印地址，比如：

```
def printMyAddress(myName):
    print (myName)
    print ("Welcome road")
    print ("Wanfu community")
    print ("Building 1")

printMyAddress("xiaoming")
printMyAddress("Lily")
printMyAddress("Lucy")
printMyAddress("Rain")
```

现在每次调用函数时输出都不同。人名会变，因为我们每次都向函数传入了不同的人名。

```
=============== RESTART: C:\Users\
xiaoming
Welcome road
Wanfu community
Building 1
Lily
Welcome road
Wanfu community
Building 1
Lucy
Welcome road
Wanfu community
Building 1
Rain
Welcome road
Wanfu community
Building 1
>>>
```

⏳ **注意**：我们向函数传入什么值，函数中就会使用什么值，并作为地址的人名部分打印出来。

如果每次函数运行时有多个信息不同，就需要多个参数。下面就来讨论这个问题。

我们的函数只有一个参数。不过函数完全可以有多个参数。实际上，想要有多少个参数就可以有多少个参数。下面来看一个带两个参数的例子，通过这个例子，会对多个参数有所认识。在这个基础上，可以根据具体需要为程序中的函数增加参数。

👆 谈到向函数传递信息时，你可能还会听到这样一个词：形参（parameter）。有些人说参数（argument）和形参（parameter）可以互换。所以你可以说"我向这个函数传递两个形参（parameter）"，或者"我向这个函数传递两个参数（argument）"。

不过有些人认为，谈到传递部分（调用函数）时应当称作实参（argument），而谈到接收部分（函数内部）时应该称为形参（parameter）。

使用参数（不论是argument还是parameter）讨论向函数传递值时，程序员都明白你是什么意思。

要向街道上的每一个人发送卡特的信息，我们的地址打印函数需要两个参数：一个对应人名，另一个对应门牌号码。以下程序显示了这个函数。

```python
def printMyAddress(someName,houseNum):
    print (someName)
    print (houseNum)
    print ("Welcome road")
    print ("Wanfu community")
    print ("Building 1")

printMyAddress("xiaoming","101")
printMyAddress("Lily","201")
printMyAddress("Lucy","102")
printMyAddress("Rain","202")
```

```
=============== RESTART: C:\Users\
xiaoming
101
Welcome road
Wanfu community
Building 1
Lily
201
Welcome road
Wanfu community
Building 1
Lucy
102
Welcome road
Wanfu community
Building 1
Rain
202
Welcome road
Wanfu community
Building 1
>>>
```

使用多个参数时，要用逗号来分隔，就像列表中的元素一样，这就引入了下一个话题："多少才算太多"。

前面说过，想向函数传递多少参数就可以有多少个参数。但是如果函数有超过 5 ～ 6 个参数，可能就应该考虑采用别的做法了。一种做法是把所有参数收集到一个列表中，然后把这个列表传递到函数。这样一来，就只是传递一个变量（列表变量），只不过其中包含有一组值，这样可以让代码更易读。

4.2
返回值和 return 语句

目前为止，函数只是为我们做一些工作。不过函数的一个突出作用是：它们还可以向用户返回一些东西。

我们已经知道，可以向函数发送信息（参数），不过函数还可以向调用者发回信息。从函数返回的值称为结果（result）或返回值（return value）。

如果调用 len( ) 函数，并向它传入像 'Hello' 这样的参数，函数调用就求值为整数 5。这是传入的字符串的长度。一般来说，函数调用求值的结果，称为函数的"返回值"。

用 def 语句创建函数时，可以用 return 语句指定应该返回什么值。return 语句包含以下部分：

- return 关键字；
- 函数应该返回的值或表达式。

如果在 return 语句中使用了表达式，返回值就是该表达式求值的结果。例如，下面的程序定义了一个函数，它根据传入的数字参数，返回一个不同的字符串。

在文件编辑器中输入以下代码。

```python
import random
def getAnswer(answerNumber):
    if answerNumber == 1:
        return 'It is certain'
    elif answerNumber == 2:
        return 'It is decidedly so'
    elif answerNumber == 3:
        return 'Yes'
    elif answerNumber == 4:
        return 'Reply hazy try again'
    elif answerNumber == 5:
        return 'Ask again later'
    elif answerNumber == 6:
        return 'Concentrate and ask again'
    elif answerNumber == 7:
        return 'My reply is no'
    elif answerNumber == 8:
        return 'Outlook not so good'
    elif answerNumber == 9:
        return 'Very doubtful'

r = random.randint(1, 9)
fortune = getAnswer(r)
print(fortune)
```

在这个程序开始时，Python 首先导入 random 模块。然后 getAnswer( ) 函数被定义。因为函数是被定义（而不是被调用），所以执行会跳过其中的代码。接下来，random.randint( ) 函数被调用，带两个参数 1 和 9。它求值为 1 ～ 9 之间的一个随机整数（包括 1 和 9）。这个值被存在一个名为 r 的变量中。

getAnswer( ) 函数被调用，以 r 作为参数。程序执行转移到 getAnswer( ) 函数的顶部，r 的值被保存到名为 answerNumber 的变元中。然后，根据 answerNumber 中的值，函数返回许多可能字符串中的一个。程序执行返回到程序底部的代码行，即原来调用 gerAnswer( ) 的地方。返回的字符串被赋给一个名为 fortune 变量，然后它又被传递给 print( ) 调用，并被打印在屏幕上。

⌛ **注意**：因为可以将返回值作为参数传递给另一个函数调用，所以可以将下面 3 行代码：

```
r = random.randint(1,9)
fortune = getAnswer(r)
print(fortune)
```

缩成等价的一行代码：

```
print(getAnswer(random.randint(1,9)))
```

🌐 **记住**：表达式是值和操作符的组合，函数调用可以用在表达式中，因为它求值为它的返回值。

4.3
None 值

在 Python 中有一个值称为 None，它表示没有值。None 是 NoneType 数据类型的唯一值（其他编程语言可能称这个值为 null、nil 或 undefined）。就像布尔值 True 和 False 一样，None 必须大写首字母 N。

如果希望变量中存储的东西不会与一个真正的值混淆，这个没有值的值就可能有用。有一个使用 None 的地方就是 print( ) 的返回值。print( ) 函数在屏幕上显示文本，但它不需要返回任何值，这和 len( ) 或 input( ) 不同。但既然所有函数调用都需要求值为一个返回值，那么 print( ) 就返回 None。要看到这个效果，请在交互式环境中输入以下代码。

```
>>> spam = "Hello!"
>>> None == spam
False
```

对于所有没有 return 语句的函数定义，Python 都会在末尾加上 return None。这类似于 while 或 for 循环隐式地以 continue 语句结尾。而且，如果使用不带值的 return 语句（也就是只有 return 关键字本身），那么就返回 None。

4.4
关键字参数和 print( )

大多数参数是由它们在函数调用中的位置来识别的。例如，random.randint（1，10）与 random.randint（10，1）不同。函数调用 random.randint（1，10）将返回 1 ~ 10 之间的一个随机整数，因为第一个参数是范围的下界，第二个参数是范围的上界［而 random.randint（10，1）会导致错误］。

但是，"关键字参数"是由函数调用时加在它们前面的关键字来识别的。关键字参数通常用于可选变元。例如，print( ) 函数有可变元 end 和 sep，分别指定在参数末尾打印什么，以及在参数之间打印什么来隔开它们。

如果运行如下程序：

```
print('Hello')
print('World')
```

输出如下结果：

```
======= RESTART:
Hello
World
>>>
```

4.5
局部和全局作用域

在被调用函数内赋值的变元和变量，处于该函数的"局部作用域"。在所有函数之外赋值的变量，属于"全局作用域"。处于局部作用域的变量，被称为"局部变量"。处于全局作用域的变量，被称为"全局变量"。一个变量必是其中一种，不能既是局部的又是全局的。

可以将"作用域"看成是变量的容器。当作用域被销毁时，所有保存在该作用域内的变量的值就被丢弃了。只有一个全局作用域，它是在程序开始时创建的。如果程序终止，全局作用域就被销毁，它的所有变量就被丢弃。否则，下次运行程序的时候，这些变量就会记住它们上次运行时的值。

一个函数被调用时，就创建了一个局部作用域。在这个函数内赋值的所有变量，存在于该局部作用域内。该函数返回时，这个局部作用域就被销毁了，这些变量就丢失了。下次调用这个函数，局部变量不会记得该函数上次被调用时它们保存的值。

作用域很重要，理由如下：

● 全局作用域中的代码不能使用任何局部变量。
● 局部作用域可以访问全局变量。
● 一个函数的局部作用域中的代码，不能使用其他局部作用域中的变量。

● 在不同的作用域中，可以用相同的名字命名不同的变量。也就是说，可以有一个名为 spam 的局部变量，和一个名为 spam 的全局变量。

Python 有不同的作用域，而不是让所有东西都成全局变量，这是有理由的。这样一来，当特定函数调用中的代码修改变量时，该函数与程序其他部分的交互，只能通过它的参数和返回值。这缩小了可能导致缺陷的代码作用域。如果程序只包含全局变量，又有一个变量赋值错误的缺陷，那就很难追踪这个赋值错误发生的位置。它可能在程序的任何地方赋值，而程序可能有几百到几千行！但如果缺陷是因为局部变量错误赋值，就会知道，只有那一个函数中的代码可能产生赋值错误。

虽然在小程序中使用全局变量没有太大问题，但当程序变得越来越大时，依赖全局变量就是一个坏习惯。

在函数体内的变量在函数执行结束后就不能再用了，因为它只在函数中存在。在编写程序的世界里，这被称为"作用域"。

让我们来看一下简单的函数，它使用了几个变量，但是没有任何参数：

```python
def variable_test():
    first_variable = 10
    second_variable = 20
    return first_variable * second_variable
print(variable_test())
```

在这个例子里，我们在第一行创建了这个叫 variable_test 的函数，这个函数在第四行把两个变量（first_variable 及 second_variable）相乘并把结果返回。

```
>>>
======== RESTART:
200
>>>
```

如果我们用 print 来调用这个函数，得到的结果是：200。然而，如果我们想要试着打印 first_variable（或者 second_variable）的内容的话，会得到一条错误信息：

```
                    print(first_variable)

Traceback (most recent call last):
  File "C:\Users\Administrator\Desktop\example\variable.py", line 13, in <module>
    print(first_variable)
NameError: name 'first_variable' is not defined
>>>
```

如果一个变量定义在函数之外，那么它的作用域则不一样。例如，让我们在创建函数之前先定义一个变量，然后尝试在函数中使用它：

```python
another_variable = 100
def variable_test2():
    first_variable = 10
    second_variable = 20
    return first_variable * second_variable * another_variable
print(variable_test2())
print(another_variable)
```

在这段代码中，尽管变量 first_variable 和 second_variable 不可以在函数之外使用，但变量 another_variable（在函数之外的第 1 行时创建）却可以在函数内的第 5 行使用。

下面是调用这个函数的结果:

```
>>>
======== RESTART: C:\Users\Administrator\Desktop\example\variable.py ========
20000
100
>>>
```

现在，假设要用像可乐罐这样的经济材料建造一个太空船。如果每个星期可以压平两个用来做太空船舱壁的罐子，但要用大约 500 个罐子才能造出船身。我们可以很容易地写出一个函数来计算：如果每周做两个罐子的话总共需要多少时间来压平 500 个罐子。

让我们创建一个函数来显示在每一周到一年内我们可以压平多少罐子，我们的函数会把罐子的个数当作参数：

```python
def spaceship_building(cans):
    total_cans = 0
    for week in range(1,53):
        total_cans = total_cans + cans
        print('Week %s = %s cans'%(week, total_cans))
```

在函数的第一行，我们创建了一个叫 total_cans（罐子合计）的变量，并把它的值设置为 0，然后我们创建一个对于一个每一周的循环，并把每周压平的罐子数累加起来，这个代码块就构成了我们函数的内容。但这个函数中还有另外一个代码块，它有两行，就是构成了 for 循环的那个代码块。

让我们试着在 Shell 程序中输入这个函数，并通过不同 cans 的数值来调用它：

```
>>>
======== RESTART: C:\Users\Administrator\Desktop\example\variable.py ========
>>> spaceship_building(2)
Week 1 = 2 cans
Week 2 = 4 cans
Week 3 = 6 cans
Week 4 = 8 cans
Week 5 = 10 cans
Week 6 = 12 cans
Week 7 = 14 cans
Week 8 = 16 cans
Week 9 = 18 cans
Week 10 = 20 cans
Week 11 = 22 cans
Week 12 = 24 cans
Week 13 = 26 cans
Week 14 = 28 cans
Week 15 = 30 cans
Week 16 = 32 cans
Week 17 = 34 cans
Week 18 = 36 cans
Week 19 = 38 cans
Week 20 = 40 cans
Week 21 = 42 cans
Week 22 = 44 cans
Week 23 = 46 cans
Week 24 = 48 cans
Week 25 = 50 cans
Week 26 = 52 cans
Week 27 = 54 cans
continue...                                                    Ln: 97
```

```
>>> spaceship_building(15)
Week 1 = 15 cans
Week 2 = 30 cans
Week 3 = 45 cans
Week 4 = 60 cans
Week 5 = 75 cans
Week 6 = 90 cans
Week 7 = 105 cans
Week 8 = 120 cans
Week 9 = 135 cans
Week 10 = 150 cans
Week 11 = 165 cans
Week 12 = 180 cans
Week 13 = 195 cans
Week 14 = 210 cans
Week 15 = 225 cans
Week 16 = 240 cans
Week 17 = 255 cans
Week 18 = 270 cans
Week 19 = 285 cans
Week 20 = 300 cans
Week 21 = 315 cans
Week 22 = 330 cans
Week 23 = 345 cans
Week 24 = 360 cans
Week 25 = 375 cans
continues on...
```

这个函数可以用每周不同的罐数来反复重用，比每次试着用不同的数字来把 for 循环重新输入要高效得多。

函数还可以按模块的方式组织起来，这才使得 Python 能真正"大展拳脚"。

4.6
global 语句

如果需要在一个函数内修改全局变量，就使用 global 语句。如果在函数的顶部有 global eggs 这样的代码，它就告诉 Python："在这个函数中，eggs 指的是全局变量，所以不要用这个名字创建一个局部变量"。例如，在文件编辑器中输入以下代码：

```
def spam():
    global eggs
    eggs = 'spam'

eggs = 'global'
spam()
print(eggs)
```

运行该程序，最后的 print( ) 调用将输出：

```
>>>
======== RESTART: C:\Users\Administrator\Desktop\example\variable.py ========
spam
>>>
```

因为 eggs 在 spam( ) 的顶部被声明为 global，所以当 eggs 被赋值为 spam 时，赋值发生

```
print('I am thingking of a number between 1 and 20.')

#Ask the player to guess 6 times.
for guessesTaken in range(1,7):
    print('Take a guess.')
    guess = int(input())
```

程序告诉玩家，它有了一个秘密数字，并且给玩家 6 次猜测机会。在 for 循环中，代码让玩家输入一次猜测，并检查该猜测。该循环最多迭代 6 次。循环中发生的第一件事情，是让玩家输入一个猜测数字。因为 input( ) 返回一个字符串，所以它的返回值被直接传送给 int( )，它将字符串转变成整数。这保存在名为 guess 的变量中。

```
if guess < secretNumber:
    print('Your guess is too low.')
elif guess > secretNumber:
    print('Your guess is too high.')
```

这几行代码检查该猜测是小于还是大于那个秘密数字。不论哪种情况，都在屏幕上打印提示。

```
else:
    break  #This condition is the correct guess!
```

如果该猜测既不大于也不小于秘密数字，那么它就一定等于秘密数字，这时希望程序执行跳出 for 循环。

```
    print('Good job!You guessed my number in 4 guesses!')
else:
    print('Nope. The number I was thinking of was ' + str(secretNumber))
```

在 for 循环后，前面的 if else 语句检查玩家是否正确地猜到了该数字，并将相应的信息打印在屏幕上。不论哪种情况，程序都会打印一个包含整数值的变量（guessesTaken 和 secretNumber）。因为必须将这些整数连接成字符串，所以它将这些整数值传递给 str( ) 函数，该函数返回这些整数值的字符串形式。现在这些字符串可以用 + 操作符连接起来，最后传递给 print( ) 函数调用。

小结：

函数是将代码逻辑分组的主要方式。因为函数中的变量存在于它们自己的局部作用域内，所以一个函数中的代码不能直接影响其他函数中变量的值。这限制了哪些代码才能改变变量的值，对于调试代码是很有帮助的。

函数是很好的工具，帮助用户组织代码，可以认为它们是黑盒。它们以参数的形式接收输入，以返回值的形式产生输出。它们内部的代码不会影响其他函数中的变量。

在前面几章中，一个错误就可能导致程序崩溃。在本章中，学习了 try 和 except 语句，它们在检测到错误时会运行代码，这让程序在面对常见错误时更有灵活性。

4.9
编程实例

作为实践，请编写程序完成下列任务。

4.9.1 Collatz 序列

编写一个名为 collatz( ) 的函数，它有一个名为 number 的参数，如果参数是偶数，那么 collatz( ) 就打印出 number//2，并返回该值。如果 number 是奇数，collatz( ) 就打印并返回 3*number+1。

然后编写一个程序，让用户输入一个整数，并不断对这个数调用 collatz( )，直到函数返回值 1（令人惊奇的是，这个序列对于任何整数都有效，利用这个序列，迟早会得到 1！程序在研究所谓的"collatz 序列"，它有时候被称为"最简单的不可能的数学问题"）。

记得将 input( ) 的返回值用 int( ) 函数转成一个整数，否则它会是一个字符串。

⊕ 提示：如果 number%2==0，整数 number 就是偶数，如果 number%2==1，它就是奇数。这个程序的输出看起来应该像这样：

```
=============== RESTART: C:\Users\
3
10
5
16
8
4
2
1
>>>
```

4.9.2 输入验证

在前面的项目中添加 try 和 except 语句，检测用户是否输入了一个非整数的字符串。正常情况下，int( ) 函数在传入一个非整数字符串时，会产生 ValueError 错误，比如 int(puppy)。在 except 子句中，向用户输出一条信息，告诉他们必须输入一个整数。

第5章

列表

Python 可以在内存中存储信息，还可以用名字来获取原先存储的信息。到目前为止，我们存储过字符串和数（包括整数和浮点数）。有时候可以把一堆东西存储在一起，放在某种"组"或者"集合"中，这可能很有用。这样一来，就可以一次对整个集合做某些处理，也能更容易地记录一组东西。有一类集合叫作列表（list），另一类叫作字典（dictionary）。在这一章中，我们就来学习列表的相关知识——什么是列表，如何创建、修改和使用列表。

5.1
列表数据类型

"列表"是一个值，它包含多个字构成的序列。术语"列表值"指的是列表本身（它作为一个值，可以保存在变量中，或传递给函数，像所有其他值一样），而不是指列表值之内的那些值。列表值看起来像这样：['cat', 'dog', 'bear', 'elephant']。就像字符串值用引号来标记字符串的起止一样，列表用左方括号开始，右方括号结束，即[]。列表中的值也称为"表项"。表项用逗号分隔。例如，在交互式环境中输入以下代码：

```
>>> [1, 2, 3]
[1, 2, 3]
>>> ['cat', 'dog']
['cat', 'dog']
>>> spam = ['cat', 'dog']
>>> spam
['cat', 'dog']
>>>
```

spam 变量仍然只被赋予一个值：列表值。但列表值本身包含多个值。[] 是一个空列表，不包含任何值，类似于空字符串。

如果建一个家庭成员列表，可能会像下面这样写：

在 Python 中，就要写成：

```
family = ['Mom','Dad','Lily','Lucy']
```

如果写下你的幸运数字，可能会写：

```
lucyNumbers = [2,5,6,9]
```

family 和 luckyNumbers 都是 Python 列表的例子，列表中的单个元素就叫作项或者元素（item）。可以看到，Python 中的列表与人们在日常生活中建立的列表并没有太大差异。列表使用中括号来指出从哪里开始，到哪里结束，另外用逗号分隔列表内的各项。

5.1.1 创建列表

family 和 luckyNumbers 都是变量。前面曾经说过，可以为变量赋不同类型的值。我们已经为变量赋过数和字符串，还可以为变量赋一个列表。

就像创建任何其他变量一样，创建列表也是要为它赋某个值，如前面对 luckyNumbers 的赋值。另外还可以创建一个空的列表，如下：

```
newList = []
```

这个中括号中没有任何元素，所以这个列表是空的。不过一个空列表有什么用呢？为什么想要创建这样一个空列表呢？

很多情况下，我们无法提前知道列表中会有些什么。我们不知道其中会有多少元素，也不知道这些元素是什么，只知道将会用一个列表来保存这些内容。有了空列表后，程序就可以向这个列表中增加元素。

5.1.2 向列表增加元素

要向列表增加元素，需要使用 append()。在交互模式中输入下面的代码：

```
>>> friends = []
>>> friends.append('Lily')
>>> print(friends)
```

会得到这样的结果：

```
>>> friends = []
>>> friends.append('Lily')
>>> print(friends)
['Lily']
```

再来增加一个元素：

```
>>> friends = []
>>> friends.append('Lily')
>>> print(friends)
['Lily']
>>> friends.append('Lucy')
>>> print(friends)
['Lily', 'Lucy']
>>>
```

🌐 **记住**：向列表增加元素之前，必须先创建列表（可以是空列表，也可以非空）。这就像在做一个蛋糕：不能直接把各种配料倒在一起，而是先将配料倒入碗中。

为什么要在 friends 和 append( ) 之间加一个点（.）呢？现在要谈到一个重要的话题了，这就是对象。

Python 中的很多东西都是对象（object）。要想用对象做某种处理，需要这个对象的名字（变量名），然后是一个点，再后面是要对对象做的操作。所以要向 friends 列表追加一个元素，就要写成：friends.append（something）。

> 👆 追加（append）是指把一个东西加在最后面。
>
> 👆 把一个东西追加到列表时，会把它增加到列表的末尾。

5.2
使用列表

列表可以包含 Python 能存储的任何类型的数据，这包括数字、字符串、对象，甚至可以包含其他列表。并不要求列表中的元素是同种类型或同一种东西。这说明，一个列表中可以同时包含不同类型，例如数字和字符串，可能像这样：

```
my_list = [2, 5, 6, 9, 'hello', myTeacher, another_list]
```

下面用一些简单的内容建立一个新列表，比如字母表中的字母，这样我们在学习列表时就能更容易地了解做了些什么。在交互模式中键入下面的代码：

```
>>> letters = ['a', 'b', 'c', 'd', 'e']
```

5.2.1　从列表中获取内容

可以按元素的索引（index）号从列表获取单个元素。列表索引从 0 开始，所以这个列表中的第一项就是 letters[0]。

```
>>> letters = ['a', 'b', 'c', 'd', 'e']
>>> print (letters[0])
a
>>>
```

为什么索引从 0 而不是从 1 开始？

你应该记得计算机使用二进制数也就是"比特"来存储一切信息。很久以前，这些比特非常贵重。每一个比特都必须精挑细选，还要靠毛驴从比特农场搬运……这只是开个玩笑。不过这些比特位确实很昂贵。

二进制计数从 0 开始，是为了最高效地使用比特位而没有任何浪费，内存位置和列表索引也都从 0 开始。

从 0 开始索引，这在编程中相当常见。

> 索引（index）表示某个东西的位置。Index的复数形式是indices（不过有些人也用indexes作为 index 的复数形式）。
>
> 如果你在队伍中排在第4个，你在这个队伍中的索引就是4。不过，如果你是一个Python 列表中的第4个人，索引则是3，因为 Python 列表索引从 0 开始!

5.2.2 列表"分片"

还可以使用索引从列表一次获取多个元素，这叫作列表分片（slicing）。

```
>>> letters = ['a','b','c','d','e']
>>> print (letters[0])
a
>>> print(letters[1:4])
['b', 'c', 'd']
```

与 for 循环中的 range( ) 类似，分片获取元素时，会从第一个索引开始，不过在达到第二个索引之前停止。正是因为这个原因，前面的例子中我们只取回 3 项，而不是 4 项。要记住这一点，一种方法就是牢记取回的项数总是两个索引数之差（4-1=3，所以取回 3 项）。

关于列表分片，还有一个重要的问题需要记住：对列表分片时取回的是另一个（通常更小的）列表。这个更小的列表称为原列表的一个分片（slice）。原来的列表并没有改变。这个分片是原列表的部分副本（copy）。

```
>>> print(letters[1])
b
>>> print(letters[1:2])
['b']
```

在第一种情况下，我们取回一个元素。在第二种情况下，取回的是包含这个元素的一个列表。这个差别很微妙，但是必须知道，在第一种情况下，我们使用了一个索引从列表得到一个元素，第二种情况下则是使用分片记法来得到列表的一个单元素分片（只包含一个元素的分片）。

要真正了解二者的区别，可以试试这些命令：

```
>>> print(type(letters[1]))
<class 'str'>
>>> print(type(letters[1:2]))
<class 'list'>
```

这里分别显示了两个结果的类型（type），从中可以清楚地看出，前一种情况下得到了一个元素（这里是一个字符串），后一种情况下得到的是一个列表。

对列表分片时会得到一个较小的列表，这是原列表中元素的一个副本。这说明，可以修改这个分片，而原列表不会受到任何影响。

使用分片时可以采用一些简写形式，即使采用这些简写，也不会减少太多键入。不过程序员为了方便，会大量使用简写。有必要知道这些简写是什么，这样当在别人的代码中看到这些简写时就能认出来，而且明白是什么意思。这很重要，因为学习新的编程语言时（或者笼统地说，学习编程时），查看并且理解其他人的代码是一种很好的方法。

如果想要的分片包括列表的开始部分，简写方式是使用冒号，后面是想要的元素个数，例如：

```
>>> print(letters[:2])
['a', 'b']
>>>
```

注意：冒号前面没有数字。这样就会得到从列表起始位置开始一直到（但不包括）指定索引之间的所有元素。

要得到列表末尾也可以用类似的记法。

```
>>> print(letters[2:])
['c', 'd', 'e']
>>>
```

使用一个后面跟冒号的数，这样可以得到从指定索引到列表末尾的所有元素。

如果没有放入任何数，而只有冒号，就可以得到整个列表：

```
>>> print(letters[:])
['a', 'b', 'c', 'd', 'e']
>>>
```

分片就是建立原列表的副本，所以 letters[:] 会建立整个列表的副本。如果对列表做些修改，但是同时还想保持原来的列表不做任何改变，使用这种分片就会很方便。

5.2.3　修改元素

可以使用索引来修改某个列表元素：

```
>>> print(letters[:])
['a', 'b', 'c', 'd', 'e']
>>>
>>> letters[2] = 'z'
>>> print(letters)
['a', 'b', 'z', 'd', 'e']
>>>
```

但是不能使用索引向列表增加新的元素。目前，这个列表中有 5 项，索引分别是从 0 ～ 4。所以不能这样做：

```
letters[5] = 'z'
```

这就像是想要改变一个还不存在的东西。要向列表中增加元素，必须另想其他办法，我们下面就会做这个工作。不过，在此之前，先把列表改回到原来的样子：

```
>>> letters[2] = 'c'
>>> print(letters)
['a', 'b', 'c', 'd', 'e']
>>>
```

5.2.4　向列表增加元素的其他办法

我们已经看到了如何使用 append( ) 向列表增加元素。不过除此以外还有其他一些方法。实际上，向列表增加元素共有 3 种方法：append( )、extend( ) 和 insert( )。

● 增加到列表末尾：append( )

我们已经见过 append( ) 是如何工作的。它把一个元素增加到列表末尾。

```
>>> letters.append('n')
>>> print(letters)
['a', 'b', 'c', 'd', 'e', 'n']
>>>
```

再来增加一项：

```
>>> letters.append('g')
>>> print(letters)
['a', 'b', 'c', 'd', 'e', 'n', 'g']
>>>
```

⌛ **注意**：*这些字母没有按顺序排列。这是因为 append( ) 只是将元素增加到列表末尾。如果希望这些元素按顺序排列，必须对它们排序。稍后就会谈到排序。*

● 扩展列表：extend( )

extend( ) 在列表末尾增加多个元素：

```
>>> letters.extend(['p','q','r'])
>>> print(letters)
['a', 'b', 'c', 'd', 'e', 'n', 'g', 'p', 'q', 'r']
>>>
```

⌛ **注意**：*extend( ) 方法的圆括号是一个列表。列表有一个中括号，所以对于 extend( )，可以同时有圆括号和中括号。*

提供给 extend( ) 的列表中的所有内容都会增加到原列表的末尾。

● 插入一个元素：insert( )

insert( ) 会在列表中的某个位置增加一个元素。可以指定希望将元素增加到列表的哪个位置：

```
>>> letters.insert(2,'z')
>>> print(letters)
['a', 'b', 'z', 'c', 'd', 'e', 'n', 'g', 'p', 'q', 'r']
>>>
```

在这里，我们将字母 z 增加到索引为 2 的位置。索引为 2 是列表中的第 3 个位置（因为索引从 0 开始）。原先位于第 3 个位置上的字母（也就是 c）会向后推一个位置，移到第 4 个位置上。它后面的每一个元素也都要向后移一个位置。

● append( ) 和 extend( ) 的区别

有时 append( ) 和 extend( ) 看起来很类似，不过它们确实有一些区别。下面再回到原来的列表。首先，用 extend( ) 增加 3 个元素：

```
>>> letters = ['a','b','c','d','e']
>>> letters.extend(['f','g','h'])
>>> print(letters)
['a', 'b', 'c', 'd', 'e', 'f', 'g', 'h']
>>>
```

现在，再用 append( ) 做同样的事情：

```
>>> letters = ['a','b','c','d','e']
>>> letters.append(['f','g','h'])
>>> print(letters)
['a', 'b', 'c', 'd', 'e', ['f', 'g', 'h']]
>>>
```

怎么回事？前面讲过，append( ) 会向列表增加一个元素，它怎么会增加 2 个元素呢？其实它并没有增加 2 个元素，这里确实只增加了一个元素，只不过这刚好是一个包含 3 项的列表。正是这个原因，所以在这个列表中多了一对中括号。记住，列表可以包含任何东西，也包括其他列表。这个例子就属于这种情况。

insert( ) 的工作与 append( ) 类似，只不过可以告诉它在哪里放入新的元素。append( ) 总是把新元素放在列表末尾。

5.2.5　从列表中删除元素

如何从列表删除或者去除元素呢？有 3 种方法：remove( )、del 和 pop( )。

● 用 remove( ) 删除元素

remove 会从列表中删除所选择的元素，把它丢掉：

```
>>> letters = ['a','b','c','d','e']
>>> letters.remove('c')
>>> print(letters)
['a', 'b', 'd', 'e']
>>>
```

不需要知道这个元素在列表中的具体位置，只需要知道它确实在列表中（可以是任何位置）。如果想删除的东西根本不在列表中，就会得到错误消息：

```
>>> letters.remove('f')

Traceback (most recent call last):
  File "<pyshell#82>", line 1, in <module>
    letters.remove('f')
ValueError: list.remove(x): x not in list
>>>
```

那么怎么才能知道列表中是否包含某个元素呢？后面就要讲到。先来看另外两种从列表中删除元素的方法。

● 用 del 删除

del 允许利用索引从列表中删除元素，如下所示：

```
>>> letters = ['a','b','c','d','e']
>>> del letters[3]
>>> print(letters)
['a', 'b', 'c', 'e']
>>>
```

在这里，我们删除了第 4 个元素（索引 3），也就是字母 d。

● 用 pop( ) 删除元素

pop( ) 从列表中取出最后一个元素交给用户。这说明，可以为它指派一个名字，比如：

```
letters = ['a','b','c','d','e']
lastletter = letters.pop()
print(letters)
print(lastletter)
```

运行结果如下：

```
>>>
========== RESTART: C:\Users\Administrator\Desktop\example\list.py ==========
['a', 'b', 'c', 'd']
e
>>>
```

使用 pop( ) 时还可以提供一个索引，如：

```
letters = ['a','b','c','d','e']
second = letters.pop(1)
print(second)
print(lastletter)
```

运行结果如下：

```
========== RESTART: C:\Users\Administrator\Desktop\example\list.py =====
b
['a', 'c', 'd', 'e']
>>>
```

在这里弹出了第 2 个字母（索引 1），也就是 b，弹出的元素赋给 second，而且会从 letters 删除。

括号里没有提供参数时，pop( ) 会返回最后一个元素，并把它从列表中删除。如果在括号里放入一个数，pop(n) 会给出这个索引位置上的元素，而且会把它从列表中删除。

5.2.6 搜索列表

列表中有多个元素时，怎么查找这些元素呢？对列表通常有两种处理：查找元素是否在列表中——in( )；查找元素在列表中的哪个位置（元素的索引）——index( )。

● in 关键字

要找出某个元素是否在列表中，可以使用 in 关键字，例如：

```
if 'a' in letters:
    print("found 'a' in letters")
else:
    print("didn't found 'a' in letters")
```

'a' in letters 部分是一个布尔或逻辑表达式。如果 a 在这个列表中，它会返回值 True，否则返回 False。

运行结果如下所示：

```
>>>
========== RESTART: C:\Users\Administrator\Desktop\example\list.py =====
b
['a', 'c', 'd', 'e']
found 'a' in letters
>>>
```

再试试查找 s：

```
letters = ['a','b','c','d','e']
lastletter = letters.pop()
print(letters)
print(lastletter)

letters = ['a','b','c','d','e']
second = letters.pop(1)
print(second)
print(letters)

if 'a' in letters:
    print("found 'a' in letters")
else:
    print("didn't found 'a' in letters")

if 's' in letters:
    print("found 's' in letters")
else:
    print("didn't found 's' in letters")
```

可以看到，名为 letters 的列表中确实包含一个元素 a，但是不包含元素 s。所以 a 在列表中，而 s 不在列表中。

```
>>>
========== RESTART: C:\Users\Administrator\Desktop\example\list.py ==========
b
['a', 'c', 'd', 'e']
found 'a' in letters
didn't found 's' in letters
>>>
```

- 查找索引

为了找出一个元素位于列表中的什么位置，可以使用 index( ) 方法，如下：

```
letters = ['a','b','c','d','e']
lastletter = letters.pop()
print(letters)
print(lastletter)

letters = ['a','b','c','d','e']
second = letters.pop(1)
print(second)
print(letters)

if 'a' in letters:
    print("found 'a' in letters")
else:
    print("didn't found 'a' in letters")

if 's' in letters:
    print("found 's' in letters")
else:
    print("didn't found 's' in letters")

print (letters.index('d'))
```

运行结果如下：

```
>>>
========== RESTART: C:\Users\Administrator\Desktop\example\list.py ======
b
['a', 'c', 'd', 'e']
found 'a' in letters
didn't found 's' in letters
2
>>>
```

5.2.7　循环处理列表

最早开始讨论循环时，我们看到循环完成了一个值列表的迭代处理。我们还了解了 range( ) 函数，并用它作为快捷方式为循环生成数字列表。前面已经看到 range( ) 确实可以提供一个数字列表。

不过循环完全可以迭代处理任何列表，而不一定非得是数字列表。假设要显示出我们的字母列表，一行显示一个元素，可以这样做：

```
>>>
========== RESTART: C:\Users\Administrator\Desktop\example\list.py ====:
a
b
c
d
e
>>>
```

这里我们的循环变量是 letter（之前我们使用了 looper 或 i、j 和 k 之类的循环变量）。循环迭代处理（循环处理）列表中的所有值，每次迭代时，当前元素会存储在循环变量 letter 中，然后显示出来。

5.2.8　列表排序

列表是一种有顺序（ordered）的集合，这说明列表中的元素有某种顺序，每个元素都有一个位置，也就是它的索引。一旦以某种顺序将元素放在列表中，它们就会保持这种顺序，除非用 insert( )、append( )、remove( ) 或 pop( ) 改变列表。不过这个顺序可能不是真正想要的顺序，可能希望列表在使用前已经排序。

要对列表排序，可以使用 sort( ) 方法。

```
letters = ['d','b','c','a','e']
print(letters)
letters.sort()
print(letters)
```

运行结果如下：

```
========== RESTART: C:\Users\Administrator\Desktop\example\list.py =====:
['d', 'b', 'c', 'a', 'e']
['a', 'b', 'c', 'd', 'e']
>>>
```

sort( ) 会自动按字母顺序对字符串从小到大排序，如果是数字，就会按数字顺序从小到大排序。

有一点很重要，sort( ) 会在原地修改列表。这说明它会改变提供的原始列表，而不是创建一个新的有序列表。所以，不能这样做：

```
letters = ['d','b','c','a','e']
print(letters)
letters.sort()
print(letters)
print(letters.sort())
```

运行结果如下：

```
>>>
========== RESTART: C:\Users\Administrator\Desktop\example\list.py ========
['d', 'b', 'c', 'a', 'e']
['a', 'b', 'c', 'd', 'e']
None
>>>
```

如果这样做，会得到"None"。必须分两步来完成。就像这样：

```
  letters = ['d','b','c','a','e']
  print(letters)
1 letters.sort()
2 print(letters)
```

● 按逆序排序

让一个列表按逆序排序有两种方法。一种方法是先按正常方式对列表排序，然后对这个有序列表完成逆置（reverse）。如下：

```
letters = ['d','b','c','a','e']
print(letters)
letters.sort()
print(letters)
letters.reverse()
print(letters)
```

运行结果如下：

```
>>>
========== RESTART: C:\Users\Administrator\Desktop\example\list.py ==:
['d', 'b', 'c', 'a', 'e']
['a', 'b', 'c', 'd', 'e']
['e', 'd', 'c', 'b', 'a']
>>>
```

在这里我们看到一个新的列表方法 reverse( )，这会把列表中元素的顺序倒过来。另一种方法是向 sort( ) 增加了一个参数，直接让它按降序排序（从大到小）：

```
letters = ['d','b','c','a','e']
print(letters)
letters.sort(reverse = True)
print(letters)
```

运行结果如下：

```
>>>
========== RESTART: C:\Users\Administrator\Desktop\example\list.py ==========
['d', 'b', 'c', 'a', 'e']
['e', 'd', 'c', 'b', 'a']
>>>
```

这个参数名为：它会按照用户的意思，将列表按逆序排序。

👁 记住：我们刚才讨论的所有排序和逆置都会对原来的列表做出修改。这说明，原来的列表已经没有了。如果希望保留原来的顺序，而对列表的副本进行排序，可以使用分片记法建立副本，也就是与原列表相等的另一个列表（有关的内容已经在这一章前面讨论过）：

```
letters = ['d','b','c','a','e']
new_letters = letters[:]
new_letters.sort(reverse = True)
print(letters)
print(new_letters)
```

运行结果如下：

```
>>>
========== RESTART: C:\Users\Administrator\Desktop\example\list.py =========
['d', 'b', 'c', 'a', 'e']
['e', 'd', 'c', 'b', 'a']
>>>
```

● 另一种排序方法——sorted( )

还有一种方法可以得到一个列表的有序副本而不会影响原列表的顺序。Python 提供了一个名为 sorted( ) 的函数可以完成这个功能。它的工作如下：

```
letters = ['d','b','c','a','e']
new_letters = sorted(letters)
print(letters)
print(new_letters)
```

运行结果如下：

```
========== RESTART: C:\Users\Administrator\Desktop\example\list.py ==========
['d', 'b', 'c', 'a', 'e']
['a', 'b', 'c', 'd', 'e']
>>>
```

sorted( ) 函数提供了原列表的一个有序副本。

5.2.9 双重列表：数据表

考虑数据如何存储在程序中时，可以用图直观地表示，这很有用。变量有一个值：

myTeacher ——→ Mr.Wilson

列表就像是把一行值串在一起：

myFriends ——→ | Lily | Lucy | Jom | Kim | Willian |

有时还需要一个包含行和列的表：

classMarks ──────▶	Math	Science	Reading	Spelling
Lily	55	63	77	81
Lucy	65	61	67	72
Willian	97	95	92	88

如何保存数据表呢？我们已经知道，列表中包含多个元素，可以把每个学生的成绩放在一个列表中，不过我们可能希望把所有数据都收集到一个数据结构中。

> 数据结构（data structure）是一种在程序中收集、存储或表示数据的方法。数据结构包括变量、列表和其他一些我们还没有讨论到的内容。实际上，数据结构这个词就表示程序中数据的组织方式。

要为我们的成绩建立一个数据结构，可以这样做。

5.3
增加的赋值操作

在对变量赋值时，常常会用到变量本身。例如，将 42 赋给变量 spam 之后，用下面的代码让 spam 的值增加 1：

```
>>> spam = 42
>>> spam = spam + 1
>>> spam
43
>>>
```

作为一种快捷方式，可以用增强的赋值操作 += 来完成同样的事：

```
>>> spam = 42
>>> spam += 1
>>> spam
43
>>>
```

针对 +、−、*、/ 和 % 操作符，都有增强的赋值操作符，如下所示：

增强的赋值语句：	与增强的赋值语句等价的赋值语句：
spam += 1	spam = spam + 1
spam −= 1	spam = spam− 1
spam *= 1	spam = spam * 1
spam /= 1	spam = spam / 1
spam %= 1	spam = spam % 1

+= 操作符也可以完成字符串和列表的连接，*= 操作符可以完成字符串和列表的复制。在交互式环境中输入以下代码：

```
>>> spam = 'Hello'
>>> spam += 'world!'
>>> spam
'Helloworld!'

>>> bacon = ['Zophie']
>>> bacon *= 3
>>> bacon
['Zophie', 'Zophie', 'Zophie']
```

5.4
方法

方法和函数是一回事，只是它是调用在一个值上。例如，如果一个列表值存储在 spam 中，可以在这个列表上调用 index( ) 列表方法（稍后会解释），就像 spam.index（'hello'）一样，方法部分跟在这个值后面，以一个句点分隔。

每种数据类型都有它自己的一组方法。例如，列表数据类型有一些有用的方法，用来查找、添加、删除或操作列表中的值。

5.4.1 用 index( ) 方法在列表中查找值

列表值有一个 index( ) 方法，可以传入一个值，如果该值存在于列表中，就返回它的下标。如果该值不在列表中，Python 就报 ValueError。在交互式环境中输入以下代码：

```
>>> spam = ['hello','hi','howdy','heyas']
>>> spam.index('hello')
0
>>> spam.index('heyas')
3
>>> spam.index('howdy howdy howdy')

Traceback (most recent call last):
  File "<pyshell#37>", line 1, in <module>
    spam.index('howdy howdy howdy')
ValueError: 'howdy howdy howdy' is not in list
```

如果列表中存在重复的值，就返回它第一次出现的下标。在交互式环境中输入以下代码，注意 index( ) 返回 1，而不是 3：

```
>>> spam = ['Zophie','Pooka','Fat-tail','Pooka']
>>> spam.index('Pooka')
1
```

5.4.2 用 append( ) 和 insert( ) 方法在列表中添加值

要在列表中添加新值，就使用 append( ) 和 insert( ) 方法。在交互式环境中输入以下代码，对变量 spam 中的列表调用 append( ) 方法。

```
>>> spam = ['cat','dog','bat']
>>> spam.append('moose')

>>> spam
['cat', 'dog', 'bat', 'moose']
```

前面的 append( ) 方法调用，将参数添加到列表末尾。insert( ) 方法可以在列表任意下标处插入一个值。insert( ) 方法的第一个参数是新值的下标，第二个参数是要插入的新值。在交互式环境中输入以下代码：

```
>>> spam
['cat', 'dog', 'bat', 'moose']
>>> spam = ['cat','dog','bat']

>>> spam.insert(1,'chicken')

>>> spam
['cat', 'chicken', 'dog', 'bat']
```

⧖ 注意：代码是 spam.append('moose') 和 spam.insert(1，ckicken)，而不是 spam=spam.append(moose) 和 spam=spam.insert(1，ckicken)。append( ) 和 insert( ) 都不会将 spam 的新值作为其返回值［实际上，append( ) 和 insert( ) 的返回值是 None，所以肯定不希望将它保存为变量的新值］。但是，列表被"当场"修改了。在 5.6.1 节"可变和不可变数据类型"中，将更详细地介绍当场修改一个列表。

方法属于单个数据类型。append( ) 和 insert( ) 方法是列表方法，只能在列表上调用，不能在其他值上调用，例如字符串和整型。在交互式环境中输入以下代码，注意产生的 AttributeError 错误信息：

```
>>> eggs = 'hello'

>>> eggs.append('world')

Traceback (most recent call last):
  File "<pyshell#47>", line 1, in <module>
    eggs.append('world')
AttributeError: 'str' object has no attribute 'append'

>>> bacon = 42

>>> bacon.insert(1,'world')

Traceback (most recent call last):
  File "<pyshell#49>", line 1, in <module>
    bacon.insert(1,'world')
AttributeError: 'int' object has no attribute 'insert'
```

5.4.3 用 remove( ) 方法从列表中删除值

给 remove( ) 方法传入一个值，它将从被调用的列表中删除。在交互式环境中输入以下代码：

```
>>> spam = ['cat', 'bat', 'rat', 'elephant']

>>> spam.remove('bat')
>>> spam
['cat', 'rat', 'elephant']
```

试图删除列表中不存在的值，将导致 ValueError 错误。例如，在交互式环境中输入以下代码，注意是显示的错误：

```
>>> spam = ['cat', 'bat', 'rat', 'elephant']

>>> spam.remove('chicken')

Traceback (most recent call last):
  File "<pyshell#55>", line 1, in <module>
    spam.remove('chicken')
ValueError: list.remove(x): x not in list
```

如果该值在列表中出现多次，只有第一次出现的值会被删除。在交互式环境中输入以下代码：

```
>>> spam = ['cat', 'bat', 'rat', 'cat', 'hat', 'cat']

>>> spam.remove('cat')

>>> spam
['bat', 'rat', 'cat', 'hat', 'cat']
```

如果知道想要删除的值在列表中的下标，del 语句就很好用。如果知道想要列表中删除的值，remove( ) 方法就很好用。

5.4.4　用 sort( ) 方法将列表中的值排序

数值的列表或字符串的列表，能用 sort( ) 方法排序。例如，在交互式环境中输入以下代码：

```
>>> spam = [2, 5, 3.14, 1, -7]

>>> spam.sort()

>>> spam
[-7, 1, 2, 3.14, 5]
>>> spam = ['ants', 'cats', 'dogs', 'badgers', 'elephonts']

>>> spam.sort()
>>> spam
['ants', 'badgers', 'cats', 'dogs', 'elephonts']
```

也可以指定 reverse 关键字参数为 True，让 sort( ) 按逆序排序。在交互式环境中输入以下代码：

```
>>> spam.sort(reverse=True)

>>> spam
['elephonts', 'dogs', 'cats', 'badgers', 'ants']
```

关于 sort( ) 方法，应该注意 3 件事：

首先，sort( ) 方法当场对列表排序。不要写出 spam=spam.sort( ) 这样的代码，试图记录返回值。

其次，不能对既有数字又有字符串值的列表排序，因为 Python 不知道如何比较它们。

最后，sort( ) 方法对字符串排序时，使用"ASCII"字符顺序，而不是实际的字典顺序。这意味着大写字母排在小写字母之前。因此在排序时，小写的 a 在大写的 Z 之后。例如，在交互式环境中输入以下代码：

```
>>> spam = ['Alice','ants','Bob','badgers','Carol','cats']
>>> spam.sort()
>>> spam
['Alice', 'Bob', 'Carol', 'ants', 'badgers', 'cats']
```

如果需要按照普通的字典顺序来排序，就在 sort( ) 方法调用时，将关键字参数 key 设置为 str.lower。

```
>>> spam = ['a','z','A','Z']
>>> spam.sort(key=str.lower)
>>> spam
['a', 'A', 'z', 'Z']
```

这将导致 sort( ) 方法将列表中的所有的表项当成小写，但实际上并不会改变它们在列表中的值。

5.5 例子程序：神奇 8 球和列表

前一章我们写过神奇 8 球程序。利用列表，可以写出更好的版本。不是用一些几乎一样 elif 的语句，而是创建一个列表，针对它编码。打开一个新的文件编辑器窗口，输入以下代码，并保存为 magic8Ball2.py：

```
import random

messages = ['It is certain',
            'It is decidedly',
            'Yes definitely',
            'Reply hazy try again',
            'Ask again later',
            'Concentrate and ask again',
            'My reply is no',
            'Outlook not so good',
            'Very doubtful']

print(messages[random.randint(0, len(messages) - 1)])
```

Python 中缩进规则的例外

在大多数情况下，代码行的缩进告诉 Python 它属于哪一个代码块。但是，这个规则有几个例外。例如在源代码文件中，列表实际上可以跨越几行，这些行的缩进并不重要。知道，Python 没有看到结束方括号，列表就没有结束，例如，代码可以看起来像这样：

```
spam = ['apples',
        'oranges',
                        'bananas',
        'cats']
print(spam)
```

当然，从实际的角度来说，大部分人会利用Python的行为，让他们的列表看起来漂亮且可读，就像神奇8球程序中的消息列表一样。

也可以在行末使用续行字符 \ ，将一条指令写成多行。可以把 \ 看成是"这条指令在下一行继续"。\ 续行字符之后的一行中，缩进并不重要。例如，下面是有效的Python代码：

```
print('Four score and seven ' + \
      'years ago...')
```

如果希望将第一行的Python代码安排得更为可读，这些技巧是有用的。

运行这个程序，会看到它与前面的 magic8Ball2.py 程序效果一样。

注意用作 messages 下标的表达式：random.randint(0，len(messages)-1)。这产生了一个随机数作为下标，不论 messages 的大小是多少。也就是说，会得到 0 与 len(messages)-1 之间的一个随机数。这种方法的好处在于，很容易向列表添加或删除字符串，而不必改变其他行的代码。如果稍后更新代码，就可以少改几行代码，引入缺陷的可能性也更小。

5.6
类似列表的类型：字符串和元组

列表并不是唯一表示序列值的数据类型。例如，字符串和列表实际上很相似，只要认为字符串是单个文本字符的列表，对列表的许多操作，也可以作用于字符串；按下标取值、切片、用于 for 循环、用于 len( )，以及用于 in 和 not in 操作符。为了看到这种效果，在交互式环境中输入以下代码：

```
>>> name = 'Zophie'
>>> name[0]
'Z'

>>> name[-2]
'i'

>>> name[0:4]
'Zoph'
>>> 'Zo' in name
True

>>> 'z' in name
False
>>> 'p' not in name
False
```

```
>>> for i in name:
                print('* * *' + i + '* * *')

* * *Z* * *
* * *o* * *
* * *p* * *
* * *h* * *
* * *i* * *
* * *e* * *
```

5.6.1 可变和不可变数据类型

但列表和字符串在一个重要的方面是不同的。列表是"可变的"数据类型,它的值可以添加、删除或改变。但是,字符串是"不可变的",它不能被更改。尝试对串中的一个字符重新赋值,将导致 TypeError 错误。在交互式环境中输入以下代码,就会看到:

```
>>> name = 'Zophie a cat'

>>> name[7] = 'the'

Traceback (most recent call last):
  File "<pyshell#47>", line 1, in <module>
    name[7] = 'the'
TypeError: 'str' object does not support item assignment
```

"改变"一个字符串的正确方式,是使用切片和连接。构造一个"新的"字符串,从老的字符串那里复制一部分。在交互式环境中输入以下代码:

```
>>> name = 'Zophie a cat'

>>> newName = name[0:7] + 'the' + name[8:12]

>>> name
'Zophie a cat'

>>> newName
'Zophie the cat'
```

我们用 [0：7] 和 [8：12] 来指那些不想替换的字符。注意,原来的 Zophie a cat 字符串没有被修改,因为字符串是不可变的。尽管列表值是可变的,但下面代码中的第二行并没有修改列表 eggs:

```
>>> eggs = [1, 2, 3]

>>> eggs = [4, 5, 6]

>>> eggs
[4, 5, 6]
```

这里 eggs 的列表值并没有改变,而是整个新的不同的列表值 [4,5,6] 覆写了老的列表值。如图 5-1 所示。

图 5-1　当 **eggs**=[4，5，6] 被执行时，**eggs** 的内容被新的列表值取代

如果确实希望修改 eggs 中原来的列表，让它包含 [4，5，6]，就要这样做：

```
>>> eggs = [1,2,3]
>>> del eggs[2]
>>> del eggs[1]
>>> del eggs[0]
>>> eggs.append(4)
>>> eggs.append(5)
>>> eggs.append(6)
>>> eggs
[4, 5, 6]
```

在第一个例子中，eggs 最后的列表与它开始的列表值是一样的，只是这个列表被改变了，而不是被覆写。图 5-2 展示了前面交互式脚本的例子中前 7 行代码所做的 7 次改动。

图 5-2　**del** 语句和 **append( )** 方法当场修改了同一个列表值

改变一个可变数据类型的值［就像前面例子中 del 语句和 append( ) 方法所做的事］，当场改变了该值，因为该变量的值没有被一个新的列表值取代。

区分可变与不可变类型，似乎没有什么意义，但 5.7.1 节 "传递引用" 将解释，使用可变参数和不可变参数调用函数时产生的不同行为。首先，让我们来看看元组数据类型，它是列表数据类型的不可变形式。

5.6.2　元组数据类型

除了两个方面，"元组" 数据类型几乎与列表数据类型一样。首先，元组输入时用圆括号 ( )，而不是用方括号 []。例如，在交互式环境中输入以下代码：

```
>>> eggs = ('hello' , 42, 0.5)

>>> eggs[0]
'hello'

>>> eggs[1:3]
(42, 0.5)
>>> len(eggs)
3
```

但元组与列表的主要区别还在于，元组像字符串一样，是不可变的。元组不能让它们的值被修改、添加或删除。在交互式环境中输入以下代码，注意 TypeError 出错信息：

```
>>> eggs = ('hello' , 42, 0.5)

>>> eggs[1] = 99

Traceback (most recent call last):
  File "<pyshell#80>", line 1, in <module>
    eggs[1] = 99
TypeError: 'tuple' object does not support item assignment
```

如果元组中只有一个值，可以在括号内该值的后面跟上一个逗号，表明这种情况。否则，Python 将认为只是在一个普通括号输入了一个值。逗号告诉 Python，这是一个元组（不像其他编程语言，Python 接受列表或元组最后表项后面跟的逗号）。在交互式环境中，输入以下的 type( ) 函数调用，看看它们的区别：

```
>>> type(('hello',))
<type 'tuple'>

>>> type(('hello'))
<type 'str'>
```

你可以用元组告诉所有读代码的人，你不打算改变这个序列的值。如果需要一个永远不会改变的值的话，就使用元组。使用元组而不是列表的第二个好处在于，因为它们是不可变的，它们的内容不会变化，Python 可以实现一些优化，让使用元组的代码比使用列表的代码更快。

5.6.3　用 list( ) 和 tuple( ) 函数来转换类型

正如 str(42) 将返回 '42'，即整数 42 的字符串表示形式，函数 list( ) 和 tuple( ) 将返回传递给它们的值的列表和元组版本。在交互式环境中输入以下代码，注意返回值与传入值是不同的数据类型：

```
>>> tuple(['cat','dog',5])
('cat', 'dog', 5)

>>> list(('cat','dog',5))
['cat', 'dog', 5]

>>> list('hello')
['h', 'e', 'l', 'l', 'o']
```

如果需要元组值的一个可变版本，将元组转换成列表就很方便。

5.7
引用

变量保存字符串和整数值。在交互式环境中输入以下代码：

```
>>> spam = 42
>>> cheese = spam
>>> spam = 100
>>> spam
100
>>> cheese
42
```

将 42 赋给 spam 变量，然后拷贝 spam 中的值，将它赋给变量 cheese。当稍后将 spam 中的值改变为 100 时，这不会影响 sheese 中的值，这是因为 spam 和 cheese 是不同的变量，保存了不同的值。

但列表不是这样的。当将列表赋给一个变量时，实际上是将列表的"引用"赋给了该变量。引用是一个值，指向某些数据。列表引用是指向一个列表的值。这里有一些代码，让这个概念更容易理解。在交互式环境中输入以下代码：

```
>>> spam = [0, 1, 2, 3, 4, 5]

>>> cheese = spam

>>> cheese[1] = 'Hello!'

>>> spam
[0, 'Hello!', 2, 3, 4, 5]
>>> cheese
[0, 'Hello!', 2, 3, 4, 5]
```

代码只改变了 cheese 列表，但似乎 cheese 和 spam 列表同时发生了改变。

当创建列表时，对它的引用赋给了变量，但下一行只是将 spam 中的列表引用拷贝到 cheese，而不是列表值本身。意味着存储在 spam 和 cheese 中的值，现在指向了同一个列表。底下只有一个列表，因为列表本身实际从未复制。所以当修改 cheese 变量的第一个元素时，也修改了 spam 指向的同一个列表。

　　🌐 记住：变量就像包含着值的盒子。本章前面的图显示列表在盒子中，这并不准确，因为列表变量实际上没有包含列表，而是包含了对列表的"引用"（这些引用包含一些 ID 数字，Python 在内部使用这些 ID，但是可以忽略）。利用盒子作为变量的隐喻，图 5-3 展示了列表被赋给 spam 变量时发生的情形。

图 5-3　spam=[0，1，2，3，4，5] 保存了对列表的引用，而非实际列表

然后，在图 5-4 中，spam 中的引用被复制给 cheese。只有新的引用被创建并保存在 cheese 中，而非新的列表。注意，两个引用都指向同一个列表。

图 5-4　spam=cheese 复制了引用，而非列表

当改变 cheese 指向的列表时，spam 指向的列表也发生了改变。因为 cheese 和 spam 都指向同一个列表，如图 5-5 所示。

图 5-5　cheese[1]=Hello！修改了两个变量指向的列表

变量包含对列表值的引用，而不是列表值本身。但对于字符串和整数值，变量就包含了字符串或整数值。在变量必须保存可变数据类型的值时，例如列表或字典，Python 就使用引用。对于不可变的数据类型的值，例如字符串、整型或元组，Python 变量就保存值本身。

虽然 Python 变量在技术上包含了对列表或字典值的引用，但人们通常随意地说，该变量包含了列表或字典。

5.7.1　传递引用

要理解参数如何传递函数，引用就特别重要。当函数被调用时，参数的值被复制给变元。对于列表（以及字典，将在下一章中讨论），这意味着变元得到的是引用的拷贝。要看看这导致的后果，请打开一个新的文件编辑器窗口，输入以下代码，并保存为 passingReference.py：

```
def eggs(someParameter):
    someParameter.append('Hello')

spam = [1, 2, 3]
eggs(spam)
print(spam)
```

注意：当 eggs( ) 被调用时，没有使用返回值来为 spam 赋新值。相反，它直接当场修改了该列表。在运行时，该程序产生输出如下：

```
[1, 2, 3, 'Hello']
```

尽管 spam 和 someParameter 包含了不同的引用，但它们都指向相同的列表。这就是为什么函数内的 append（Hello）方法调用在函数调用返回后，仍然会对该列表产生影响。

🌐 **记住**：如果忘了 Python 处理列表和字典变量时采用这种方式，可能会导致令人困惑的缺陷。

5.7.2　copy 模块的 copy( ) 和 deepcopy( ) 函数

在处理列表和字典时，尽管传递引用常常是最方便的方法，但如果函数修改了传入的列表或字，可能不希望这些变动影响原来的列表或字。要做到这一点，Python 提供了名为 copy 的模块，其中包含 copy( ) 和 deepcopy( ) 函数。第一个函数 copy.copy( )，可以用来复制列表或字典这样的可变值，而不只是复制引用。在交互式环境中输入以下代码：

```
>>> import copy
>>> spam = ['A','B','C','D']
>>> cheese = copy.copy(spam)
>>> cheese[1] = 42
>>> spam
['A', 'B', 'C', 'D']
>>> cheese
['A', 42, 'C', 'D']
```

现在 spam 和 cheese 变量指向独立的列表，这就是为什么当你将 42 赋给下标 7 时，只有 cheese 中的列表被改变。在图 5-6 中可以看到，两个变量的引用 ID 数字不再一样，因为它们指向了独立的列表。

图 5-6　cheese=copy.copy（spam）创建了第二个列表，能独立于第一个列表修改

如果要复制的列表中包含了列表，那就使用 copy.deepcopy( ) 函数来代替。deepcopy( ) 函数将同时复制它们内部的列表。

小结：

列表是有用的数据类型。因为它们让用户写代码处理一组可以修改的值，同时仅用一个变量。在本书后面的章节中，会看到一些程序利用列表来完成工作。若没有列表，这些工作很困难，甚至不可能完成。

列表是可变的，这意味着它们的内容可以改变。元组和字符串虽然在某些方面像列表，

却是不可变的，不能被修改。包含一个元组或字符串的变量，可以被一个新的元组或字符串覆写，但这和现场修改原来的值不是一回事，不像 append( ) 和 remove( ) 方法在列表上的效果。

变量不直接保存列表值，它们保存对列表的"引用"。在复制变量或将列表作为函数调用的参数时，这一点很重要。因为被复制的只是列表引用，所以要注意，对该列表的所有改动都可能影响到程序中的其他变量。如果需要对一个变量中的列表修改，同时不修改原来的列表，就可以用 copy( ) 或 deepcopy( )。

5.8
编程实例

作业实践，编程完成下列任务。

5.8.1　逗号代码

假定有下面这样的列表：

```
spam = ['apples','bananas','tofu','cats']
```

编写一个函数，它以一个列表值作为参数，返回一个字符串，该字符串包含所有表项，表项之间以逗号和空格分隔，并在最后一个表项之前插入 and。例如，将前面的列表传递给函数，将返回 apples，bananas，tofu，cats。但函数应该能够处理传递给它的任何列表。

5.8.2　字符图网格

假定有一个列表的列表，内层列表的每个值都是包含一个字符的字符串，像这样：

```
grid = [['.','.','.','.','.','.'],
        ['.','o','o','.','.','.'],
        ['o','o','o','o','.','.'],
        ['o','o','o','o','o','.'],
        ['.','o','o','o','o','o'],
        ['o','o','o','o','o','.'],
        ['o','o','o','o','.','.'],
        ['.','o','o','.','.','.'],
        ['.','.','.','.','.','.']]
```

可以认为 grid[x][y] 是一幅"图"在 x、y 坐标处的字符，该图由文本字符组成。原点（0，0）在左上角，向右 x 坐标增加，向下 y 坐标增加。

⊕ **提示**：需要使用循环嵌套循环，打印出 grid[0][0]，然后 grid[1][0]，然后 grid[2][0]，以此类推，直到 grid[8][0]。这就完成第一行，所以接下来打印换行。然后程序将打印出 grid[0][1]，然后 frid[1][1]，然后 grid[2][1]，以此类推，程序最后将打印出 grid[8][5]。

而且，如果不希望在每次 print( ) 调用后都自动打印换行，记得向 print( ) 传递 end 关键字参数。

第6章

字典和结构化数据

本章将介绍字典数据类型，它提供了一种灵活的访问和组织数据的方式。然后，结合字典与前一章中关于列表的知识，学习如何创建一个数据结构，对井字棋盘建模。

6.1
字典数据类型

像列表一样，"字典"是许多值的集合。但不像列表的下标，字典的索引可以使用许多不同数据类型，不只是整数，字典的索引被称为"键"，键入其关联的值称为"键 - 值"对。

在代码中，字典输入时带花括号 {}。在交互环境中输入以下代码：

```
>>> myCat = {'size':'fat','color':'white','disposition':'quiet'}
```

这将一个字典赋给 myCat 变量。这个字典的键是 'size'，'color' 和 'disposition'。这些键相应的值是 'fat'、'white' 和 'quite'。可以通过它们的键访问这些值：

```
>>> myCat = {'size':'fat','color':'white','disposition':'quiet'}
>>> myCat['size']
'fat'
>>> 'My cat has' + myCat['color'] + 'fur.'
'My cat haswhitefur.'
>>>
```

字典仍然可以用整数值作为键，就像列表使用整值作为下标一样，但它们不必从 0 开始，可以是任何数字。

6.1.1　字典与列表

尽管字典是不排序的，但可以用任意值作为键，使得能够用强大的方式来组织数据。假定希望程序保存朋友生日的数据，就可以使用一个字典，用名字作为键，用生日作为值。

打开一个新的文件编辑窗口，输入以下代码，并保存为 birthdays.py：

```
1   birthdays = {'Lily':'Apr 1','Lucy':'Dec 12','Tom':'Mar 4'}

    while True:
        print('Enter a name:')
        name = input()
        if name == '':
            break

2   if name in birthdays:
3       print(birthdays[name] + ' is the birthday of ' + name)
    else:
        print('I do not have birthday information for ' + name)
        print('What is their birthday?')
```

不像列表，字典中的表项是不排序的。名为 spam 的列表中，第一个表项是 spam[0]。但字典中没有"第一个"表项，虽然确定两个列表是否相同时，表项的顺序很重要，但在字典中，键 - 值对输入的顺序并不重要。在交互式环境中输入以下代码：

```
>>> spam = ['cats','dogs','sheep']
>>> temp = ['dogs','cats','sheep']
>>> spam == temp
False

>>> spam = {'cats','dogs','sheep'}
>>> temp = {'dogs','cats','sheep'}
>>> spam == temp
True
```

因为字典是不排序的，所以不能像列表那样切片。

尝试访问字典中不存在的键，将导致 KeyError 出错信息。这很像列表的"越界"IndexError 出错信息。在交互式环境中输入以下代码，并注意显示的出错信息，因为没有"color"键：

```
>>> spam = {'name':'Lily','age':15}
>>> spam['color']

Traceback (most recent call last):
  File "<pyshell#25>", line 1, in <module>
    spam['color']
KeyError: 'color'
>>>
```

```
birthdays = {'Lily':'Apr 1','Lucy':'Dec 12','Tom':'Mar 4'}

while True:
    print('Enter a name:')
    name = input()
    if name == '':
        break

    if name in birthdays:
        print(birthdays[name] + ' is the birthday of ' + name)
        print('Enter a name:')
    else:
        print('I do not have birthday information for ' + name)
        print('What is their birthday?')

        bday = input()
        birthdays[name] = bday
        print('Birthday database updated.')
```

创建了一个初始的字典，将它保存在 birthdays 中，用 in 关键字，可以看看输入的名字是否作为键存在于字典中，就像查看列表一样。如果该名字在字典中，可以用方括号访问关联的值；如果不在，可以用同样的方括号语法和赋值操作符添加它。

运行这个程序，结果看起来如下所示：

```
Enter a name:
'Lily'
Apr 1 is the birthday of Lily
Enter a name:
Enter a name:
'Alice'
I do not have birthday information for Alice
What is their birthday?
'Dec 5'
Birthday database updated.
Enter a name:
'Lucy'
Dec 12 is the birthday of Lucy
Enter a name:
Enter a name:
```

当然，在程序终止时，在这个程序中输入的所有数据都丢失了。

6.1.2 keys()、values() 和 items() 方法

有 3 个字典方法，它们将返回类似列表的值，分别对应于字典的键、值和键 - 值对：keys()、values()、items()。这些方法返回的值不是真正的列表，它们不能被修改，没有 append() 方法。但这些数据（分别是 dict_keys、dict_values 和 dict_items）可以用于 for 循环。为了看看这些方法的工作原理，在交互式环境中输入以下代码：

```
>>> spam = {'color':'red', 'age':42}
>>> for v in spam.values():
        print(v)


red
42
```

这里，for 循环迭代了 spam 字典中的每个值。for 循环也可以迭代每个键，或者键 - 值对：

```
>>> spam = {'color':'red','age':42}
>>> for k in spam.keys():
        print(k)


color
age
>>> for i in spam.items():
        print(i)


('color', 'red')
('age', 42)
```

利用 keys()、values() 和 items() 方法，循环分别可以迭代键、值或键 - 值对。

注意：items() 方法返回的 dict_items 值中，包含的是键和值的元组。

如果希望通过这些方法得到一个真正的列表，就把类似列表的返回值传递给 list 函数。在交互式环境中输入以下代码：

```
>>> spam = {'color':'red','age':42}
>>> spam.keys()
['color', 'age']
>>> list(['color','age'])
['color', 'age']
```

list(spam.keys( )) 代码行接受 keys( ) 函数返回的 dict_keys 值，并传递给 list( )。然后返回一个列表，即 ['color', 'age']。

也可以利用多重赋值的技巧，在 for 循环中将键和值赋给不同的变量。在交互式环境中输入以下代码：

```
>>> spam = {'color':'red','age':42}

>>> for k,v in spam.items():
        print('key:' + k + ' Value:' + str(v))


key: color Value: red
key: age Value: 42
```

6.1.3　检查字典中是否存在键或值

回忆一下，前一章提到，in 和 not in 操作符可以检查值是否存在于列表中，也可以利用这些操作符，检查某个键或值是否存在于字典中。在交互式环境中输入以下代码：

```
>>> spam = {'name':'Zophie','age':7}
>>> 'name' in spam.keys()
True
>>> 'Zophie' in spam.values()
True
>>> 'color' in spam.keys()
False
>>> 'color' not in spam.keys()
True
>>> 'color' in spam
False
```

⌛ 注意：在前面的例子中，'color' in spam 本质上是一个简写版本。相当于 'color' in spam.keys( )。这种情况总是对的：如果想要检查是否为字典中的键，就可以用关键字 in（或 not in），作用于该字典本身。

6.1.4　get( ) 方法

在访问一个键的值之前，检查该键是否存在于字典中，这很麻烦。好在字典有一个 get( ) 方法，它有两个参数：要取得其值的键，以及如果该键不存在时返回的备用值。

在交互式环境中输入以下代码：

```
>>> picnicItems = {'apples':5,'cups':2}
>>> 'I am bringing' + str(picnicItems.get('cups',0)) + 'cups.'
'I am bringing2cups.'
>>> 'I am bringing' + str(picnicItems.get('eggs',0)) + 'eggs.'
'I am bringing0eggs.'
>>>
```

因为 picnicItems 字典中没有 'eggs' 键，get( ) 方法返回的默认值是 0。不使用 get( )，代码就会产生一个错误消息，就像下面的例子：

```
>>>
>>> picnicItems = {'apples':5,'cups':2}
>>> 'I am bringing' + str(picnicItems.get['eggs']) + 'eggs.'

Traceback (most recent call last):
  File "<pyshell#35>", line 1, in <module>
    'I am bringing' + str(picnicItems.get['eggs']) + 'eggs.'
TypeError: 'builtin_function_or_method' object has no attribute '__getitem__'
>>>
```

6.1.5　setdefault( ) 方法

常常需要为字典中某个键设置一个默认值，当该键没有任何值时使用字。代码看起来像这样：

```
spam = {'name':'Pooka','age':5}
if 'color' not in spam:
    spam['color'] = 'black'
```

setdefault( ) 方法提供了一种方式，在一行中完成这件事。传递给该方法的第一个参数是要检查的键。第二个参数是如果该键不存在时要设置的值。如果该键确实存在，方法就会返回键的值。在交互式环境中输入以下代码：

```
>>> spam = {'name':'Pooka','age':5}

>>> spam.setdefault('color','black')
'black'

>>> spam
{'color': 'black', 'age': 5, 'name': 'Pooka'}

>>> spam.setdefault('color','white')
'black'

>>> spam
{'color': 'black', 'age': 5, 'name': 'Pooka'}
```

第一次调用 setdefault( ) 时，spam 变量中字典变为 {'color': black, age: 5, name: Pooka}。该方法返回值 black，因为现在该值被赋给键 color。当 spam.setdefault（color，white）接下来被调用时，该键的值"没有"被改变成 white，因为 spam 变量已经有名为 color 的键。

setdefault( ) 方法是一个很好的快捷方式，可以确保一个键存在。下面有一个小程序，计算一个字符串中每个字符出现的次数，打开一个文件编辑器窗口，输入以下代码，保存为 Character Count.py：

```
message = 'It was a bright cold day in April,and the clocks were strking thirteen.'
count = {}

for character in message:
    count.setdefault(character,0)
    count[character] = count[character] + 1

print(count)
```

程序循环迭代 message 字符串中的每个字符，计算每个字符出现的次数。setdefault( ) 方法调用确保了键在于 count 字典中（默认值是 0），这样在执行 count[character]=count[character]+1 时，就不会抛出 KeyError 错误。程序运行时，输出如下：

```
{' ' : 12, ',' : 1, '.' : 1, 'A' : 1, 'I' : 1, 'a' : 4, 'c' : 3, 'b' : 1, 'e' : 5, 'd' : 3
, 'g' : 2, 'i' : 5, 'h' : 3, 'k' : 2, 'l' : 3, 'o' : 2, 'n' : 4, 'p' : 1, 's' : 3, 'r' : 5
, 't' : 6, 'w' : 2, 'y' : 1}
```

从输出可以看到，小写字母 c 出现了 3 次，空格字符出现了 13 次，大写字母 A 出现了 1 次。无论 meggage 变量中包含什么样的字符串，这个程序都能工作，即使该字符串有上百万的字符！

6.2
漂亮打印

如果程序中导入 pprint 模块，就可以使用 pprint( ) 和 pformat( ) 函数，它们将"漂亮打印"一个字典的字。如果想要字典中表项的显示比 pprint( ) 的输出结果更干净，这就有用了。修改前面的 characterCount.py 程序，将它改为 prettyCharacterCount.py。

```
import pprint
message = 'It was a bright cold day in April, and the clocks were strking thirteen.'
count = {}

for character in message:
    count.setdefault(character, 0)
    count[character] = count[character] + 1

pprint.pprint(count)
```

这一次，当程序运行时，输出看起来更干净，键排过序。

```
{' ' : 12,
 ',' : 1,
 '.' : 1,
 'A' : 1,
 'I' : 1,
 'a' : 4,
 'b' : 1,
 'c' : 3,
 'd' : 3,
 'e' : 5,
 'g' : 2,
 'h' : 3,
 'i' : 5,
 'k' : 2,
 'l' : 3,
 'n' : 4,
 'o' : 2,
 'p' : 1,
 'r' : 5,
 's' : 3,
 't' : 6,
 'w' : 2,
 'y' : 1}
```

如果字典本身包含嵌套的列表或字典，pprint.pprint( ) 函数就特别有用。

如果希望得以漂亮打印的文本作为字符串，而不是显示在屏幕上，那就调用 pprint. pformat( )。下面两行代码是等价的。

```
pprint.pprint(someDictionaryValue)
print(pprint.pformat(someDictionaryValue))
```

小结：

在本章中，学习了字典的所有相关知识，列表和字典是这样的值：它们可以包含多个值，包括其他列表和字典。字典是有用的，因为可以把一些项（键）映射到另一些项（值），它不像列表，只包含一系列有序的值，字典中的值是通过方括号访问的，像列表一样。字典不是只能使用整数下标，而是可以用各种数据类型作为键：整型、浮点型、字符串或元组。通过将程序中的值组织成数据结构，可以创建真实世界事物的模型。井字棋盘就是这样的一个例子。

前面介绍了 Python 编程的所有基本概念，在本书后面的部分，将继续学习一些新概念，但现在已学习了足够多的内容，可以开始编写一些有用的程序，让一些任务自动化。用户可能不觉得自己有足够的 Python 知识，来实现页面下载，更新电子表格，或发送文本消息。但这就是 Python 模块要干的事，这些模块由其他程序员编写，提供了一些函数，让这些事情变得容易。所以让我们学习如何编写真正的程序，实现有用的自动化任务。

6.3
编程实例

列表到字典的函数，针对好玩游戏物品清单。

假设征服一条龙的战利品表示为这样的字符串列表：

```
dragonLoot = ['gold coin','dagger','gold coin','gold coin','ruby']
```

写一个名为 add ToInventory(inventory，addedItems) 的函数，其中 inventory 参数是一个字典，表示玩家的物品清单（像前面项目一样），addedItems 参数是一个列表，就像 dragonLoot。

addToInventory( ) 函数应该返回一个字典，表示更新过的物品清单。注意，列表可以包含多个同样的项，代码看起来可能像这样：

```
def addToInventory(inventory, addedItems):
    # your code goes here

inv = {'gold coin':42, 'rope':1}
dragonLoot = ['gold coin', 'dagger','gold coin','gold coin','ruby']
inv = addToInventory(inv, dragonLoot)
displayInventory(inv)
```

前面的程序［加上前一个项目中的 displayInventory( ) 函数］将输出如下：

```
Inventory:
45 godl coin
1 rope
1 ruby
1 dagger
Total number of items:48
```

第 **7** 章

字符串操作

文本是程序需要处理的最常见的数据形式。现在已经知道如何用 + 操作符连接两个字符串，但能做的事情还多得多。可以从字符串中提取部分字符串，添加或删除空白字符，将字母转换成小写或大写，检查字符串的格式是否正确。甚至可以编写 Python 代码访问剪贴板，复制或粘贴文本。

在本章中，将学习所有这些内容和更多内容。然后会看到两个不同的编程项目：一个是简单的口令管理器，另一个是将枯燥的文本格式化工作自动化。

7.1
处理字符串

接下来看看 Python 提供的写入、打印和访问字符串的一些方法。

7.1.1 字符串字面量

在 Python 中输入字符串值是相当简单的：它们以单引号开始和结束。但是如何才能在字符串内使用单引号呢？输入 That is Lily's cat. 是不行的，因为 Python 认为这个字符串在 Lily 之后就结束了，剩下的（s cat.）是无效的 Python 代码。好在有几种方法来输入字符串。

7.1.2 双引号

字符串可以用双引号开始和结束，就像用单引号一样。使用双引号的一个好处，就是字符串中可以使用单引号字符。在交互式环境中输入以下代码：

```
>>> spam = "That is Lily's cat."
```

因为字符串以双引号开始，所以 Python 知道单引号是字符串的一部分，而不是表示字符串的结束。但是，如果在字符串中既需要使用单引号又需要使用双引号，那就要使用转义字符。

7.1.3　转义字符

转义字符：让你输入一些字符，它们用其他方式是不可能放在字符串里的。转义字符包含一个倒斜杠（\），紧跟着是想要添加到字符串中的字符（尽管它包含两个字符，但大家公认它是一个转义字符）。例如，单引号的转义字符是 \'。可以在单引号开始和结束的字符串中使用它。为了看看转义字符的效果，在交互式环境中输入以下代码：

```
>>> spam = 'Say hi to Bob\'s mother.'
```

Python 知道，因为 Bob\'s 中的单引号有一个倒斜杠，所以它不是表示字符串结束的单引号。转义字符 \' 和 \" 让用户能在字符串中加入单引号和双引号。

表 7-1 列出了可用的转义字符。

表 7-1　转义字符

转义字符	打印为
\'	单引号
\"	双引号
\t	制表符
\n	换行符
\\	倒斜杠

在交互式环境中输入以下代码：

```
>>> print("Hello there!\nHow are you?\nI\'m doing fine.")
Hello there!
How are you?
I'm doing fine.
```

7.1.4　原始字符串

可以在字符串开始的引号之前加上 r，使它成为原始字符串。"原始字符串"完全忽略所有的转义字符，打印出字符串中所有的倒斜杠。例如，在交互式环境中输入以下代码：

```
>>> print(r'That is Carol\'s cat.')
That is Carol\'s cat.
```

因为这是原始字符串，Python 认为倒斜杠是字符串的一部分，而不是转义字符的开始。如果输入的字符串包含许多倒斜杠，比如下一章中要介绍的正则表达式字符串，那么原始字符串就很有用。

7.1.5　用三重引号的多行字符串

虽然可以用 \n 转义字符将换行放入一个字符串，但使用多行字符通常更容易。在 Python 中，多行字符串的起止是 3 个单引号或 3 个双引号。"三重引号"之间的所有引号、制表符或换行，都被认为是字符串的一部分。Python 的代码块缩进规则不适用于多行字符串。

打开文件编辑器，输入以下代码：

```
print('''Dear Lily,

We'll go to see the sea together tomorrow.

Lucy''')
```

将该程序保存为 catnapping.py 并运行。输出看起来像这样：

```
Dear Lily,

We'll go to see the sea together tomorrow.

Lucy
>>>
```

⚠ **注意**：We'll 中的单引号字符不需要转义，在原始字符串中，转义单引号和双引号是可选的。下面的 print( ) 调用将打印出同样的文本，但没有使用多行字符串：

```
print("Dear Lily,\n\nWe\'ll go to see the sea together tomorrow.\n\nLucy")
```

7.1.6　井号字符（#）

```
#print('''Dear Lily,

#We'll go to see the sea together tomorrow.

#Lucy''')
#print("Dear Lily,\n\nWe\'ll go to see the sea together tomorrow.\n\nLucy")

print("Hello!")
```

虽然井号字符（#）表示这一行是注释，但多行字符串常常用作多行注释。下面是完全有效的 Python 代码：

```
"""
print('''Dear Lily,

We'll go to see the sea together tomorrow.

Lucy''')
print("Dear Lily,\n\nWe\'ll go to see the sea together tomorrow.\n\nLucy")
"""
print("Hello!")
```

7.1.7 字符串下标和切片

字符串像列表一样，使用下标和切片。可以将字符串 Hello world! 看成是一个列表，字符串中的每个字符都是一个表项，有对应的下标。

```
'Hello world!'
 0 1 2 3 4 5 6 7 8 9 10 11
```

字符计数包含了空格和感叹号，所以 Hello world! 有 12 个字符，H 的下标是 0，! 的下标是 11。在交互式环境中输入以下代码：

```
>>> spam = 'Hello world!'
>>> spam[0]
'H'
>>> spam[4]
'o'
>>> spam[-1]
'!'
>>> spam[0:5]
'Hello'
>>> spam[:5]
'Hello'
>>> spam[6:]
'world!'
```

如果指定一个上标，将得到字符串在该处的字符。如果用一个下标和另一个下标指定一个范围，开始下标将被包含，结束下标则不包含。因此，如果 spam 是 'Hello world！'，spam[0：5] 就是 'Hello'。通过 spam[0：5] 得到的子字符串，将包含 spam[0] 到 spam[4] 的全部内容，而不包括下标 5 处的空格。

⚠ 注意：字符串切片并没有修改原来的字符串，可以从一个变量中获取切片，记录在另一个变量中，在交互式环境中输入以下代码：

```
>>> spam = 'Hello world!'
>>> fizz = spam[0:5]
>>> fizz
'Hello'
```

通过切片并将结果字符串保存在另一个变量中，就可以同时拥有完整的字符串和子字符串，便于快速简单地访问。

7.1.8 字符串的 in 和 not in 操作符

像列表一样，in 和 not in 操作符也可以用于字符串。用 in 和 not in 连接两个字符串得到的表达式，将求值为布尔值 True 或 False，在交互式环境中输入以下代码：

```
>>> 'Hello' in 'Hello World'
True
>>> 'Hello' in 'Hello'
True
```

```
>>> 'HELLO' in 'Hello World'
False
>>> '' in 'spam'
True
>>> 'cats' not in 'cats and dogs'
False
```

这些表达式测试第一个字符串（精确匹配，区分大小写）是否在第二个字符串中。

7.2
有用的字符串方法

一些字符串方法会分析字符串，或生成转变过的字符串。本节介绍了这些方法，在编制代码的过程中会经常使用它们。

7.2.1 字符串方法 upper( )、lower( )、isupper( ) 和 islower( )

upper( ) 和 lower( ) 字符串方法返回一个新字符串，其中原字符串的所有字母都被相应地转换为大写或者小写。字符串中非字母字符保持不变。

在交互式环境中输入以下代码：

```
>>> spam = 'Hello world!'

>>> spam = spam.upper()

>>> spam
'HELLO WORLD!'

>>> spam = spam.lower()

>>> spam
'hello world!'
```

🖘 **注意**：这些方法没有改变字符串本身，而是返回一个新字符串。如果希望改变原来的字符串，就必须在该字符串上调用 upper( ) 和 lower( )，然后将这个新字符串赋给保存原来字符串的变量。这就是为什么必须使用 spam=spam.upper( )，才能改变 spam 中的字符串，而不是仅仅使用 spam.upper( )（这就好比，如果变量中包含值为 10，写入 eggs+3 后并不会改变 eggs 的值，但是 eggs=eggs+3 就会改变 eggs 的值）。

如果需要进行大小写无关的比较，upper( ) 和 lower( ) 方法就很有用。字符串 great 和 GREat 彼此不相等。但在下面的小程序中，用户输入 Great、GREAT 或 grEAT 都没关系，因为字符串首先被转换成小写。

```
print('How are you?')
feeling = input()
if feeling.lower() == 'great':
    print('I feel gteat too.')
else:
    print('I hope the rest of your day is good.')
```

在运行该程序时，先显示问题，然后输入变形的 great，如 GERat，程序将给出输出 I feel great too。在程序中加入代码，处理多种用户输入情况或输入错误，诸如大小写不一致，这会让程序变得更容易使用，且更不容易失效。

```
How are you?
'GREat'
I feel gteat too.
```

如果字符串所有字母都是大写或小写，isupper( ) 和 islower( ) 方法就会相应地返回布尔值 True。否则，该方法返回 False。在交互式环境中输入以下代码，并注意每个方法调用的返回值：

```
>>> spam = 'Hello world!'
>>> spam.islower()
False

>>> spam.isupper()
False

>>> 'HELLO'.isupper()
True

>>> 'abc12345'.islower()
True

>>> '12345'.islower()
False
>>> '12345'.isupper()
False
```

因为 upper( ) 和 lower( ) 字符串方法本身返回字符，所以也可以在"那些"返回的字符串上继续调用字符串方法。这样做的表达式看起来就像方法调用链。在交互式环境中输入以下代码：

```
>>> 'Hello'.upper()
'HELLO'
>>> 'Hello'.upper().lower()
'hello'
>>> 'Hello'.upper().lower().upper()
'HELLO'
>>> 'Hello'.lower()
'hello'
>>> 'Hello'.lower().islower()
True
```

7.2.2　isX 字符串方法

除了 islower( ) 和 isupper( )，还有几个字符串方法，它们的名字以 is 开始。这些方法返回一个布尔值，描述了字符串的特点，下面是一些常用的 isX 字符串方法。

- isalpha( ) 返回 True，如果字符串只包含字母，并且非空；
- isalnum( ) 返回 True，如果字符串只包含字母和数字，并且非空；
- isdecimal( ) 返回 True，如果字符串只包含数字字符，并且非空；
- isspace( ) 返回 True，如果字符串只包含空格、制表符和换行，并且非空；

■ istiale( ) 返回 True，如果字符串仅包含以大写字母开头、后面都是小写字母的单词。

在交互式环境虽输入以下代码：

```
>>> 'hello'.isalpha()
True
>>> 'hello123'.isalpha()
False
>>> 'hello123'.isalnum()
True

>>> 'hello'.isalnum()
True
>>> ''.isspace()
False
>>> 'This Is Title Case'.istitle()
True
>>> 'This Is Title Case 123'.istitle()
True
>>> 'This Is not Title Case'.istitle()
False
>>> 'This Is NOT Title Case Either'.istitle()
False
```

如果需要验证用户的输入，isX 字符串方法是有用的。例如，下面的程序反复询问用户年龄和口令，直到他们提供有效的输入。打开一个新的文件编辑器窗口，输入以下程序，保存为 validateInput.py：

```
while True:
    print('Enter your age:')
    age = input()
    if age.isdecimal():
        break
    print('Please enter a number for your age.')

while True:
    print('Select a new password (letters and numbers only):')
    password = input()
    if password.isalnum():
        break
    print('Passwords can only have letters and numbers.')
```

在第一个 while 循环中，我们要求用户输入年龄，并将输入保存在 age 中。如果 age 是有效的值（数字），我们就跳出第一个 while 循环，转向第二个循环，询问口令。否则，我们告诉用户需要输入数字，并再次要求他们输入年龄。在第二个 while 循环中，我们要求输入口令，客户的输入保存在 password 中。如果输入是字母或数字，就跳出循环；如果不是，我们并不满意，于是告诉用户口令必须是字母或数字，并再次要求他们输入口令。

如果运行，该程序的输出看起来如下：

```
Enter your age:
'forty two'
Please enter a number for your age.
Enter your age:
'42'
Select a new password (letters and numbers only):
'secr3t!'
Passwords can only have letters and numbers.
Select a new password (letters and numbers only):
'secr3t'
>>>
```

在变量上调用 isdecimal() 和 isalnum()，我们就能够测试保存在这些变量中的值是否为数字，是否为字母或数字。在这里，这些测试帮助我们拒绝输入 forty two，接受 42，拒绝 secr3t！，接受 secr3t。

7.2.3 字符串方法 startswith() 和 endswith()

startswith() 和 endswith() 方法返回 True，如果它们所调用的这字符串以该方法传入的字符串开始或结束，否则，方法返回 False，在交互式环境中输入以下代码：

```
>>> 'Hello world!'.startswith('Hello')
True
>>> 'Hello world!'.endswith('world!')
True

>>> 'abc123!'.startswith('abcdef')
False
>>> 'abc123!'.endswith('12')
False
>>> 'Hello world!'.startswith('Hello world!')
True
>>> 'Hello world!'.endswith('Hello world!')
True
```

如果只需要检查字符串的开始或结束部分是否等于另一个字符串，而不是整个字符串，这些方法就可以替代等主动操作符 ==。

7.2.4 字符串方法 join() 和 split()

如果有一个字符串表列表，需要将它们连接起来，成为一个单独的字符串，join() 方法就很有用。join() 方法有一个字符串上调用，参数是一个字符串列表，返回一个字符串。返回的字符串由传入的列表中每个字符串连接而成，例如，在交互式环境中输入以下代码：

```
>>> ','.join(['cats','rats','bats'])
'cats, rats, bats'
>>> ' '.join(['My', 'name', 'is', 'Simon'])
'My name is Simon'
>>> 'ABC'.join(['My', 'name', 'is', 'Simon'])
'MyABCnameABCisABCSimon'
```

注意： 调用 join() 方法的字符串，被插入到列表参数中每个字符串的中间，例如，如果在字符串上调用 join['cats','rats','bats']，返回的字符串就是 cats, rats, bats。

记住： join() 方法是针对多个字符串而调用的，并且传入一个列表值（很容易不小心用其他的方式调用它）。split() 方法做的事情正好相反；它针对一个字符串调用，返回一个字符串列表，在交互式环境中输入以下代码：

```
>>> 'My name is Simon'.split()
['My', 'name', 'is', 'Simon']
```

默认情况下，字符串 My name is Simon 按照各种空白字符分割，诸如空格、制表符或换行符。这些空白字符不包含在返回列表的字符串中。也可以向 split() 方法传入一个分割字符串，指定按照不同的字符串分割。例如，在交互式环境中输入以下代码：

```
>>> 'MyABCnameABCisABCSimon'.split('ABC')
['My', 'name', 'is', 'Simon']
>>> 'My name is Simon'.split('m')
['My na', 'e is Si', 'on']
```

一个常见的 split( ) 用法，是按照换行符分割多行字符串。在交互式环境中输入以下代码：

```
>>> spam = '''Dear Alice
How have you been? I am fine.
There is a container in the fridge
that is labeled "Milk Experiment".

Please do not drink it.
Sincerely,
Bob'''
>>> spam.split('\n')
['Dear Alice', '', 'How have you been? I am fine.', 'There is a container
in the fridge', 'that is labeled "Milk Experiment".', '', 'Please do not d
rink it.', 'Sincerely,', 'Bob']
>>>
```

向 split( ) 方法传入参数 '\n'，我们按照换行分割变量中存储的多行字符串，返回列表中的每个表项，对应于字符串中的一行。

7.2.5　用 rjust( )、ljust( ) 和 center( ) 方法对齐文本

rjust( ) 和 ljust( ) 字符串方法返回调用它们的字符串的填充版本，通过插入空格来对齐文本，这两个方法的第一个参数是一个整数长度，用于对齐字符串。在交互式环境中输入以下代码：

```
>>> 'Hello'.rjust(10)
'     Hello'
>>> 'Hello'.rjust(20)
'               Hello'
>>> 'Hello World'.rjust(20)
'         Hello World'
>>> 'Hello'.ljust(10)
'Hello     '
```

'Hello'.rjust(10) 是说我们希望右对齐，将 Hello 放在一个长度为 10 的字符串中。Hello 有 5 个字符，所以左边会加上 5 个空格，得到一个 10 个字符的字符串，实现 Hello 右对齐。

rjust( ) 和 ljust( ) 方法的第二个可选参数将指定一个填充字符，取代空格字符。在交互式环境中输入以下代码：

```
>>> 'Hello'.rjust(20, '*')
'***************Hello'
>>> 'Hello'.ljust(20,'-')
'Hello---------------'
```

center( ) 字符串方法与 ljust( ) 与 rjust( ) 类似，但它让文本居中，而不是左对齐或右对齐，在交互式环境中输入以下代码：

```
>>> 'Hello'.center(20)
'       Hello        '
>>> 'Hello'.center(20,'=')
'=======Hello========'
```

如果需要打印表格式数据，留出正确的空格，这些方法就特别有用。打开一个新的文件编辑器窗口，输入以下代码，并保存为 picnicTable.py：

```
def printPicnic(itemsDict, leftWidth, rightWidth):
    print('PICNIC ITEMS'.center(leftWidth + rightWidth, '-'))
    for k, v in itemsDict.items():
        print(k.ljust(leftWidth, '.') + str(v).rjust(rightWidth))
picnicItems = {'sandwiches': 4, 'apples': 12, 'cups': 4, 'cookies': 8000}
printPicnic(picnicItems, 12, 5)
printPicnic(picnicItems, 20, 6)
```

在这个程序中，我们定义了 printPicnic() 方法，它接受一个信息的字典，并利用 center()、ljust() 和 rjust()，以一种干净对齐的表格形式显示这些信息。

我们传递给 printPicnic() 的字典是 picnicItems。在 picnicItems 中，我们有 4 个三明治、12 个苹果、4 个杯子和 8000 块饼干。我们希望将这些信息组织成两行，表项的名字在左边，数量在右边。

要做到这一点，就需要决定左列和右列的宽度，与字典一起，我们将这些值传递给 printPicnic()。

printPicnic() 接受一个字典，一个 leftWidth 表示表的左列宽度，一个 rightWidth 表示表的右列宽度。它打印出标题 PICNIC ITEMS，在表上方居中。然后它遍历字典，每行打印一个键 - 值对。键左对齐，填充句号，值右对齐，填充空格。

在定义 printPicnic() 后，我们定义了字典 picnicItems，并调用 printPicnic() 两次，传入不同的表左右列宽度。

运行该程序，野餐用品就会显示两次，第一次左列宽度是 12 个字符，右列宽度是 5 个字符，第二次它们分别是 20 个和 6 个字符。

```
----PICNIC ITEMS----
cookies..... 8000
cups.......     4
sandwiches..     4
apples......    12
---------PICNIC ITEMS---------
cookies.............    8000
cups................       4
sandwiches..........       4
apples..............      12
```

利用 rjust()、ljust() 和 center() 确保字符串整齐对齐，即使不清楚字符串有多少字符。

7.2.6　用 strip( )、rstrip( ) 和 lstrip( ) 删除空白字符

有时候希望删除字符串左边、右边或两边的空白字符（空格、制表符和换行符），strip() 字符串方法将返回一个新的字符串，它的开头或末尾都没有空白字符。lstrip() 和 rstrip() 方法将相应删除左边或右边的空白字符。

在交互式环境中输入以下代码：

```
>>> spam = ' Hello World '

>>> spam.strip()
'Hello World'

>>> spam.lstrip()
'Hello World '

>>> spam.rstrip()
' Hello World'
```

有一个可选的字符串参数，指定两边的哪些字符应该删除。在交互式环境中输入以下代码：

```
>>> spam = 'SpamSpamBaconSpamEggsSpamSpam'
>>> spam.strip('ampS')
'BaconSpamEggs'
```

向 strip( ) 方法传入参数 ampS，告诉它在变量中存储的字符串两端，删除出现的 a、m、p 和大写的 S。传入 strip( ) 方法的字符串中，字符的顺序并不重要；strip（'ampS'）做的事情和 strip(mapS) 或 strip(Spam) 一样。

7.2.7　用 pyperclip 模块拷贝粘贴字符串

pyperclip 模块有 copy( ) 和 paste( ) 函数，可以向计算机的剪贴板发送文本，或从它接收文本，将程序的输出发送到剪贴板，使它很容易粘贴到邮件、文字处理程序或其他软件中，pyperclip 块不是 Python 自带的，要安装它。

当然，如果程序之外的某个程序改变了剪贴板的内容，paste( ) 函数就会返回它。

到目前为止，一直在使用 IDLE 中的交互式环境和文件编辑器来运行 Python 脚本。但是，如果每次运行一个脚本时都打开 IDLE 和 Python 脚本，就会很不方便，好在有一些快捷方式，可以更容易地建立和运行 Python 脚本，这些步骤在 Windows、OS X 和 Linux 上稍有不同，可以学习一下如何方便地运行 Python 脚本，并能够向它们传递命令行参数（使用 IDLE 时，不能向程序传递命令行参数）。

小结：

文本是常见的数据形式，Python 自带了许多有用的字符串方法，来处理保存在字符串中的文本。在写的几乎每个 Python 程序中，都会用到取下标、切片和字符串方法。

现在写的程序似乎不太复杂，因为它们没有图形用户界面，没有图像和彩色的文本。到目前为止，在利用 print( ) 显示文本，利用 print( ) 让用户输入文本。但是，用户可以通过剪贴板快速输入大量的文本。这种能力提供了一种有用的编程方式，可以操作大量的文本。这些基于文本的程序可能没有闪亮的窗口或图形，但它们能很快完成大量有用的工作。

操作大量文本的另一种方式，是直接从硬盘读写文件。在下章中，将学习如何用 Python 来做到这一点。

7.3
编程实例

项目 1：口令保管箱

用户可能在许多不同网站上拥有账号，每个账号使用相同的口令是个坏习惯。如果这些网站中任何一个有安全漏洞，黑客就会知道用户所有的其他账号的口令。最好是在自己的计算机上使用口令管理器软件，利用一个主控口令，解锁口令管理器，然后将某个账户口令拷贝到剪贴板，再将它粘贴到网站的口令输入框。

在这个例子中创建的口令管理器程序并不安全，但它基本展示了这种程序的工作原理。

提示：这是本书的第一个章内项目，以后，每章都会有一些项目，展示该章介绍的一些概念，这些项目的编写方式，让用户从一个空白的文件编辑器窗口打开，得到一个完整的、能工作的程序。就像交互环境的例子一样，不要只看项目的部分，要注意计算机的提示！

第 1 步：程序设计和数据结构。

用一个命令行参数来运行这个程序，该参数是账号的名称。例如，账号的口令将拷贝到剪贴板，这样用户就能将它粘贴到口令输入框。通过这种方式，用户可以有很长而复杂的口令，又不需要记住它们。

打开一个新的文件编辑器窗口，将该程序保存为 pw.py。程序开始时需要有一个行 #！，并且应该写一些注释，简单描述该程序。因为希望关联每个账号的名称及其口令，所以可以将这些作为字符串保存在字典中。字典将是组织账号和口令数据的数据结构，让程序看起来像下面这样：

```
#! Python2
# pw.py - An insecure psaaword locker program.

PASSWORDS = {'email': 'F7minlBDDuvMJuxESSKHFhTxFtjVB6',
             'blog': 'VmALvQyKAxiVH5G8vO1if1MLZF3sdt',
             'luggage':'12345'}
```

第 2 步：处理命令行参数。

命令行参数将存储变量 sys.argv 中。sys.argv 列表中第一项总是一个字符串，它包含程序的文件名（pw.py）。第二项应该是第一个命令行参数。对于这个程序，这个参数就是账户名称，希望获取它的口令因为命令行参数是必需的，所以如果用户忘记添加参数（也就是说，如果列表中少于两个值），就显示用法信息，让程序看起来像下面这样：

```
#! Python2
# pw.py - An insecure psaaword locker program.

PASSWORDS = {'email': 'F7minlBDDuvMJuxESSKHFhTxFtjVB6',
             'blog':'VmALvQyKAxiVH5G8vO1if1MLZF3sdt',
             'luggage':'12345'}

import sys
if len(sys.argv) < 2:
    print('Usage: python pw.py [account] - copy account password')
    sys.exit()

account = sys.argv[1] # first command line arg is the account name
```

第 3 步：复制正确的口令。

既然账户名称已经作为字符串保存在变量 account 中，就需要看看它是不是 PASSWORDS 字典中的键。如果是，希望利用 pyperclip.copy( )，将该键的值复制到剪贴板（既然用到了 pyperclip 模块，就需要导入它）。注意，实际上不需要 account 变量，可以在程序中所有使用 account 的地方直接使用 sys.argv[1]。但名为 account 的变量更可读，不像是神秘的 sys.argv[1]。

让程序看起来像这样：

```python
#! Python2
# pw.py - An insecure psaaword locker program.

PASSWORDS = {'email': 'F7minlBDDuvMJuxESSKHFhTxFtjVB6',
             'blog': 'VmALvQyKAxiVH5G8vO1if1MLZF3sdt',
             'luggage': '12345'}

import sys
if len(sys.argv) < 2:
    print('Usage: python pw.py [account] - copy account password')
    sys.exit()

account = sys.argv[1] # first command line arg is the account name

if account in PASSWORDS:
    pyperclip.copy(PASSWORDS[account])
    print('password for ' + account + ' copied to clipboard.')
else:
    print('There is no account named ' + account)
```

这段程序在 PASSWORDS 字典中查找账户名称。如果该账号名称是字典中的键，我们就取得该键对应的值，将它复制到剪贴板，然后打印一条消息，说我们已经复制了该值。否则，我们打印一条消息，说没有这个名称的账号。

这就是完整的脚本。轻松地启动命令行程序，现在就有了一种快捷的方式，将账号的口令复制到剪贴板。如果需要更新口令，就必须修改源代码的 PASSWORDS 字典中的值。

当然，可能不希望把所有的口令都放在一个地方，让某人能够轻易地复制。但可以修改这个程序，利用它快速地将普通文本复制到剪贴板，假设需要发出一些电子邮件，它们有许多同样的段落，可以将每个段落作为一个值，放在 PASSWORDS 字典中（此时可能希望对这个字典重命名），然后就有了一种方式，快速地选择一些标准的文本，并复制到剪贴板。

在 Windows 上，可以创建一个批处理文件，利用 Win-R 运行窗口，来运行这个程序。在文件编辑器中输入以下代码，保存为 pw.bit，放在 Windows 目录下。

```
@py.exe D:\Python27\pw.py %*
@pause
```

有了这个批处理文件，在 Windows 上运行口令保存程序，就只要按下 Win-R，再输入 pw<account name>。

项目 2：在 Wiki 标记中添加无序列表

在编辑一篇维基百科的文章时，可以创建一个无序列表，即让每个列表项占据一行，并在前面旋转一个星号。但是假设有一个非常大的列表，希望添加前面的星号，可以在每一行开始处输入这些星号，一行接一行。或者也可以用一个小段 Python 脚本，将这个任务自动化。

bulletPointeAdder.py 脚本将从剪贴板中取得文本，在每一行开始处加上星号和空格，然后将这段新的文本贴回到剪贴板。例如，如果将下面的文本复制到剪贴板（取自于维基百科的 "List of Liosts of Lists"）：

```
Lists of animals
Lists of aquarium life
Lists of biologists by author abbreviation
Lists of cultivars
```

然后运行 BulletPont Adder.py 程序，剪贴板中就会包含下面的内容：

```
* Lists of animals
* Lists of aquarium life
* Lists of biologists by author abbreviation
* Lists of cultivars
```

这段前面加了星号的文本，就可以粘贴回维基百科的文章中，成为一个无序列表。

第 1 步：从剪贴板中复制和粘贴。

希望 bulletPointeAdder.py 程序完成下列事情：

① 从剪贴板粘贴文本；

② 对它做一些处理；

③ 将新的文本复制到剪贴板。

第②步有一点技巧，但第①步和第③步相当简单，它们只是利用了 pyperclip.copy( ) 和 pyperclip.paste( ) 函数。现在，我们先写出程序中第①步和第③步的部分。输入以下代码，将程序保存为 bulletPointAdder.py：

```
#! Python2
# bulletPointAdder.py - Adds Wikipedia bullet points to the start
# of each line of text on the clipboard.

import pyperclip
text = pyperclip.paste()
# TODO: Separate lines and add stars.

pyperclip.copy(text)
```

TODO 注释是提醒最后应该完成这部分程序，下一步实际上就是实现程序的这个部分。

第 2 步：分离文本中的行，并添加星号。

调用 pyperclip.paste( ) 将返回剪贴板上的所有文本，结果是一个大字符串。如果我们使用 "List of Lists of Lists" 的例子，保存在 text 中的字符串就像这样：

```
'Lists of animals\nLists of aquarium life\nLists of biologists by author abbreviation\nList of cultivars'
```

在打印到剪贴板，或从剪贴板粘贴时，该字符串中的 n 换行字符，让它能显示为多行。在这个字符串中有许多 "行"。想要在每一行开始处添加一个星号，可以编写代码，查找字符串中每个第 n 行字符，然后在它后面添加一个星号。但更容易的做法是，使用 split( ) 方法得到一个字符串的列表，其中每个表项就是原来字符串中的一行，然后在列表中每个字符串前面添加星号。

让程序看起来像这样：

```
#! Python2
# bulletPointAdder.py - Adds Wikipedia bullet points to the start
# of each line of text on the clipboard.

import pyperclip
text = pyperclip.paste()

#Separate lines and add stars.
lines = text.split('\n')
for i in range(len(lines)): # loop through all indexes in the "lines" list
    lines[i] = '* ' + lines[i] # add star to each string in "lines" list

pyperclip.copy(text)
```

我们按换行符分割文本，得到一个列表，其中每个表项是文本中的一行。我们将列表保存在 lines 中，然后遍历 lines 中的每个表项。对于每行，我们在开始处添加一个星号和一个空格。现在 lines 中的每个字符串都以星号开始。

第 3 步：连接修改过的行。

lines 列表现在包含修改过的行，每行都以星号开始。但 pyperclip.copy( ) 需要一个字符串，而不是字符串的列表。要得到这个字符串，就要将 lines 传递给 join 方法，连接列表中字符串，让程序看起来像这样：

```
#! Python2
# bulletPointAdder.py - Adds Wikipedia bullet points to the start
# of each line of text on the clipboard.

import pyperclip
text = pyperclip.paste()

#Separate lines and add stars.
lines = text.split('\n')
for i in range(len(lines)): # loop through all indexes in the "lines" list
    lines[i] = '* ' + lines[i] # add star to each string in "lines" list
text = '\n'.join(lines)
pyperclip.copy(text)
```

运行这个程序，它将取代剪贴板上的文本，新的文本每一行都以星号开始。现在程序完成了，可以在剪贴板中复制一些文本，试着运行它。

即使不需要自动化这样一个专门的任务，也可能想要自动化某些其他类型的文本操作。诸如删除每行末尾的空格，或将文本转换成大写或小写。不论需求是什么，都可以使用剪贴板作为输入和输出。

第 **8** 章

Python 常用模块

在第 4 章中已经学习到，Python 的模块就是一些函数、类和变量的组合。Python 用模块来把函数和类分组，使它们更方便使用。把函数和类分组，用来创建画布让海龟在屏幕上作图。

当把一个模块引入到程序中，就可以使用它的所有内容。例如，在第 4 章我们引入了 turtle 模块，就可以访问 Pen 类，我们用它来创建一个代表海龟画布的对象：

```
>>> import turtle
>>> t = turtle.Pen()
```

Python 有很多模块，能做各种不同的事情。在这一章里，我们会看看其中最有用的部分，还会尝试一些其中的函数。

8.1
使用 copy 模块来复制

copy 模块中包含了制作对象的拷贝的函数。通常，在写程序时，会创建新对象，但有时会想要创建一个新对象，它是另一个对象的复制品，尤其是当创建一个对象需要很多步骤的时候。

例如，假设我们有一个 Zoo 类，它有一个 _init_ 函数，参数为 self、species（物种）、number_of_legs（腿数）及 color（颜色）。

```
>>> class Zoo:
        def __init__(self, species, number_of_legs, color):
                self.species = species
                self.number_of_legs = number_of_legs
                self.color = color
```

我们可以用下面的代码创建一个 Zoo 类的对象，让我们来创建一只白色，有四条腿的羊驼，我们叫它 Potter。

```
Potter = Zoo('alpaca', 4, 'white')
```

假如我们要一群白色有四条腿的羊驼呢？我们可以一遍遍重复上面的代码，也可以使用 copy 模块中的 copy 函数：

```
>>> import turtle
>>> t = turtle.Pen()
>>> class Zoo:
        def __init__(self, species, number_of_legs, color):
            self.species = species
            self.number_of_legs = number_of_legs
            self.color = color


>>> Potter = Zoo('alpaca', 4, 'white')
>>> import copy
>>> Potter = Zoo('alpaca', 4, 'white')
>>> Potter_copy = copy.copy(Potter)
>>> print(Potter.species)
alpaca
>>> print(Potter_copy.species)
alpaca
>>>
```

在这个例子里，我们创建了一个被标记为变量 Potter 的对象，然后我们创建了这个对象的一个拷贝，并把它标记为 Potter_copy。尽管它们属于同一物种，但它们是两个完全不同的对象。在这里它的作用只是少写几行代码，但当对象更加复杂时，拷贝就更有用武之地。

我们也可以创建并拷贝 Zoo 对象的列表。

```
>>> import turtle
>>> t = turtle.Pen()
>>> class Zoo:
        def __init__(self, species, number_of_legs, color):
            self.species = species
            self.number_of_legs = number_of_legs
            self.color = color


>>> Potter = Zoo('alpaca', 4, 'white')
>>> import copy
>>> Potter = Zoo('alpaca', 4, 'white')
>>> Potter_copy = copy.copy(Potter)
>>> print(Potter.species)
alpaca
>>> print(Potter_copy.species)
alpaca
>>> Potter = Zoo('alpaca', 4, 'white')
>>> happy = Zoo('chimera', 4, 'green polka dots')
>>> bili = Zoo('brown bear', 4, 'brown')
>>> self_zoo = [Potter,happy,bili]
>>> zoo_animals = copy.copy(self_zoo)
>>> print(zoo_animals[0].species)
alpaca
>>> print(zoo_animals[1].species)
chimera
>>>
```

在前面三行，我们创建了三个 Zoo 对象并把它们放在 Potter、happy、bili 这三个变量中。在第四行上，我们把这些对象添加到列表 self_zoo 中，接下来，我们用 copy 来创建一个新的列表 zoo_animals。最后，我们打印出 zoo_animals 列表中的前两个对象 [0] 和 [1] 的物种，看看是不是和原来的列表中一样。我们不用重新创建所有的对象就拷贝出了一个列表。

让我们来看一下，如果我们改变了原始 self_zoo 列表中 Zoo 对象的某一个物种，将会发生什么，原来 Python 也改变了 zoo_animals 列表中的物种。

```
>>> import turtle
>>> t = turtle.Pen()
>>> class Zoo:
        def __init__(self, species, number_of_legs, color):
                self.species = species
                self.number_of_legs = number_of_legs
                self.color = color


>>> Potter = Zoo('alpaca', 4, 'white')
>>> import copy
>>> Potter = Zoo('alpaca', 4, 'white')
>>> Potter_copy = copy.copy(Potter)
>>> print(Potter.species)
alpaca
>>> print(Potter_copy.species)
alpaca
>>> Potter = Zoo('alpaca', 4, 'white')
>>> happy = Zoo('chimera', 4, 'green polka dots')
>>> bili = Zoo('brown bear', 4, 'brown')
>>> self_zoo = [Potter,happy,bili]
>>> zoo_animals = copy.copy(self_zoo)
>>> print(zoo_animals[0].species)
alpaca
>>> print(zoo_animals[1].species)
chimera
>>> self_zoo[0].species = 'ghoul'
>>> print(self_zoo[0].species)
ghoul
>>> print(zoo_animals[0].species)
ghoul
>>>
```

太奇怪了。我们改变的不是 self_zoo 中的物种吗？为什么两个列表中的物种都变了？

物种都变了是因为 copy 实际上只做了"浅拷贝"，也就是说它们会拷贝我们要拷贝的对象中的对象。在这里，它拷贝了主对象，但是并没有拷贝其中的每个对象。因此我们得到的是一个新列表，但其中的对象并不是新的，列表 zoo_animals 中还是那三个同样的对象。

同样用这些变量，如果我们给第一个列表（self_zoo）添加一个新的 Zoo 的话，它不会出现在拷贝（zoo_animals）中，要验证这一点，可以在增加一个 Zoo 后把每个列表的长度打印出来，像这样：

```
>>> import turtle
>>> t = turtle.Pen()
>>> class Zoo:
        def __init__(self, species, number_of_legs, color):
                self.species = species
                self.number_of_legs = number_of_legs
                self.color = color


>>> Potter = Zoo('alpaca', 4, 'white')
>>> import copy
>>> Potter = Zoo('alpaca', 4, 'white')
>>> Potter_copy = copy.copy(Potter)
>>> print(Potter.species)
alpaca
>>> print(Potter_copy.species)
```

```
alpaca
>>> Potter = Zoo('alpaca', 4, 'white')
>>> happy = Zoo('chimera', 4, 'green polka dots')
>>> bili = Zoo('brown bear', 4, 'brown')
>>> self_zoo = [Potter,happy,bili]
>>> zoo_animals = copy.copy(self_zoo)
>>> print(zoo_animals[0].species)
alpaca
>>> print(zoo_animals[1].species)
chimera
>>> self_zoo[0].species = 'ghoul'
>>> print(self_zoo[0].species)
ghoul
>>> print(zoo_animals[0].species)
ghoul
>>> sally = Zoo('lion',4,'light brown')
>>> self_zoo.append(sally)
>>> print(len(self_zoo))
4
>>> print(len(zoo_animals))
3
>>>
```

当我们给第一个列表 self_zoo 增加一个新的 Zoo 时，它不会增加到这个列表的拷贝 zoo_animals 中。当我们打印出 len 的结果时，第一个列表有 4 个元素，第二个列表有 3 个元素。

deepcopy 是 copy 模块中的另一个函数，则会创建被拷贝对象中的所有对象的拷贝。当我们用 deepcopy 来复制 self_zoo 时，我们会得到一个新列表，它的内容是所有对象的拷贝。这样做的结果是，对于原来列表中 Zoo 对象的改动不会影响到新列表。下面是一个例子：

```
>>> import turtle
>>> t = turtle.Pen()
>>> class Zoo:
        def __init__(self, species, number_of_legs, color):
                self.species = species
                self.number_of_legs = number_of_legs
                self.color = color

>>> Potter = Zoo('alpaca', 4, 'white')
>>> import copy
>>> Potter = Zoo('alpaca', 4, 'white')
>>> Potter_copy = copy.copy(Potter)
>>> print(Potter.species)
alpaca
>>> print(Potter_copy.species)
alpaca
>>> Potter = Zoo('alpaca', 4, 'white')
>>> happy = Zoo('chimera', 4, 'green polka dots')
>>> bili = Zoo('brown bear', 4, 'brown')
>>> self_zoo = [Potter,happy,bili]
>>> zoo_animals = copy.copy(self_zoo)
>>> print(zoo_animals[0].species)
alpaca
>>> print(zoo_animals[1].species)
chimera
>>> self_zoo[0].species = 'ghoul'
>>> print(self_zoo[0].species)
```

```
ghoul
>>> print(zoo_animals[0].species)
ghoul
>>> sally = Zoo('lion', 4, 'light brown')
>>> self_zoo.append(sally)
>>> print(len(self_zoo))
4
>>> print(len(zoo_animals))
3
>>>

>>> zoo_animals = copy.deepcopy(self_zoo)
>>> self_zoo[0].species = 'wyrm'
>>> print(self_zoo[0].species)
wyrm
>>> print(zoo_animals[0].species)
wyrm
>>>
```

从打印出来的每个列表中的第一个对象的物种中可以看到，当我们改变原来列表中第一个对象的物种时，拷贝的列表没有发生变化。

8.2
keyword 模块记录了所有的关键字

Python 自身所用到的那些单词称为"关键字"（keyword），比如 if、else 还有 for。keyword 模块中包含了一个叫作 iskeyword 的函数，还有一个叫 kwlist 的变量。函数 iskeyword 返回一个字符串是否为 Python 关键字。变量 kwlist 包含所有 Python 关键字的列表。

请注意在下面的代码中，对于字符串 if 来讲，函数 iskeyword 返回 True，对于字符串 ozwald，则返回 False，打印 kwlist 变量时会看到所有关键字的列表，新版（或旧版）的 Python 关键字可能会有所不同。

```
>>> import keyword
>>> print(keyword.iskeyword('if'))
True
>>> print(keyword.iskeyword('ozwald'))
False
>>> print(keyword.kwlist)
['and', 'as', 'assert', 'break', 'class', 'continue', 'def', 'del', 'elif', 'els
e', 'except', 'exec', 'finally', 'for', 'from', 'global', 'if', 'import', 'in',
'is', 'lambda', 'not', 'or', 'pass', 'print', 'raise', 'return', 'try', 'while',
'with', 'yield']
>>>
```

8.3
用 random 模块获得随机数

random 模块中有几个用来生成随机数的函数，它们的作用有点像让计算机"随便挑个数字"。random 模块中最有用的几个函数是 randint、choice，还有 shuffle。

8.3.1　用 randint 来随机挑选一个数字

　　randint 函数在一个数字范围内随机挑选一个数字，比如在 1 ～ 200 之间，300 ～ 800 之间，或者 1000 ～ 5000 之间。下面是一个例子：

```
>>> import random
>>> print(random.randint(1,200))
171
>>> print(random.randint(300,800))
665
>>> print(random.randint(1000,5000))
3294
>>>
```

　　可以用 randint 来写一个简单（但很无聊）的猜数字游戏，要用到 while 循环。如下：

```
  import random
  result = random.randint(1,200)
1 while True:
2     print('Guess a number between 1 and 200')
3     num = input()
4     i = int(num)
5     if i == result:
          print('You guessed right')
6         break
7     elif i < result:
          print('Try higher')
8     elif i > result:
          print('Try lower')
```

　　首先，我们引入 random 模块，然后我们用 randint 得到一个范围在 1 ～ 200 之间的随机数并将其赋值给变量 result，然后我们在第一行创建一个永远执行的 while 循环（除非玩家猜对了数字）。

　　接下来，我们在第二行打印一条信息，然后在第三行用 input 从使用者那里得到输入并放到变量 num 中。在第四行我们用 int 把输入转换成整数并把它赋值到变量 i 中，然后在第五行我们让它与那个随机选择的数字做比较，如果输入与随机生成的数字相等，在第六行我们打印"你猜对了"并跳出循环。如果两个数字不相等，我们就会在第七行检查玩家猜的数字是否小了，在第八行检查玩家猜的是否大了，然后打印出相应的提示信息。

　　这段代码有点长，所以可能会想把它输入到一个新的命令行窗口中或者创建一个文本文件，保存起来，然后在 IDLE 中运行它。下面是如何打开和运行保存起来的程序。

　　① 打开 IDLE，选择"文件 - 打开"。

　　② 浏览保存文件的路径，点击文件名来选中它。

　　③ 点击打开。

　　④ 在新窗口打开后，选择"运行 - 运行模块"。

　　图 8-1 是我们运行程序的结果。

```
Guess a number between 1 and 200
150
Try higher
Guess a number between 1 and 200
160
Try higher
Guess a number between 1 and 200
170
Try lower
Guess a number between 1 and 200
165
Try higher
Guess a number between 1 and 200
166
Try higher
Guess a number between 1 and 200
167
You guessed right
>>>
```

图 8-1　运行结果

8.3.2　用 choice 从列表中随机选取一个元素

如果想从一个列表中随机选取一个元素，而不是从一个给定的范围里，那么可以使用 choice。例如，如果想让 Python 帮忙选个甜品的话：

```
>>> import random
>>> desserts = ['ice cream','pancakes','brownies','cookies','candy' ]
>>> print(random.choice(desserts))
cookies
```

看来要吃核仁巧克力饼了。

8.3.3　用 shuffle 来给列表洗牌

shuffle 函数用来给列表洗牌，把元素打乱。如果已经在 IDLE 中引入了 random，并且创建了前面例子中的甜品列表，那么在下面的代码中可以对它使用 random.shuffle 命令：

```
>>> import random
>>> desserts = ['ice cream','pancakes','brownies','cookies','candy' ]
>>> random.shuffle(desserts)
>>> print(desserts)
['brownies', 'cookies', 'candy', 'pancakes', 'ice cream']
>>>
```

把列表打印出来就可以看到洗牌的结果，它的顺序完全不同了。如果写的是一个牌类游戏，可以用这个功能来对一个代表一副牌的列表洗牌。

8.4
用 sys 模块来控制程序

在 sys 模块中有一些系统函数，用来控制 Python Shell 程序自身。让我们来看看如何使用 exit 函数、stdin 和 stdout 对象，还有 version 变量。

8.4.1 用 exit 函数来退出程序

可以用 exit 函数来停止 Python Shell 程序或者控制台。输入下面的代码，会看到提示对话框问是否要退出。选择 Yes，那么 Shell 程序就会关闭。

```
>>> import sys
>>> sys.exit()
```

8.4.2 从 stdin 对象读取

sys 模块中对 stdin 对象（standard input，"标准输入"的简写）会提示用户输入信息，读取到 Shell 程序中并在程序中使用。正如在第 7 章中看到的，这个对象有一个 readline 函数，它能读取从键盘输入的一行文本，直到用户按下回车键。它就像是本章前面我们在猜随机数游戏中用到的 input 函数一样，例如，按下面输入：

```
>>> import sys
>>> m = sys.stdin.readline()
He who is fat runs slowly.
```

Python 会把字符串"谁胖谁就跑的慢"保存到变量 m 中。我们把 m 的内容打印出来验证一下：

```
>>> print(m)
He who is fat runs slowly.
```

Input 和 readline 函数的区别之一是 readline 可以用一个参数来指定读多少个字符。例如：

```
>>> m = sys.stdin.readline(13)
He who is fat runs slowly.
>>> print(m)
He who is fat
>>>
```

8.4.3 用 stdout 对象来写入

与 stdin 不同，stdout 对象（standard output，"标准输出"的简写）可以用来向 Shell 程序（或控制台）写消息，而不是从中读取。在某些方面，它与 print 相同，但是 stdout 是一个文件对象。因此它也具有我们在以前用到的那些函数，比如 write。

下面是一个例子：

```
>>> import sys
>>> sys.stdout.write("What does a fish say when it swims into a wall?Dam.")
What does a fish say when it swims into a wall?Dam.
>>>
```

注意：当 write 结束时，它返回它所写入的字符的个数。可以看到在 Shell 程序中消息的最后打印出 52。我们可以把这个值保存到变量中作为记录，来看看我们总共在屏幕上打印出多少个字符。

8.4.4　用的 Python 版本

变量 version 表示 Python 的版本，可以用来确定 Python 是否为最新版本。有些程序员喜欢在程序启动时打印一些信息，例如，可能想把 Python 的版本信息放到程序的"关于"窗口中，如：

```
>>> import sys
>>> print(sys.version)
2.7.15 (v2.7.15:ca079a3ea3, Apr 30 2018, 16:22:17) [MSC v.1500 32 bit (Intel)]
>>>
```

8.5
用 time 模块来得到时间

Python 的 time 模块中包含了表示时间的函数，不过可能和期望的不太一样，试试这个：

```
>>> import time
>>> print(time.time())
1546684247.23
>>>
```

对 time( ) 的调用所返回的数字实际上是自 1970 年 1 月 1 日 00：00：00 AM 以来的秒数。单独看起来，这种罕见的表现形式没法直接使用，但它有它的目的。例如，想要计算程序的某一部分要运行多久，可以在开始和结束时记录时间，然后比较两个值，让我们来尝试算一算打印从 0 ~ 199 的所有的数字需要多少时间。

首先，写一个这样的函数：

```
>>> def lots_of_numbers(max):
        for x in range(0,max):
            print(x)
```

接下来，将 max 设置为 200 来调用这个函数：

```
>>> lots_of_numbers(200)
```

得到以下结果：

```
>>> lots_of_numbers(200)
0                    68                   136
1                    69                   137
2                    70                   138
3                    71                   139
4                    72                   140
5                    73                   141
6                    74                   142
7                    75                   143
8                    76                   144
9                    77                   145
10                   78                   146
11                   79                   147
12                   80                   148
13                   81                   149
14                   82                   150
15                   83                   151
16                   84                   152
17                   85                   153
18                   86                   154
19                   87                   155
20                   88                   156
21                   89                   157
22                   90                   158
23                   91                   159
24                   92                   160
25                   93                   161
26                   94                   162
27                   95                   163
28                   96                   164
29                   97                   165
30                   98                   166
31                   99                   167
32                   100                  168
33                   101                  169
34                   102                  170
35                   103                  171
36                   104                  172
37                   105                  173
38                   106                  174
39                   107                  175
40                   108                  176
41                   109                  177
42                   110                  178
43                   111                  179
44                   112                  180
45                   113                  181
46                   114                  182
47                   115                  183
48                   116                  184
49                   117                  185
50                   118                  186
51                   119                  187
52                   120                  188
53                   121                  189
54                   122                  190
55                   123                  191
56                   124                  192
57                   125                  193
58                   126                  194
59                   127                  195
60                   128                  196
61                   129                  197
62                   130                  198
63                   131                  199
64                   132                  >>>
65                   133
66                   134
67                   135
```

然后用 time 模块修改我们的程序来计算函数运行用了多少时间。

```
>>> import time
>>> def lots_of_numbers(max):
1       t1 = time.time()
2       for x in range(0,max):
                print(x)
3       t2 = time.time()
4       print('it took %s seconds' %(t2-t1))
```

再次调用这个程序，我们得到下面的结果（结果根据系统速度的不同而不同）：

```
>>> lots_of_numbers(200)
0               54              109
1               55              110
2               56              111
3               57              112
4               58              113
5               59              114
6               60              115
7               61              116
8               62              117
9               63              118
10              64              119
11              65              120
12              66              121
13              67              122
14              68              123
15              69              124
16              70              125
17              71              126
18              72              127
19              73              128
20              74              129
21              75              130
22              76              131
23              77              132
24              78              133
25              79              134
26              80
27              81              135
28              82              136
29              83              137
30              84              138
31              85              139
32              86              140
33              87              141
34              88              142
35              89              143
36              90              144
37              91              145
38              92              146
39              93              147
40              94              148
41              95              149
42              96              150
43              97              151
44              98              152
45              99              153
46              100             154
47              101             155
48              102             156
49              103             157
50              104             158
51              105             159
52              106             160
53              107             161
                108             162
                                163
```

```
164          176          188
165          177          189
166          178          190
167          179          191
168          180          192
169          181          193
170          182          194
171          183          195
172          184          196
173          185          197
174          186          198
175          187          199
it took 1.4279999733 seconds
>>>
```

它是这样工作的：在行 1 当我们第一次调用 time( ) 函数时，我们把返回值赋给了变量 t1。然后，从行 2 开始我们在第三行和第四行循环并打印所有的数字。循环结束后，在行 3 我们再次调用 time( ) 并把返回值赋给变量 t2。因为循环要花数秒才结束，t2 的值会比 t1 大因为它距离 1970 年 1 月 1 日更久。在行 4 从 t2 减掉 t1 后，我们得到打印所有的秒数。

8.5.1　用 asctime 来转换日期

asctime 函数以日期的元组为参数，并把它转换成更可读的形式（还记得吗？元组就像 list 一样，只是它的元素不能改变）。就像在以前看到的一样，不用任何参数调用，asctime 会以可读的多形式返回当前的日期和时间。

```
>>> import time
>>> print(time.asctime())
Sat Jan  5 18:48:45 2019
>>>
```

要带参数调用 asctime，我们首先要创建一个包含日期和时间数据的元组。例如，这里我们把元组赋值给变量：

```
>>> t = (2007, 5, 27, 10, 30, 48, 6, 0, 0)
```

这一系列数值分别是年、月、日、时、分、秒、星期几（0 代表星期一，1 代表星期二，以此类推），一年中的第几天（这里用 0 作为一个占位符），还有它是否为夏令时时间（0 代表不是，1 代表是）。用一个类似的元组来调用 asctime，得到的结果是：

```
>>> import time
>>> t = (2020, 2, 23, 10, 30, 48, 6, 0, 0)
>>> print(time.asctime(t))
Sun Feb 23 10:30:48 2020
>>>
```

8.5.2　用 localtime 来得到日期和时间

与 asctime 不同，函数 localtime 把当前的日期和时间作为一个对象返回，其中的值大体与 asctime 的参数顺序一样。如果打印这个对象，就能看到类的名字，还有其中的每个值，这些值被标记为 tm_year（年）、tm_mon（月）、tm_mday（日）、tm_hour（时）等。

```
>>>
>>> import time
>>> print(time.localtime())
time.struct_time(tm_year=2019, tm_mon=5, tm_mday=29, tm_hour=15, tm_min=1, tm_sec=29,
tm_wday=2, tm_yday=149, tm_isdst=0)
>>>
```

要打印当前的年和月，可以用它们的索引位置（就像对 asctime 所用的元组一样）。从前面的例子中可以看出来年在第一个位置（位置 0）而月在第二个位置（1）。因此，我们可以指定 year=i[0], month=i[1]，像这样：

```
>>> import time
>>> i = time.localtime()
>>> year = i[0]
>>> month = i[1]
>>> print(year)
2019
>>> print(month)
5
>>>
```

结果显示，现在是 2019 年 5 月。

8.5.3　用 sleep 来休息一会儿

当想推迟或者让程序慢下来时，可以用 sleep 函数。例如，我们可以尝试用下面的循环来每隔 2s 打印出每一个 1 ～ 30 的数字：

```
>>> for x in range(1,31):
        print(x)
```

这段代码可从快速地把 1 ～ 30 所有的数字都打印出来。然而，我们可从在每个 print 语句都调用 sleep 来停上 2s，像这样：

```
>>> for x in range(1,31):
        print(x)
        time.sleep(2)
```

这样在显示每个数字时都有一个延时，我们会用 sleep 函数来让一个动画看上去更真实。

测试结果如下所示：

```
>>> for x in range(1,31):
        print(x)
        time.sleep(2)


1
2
3
4
5
6
7
```

```
8
9
10
11
12
13
14
15
16
17
18
19
20
21
22
23
24
25
26
27
28
29
30
>>>
```

8.6
用 pickle 模块来保存信息

pickle（原意为"腌菜"）模块用来把 Python 对象转低变成可以方便写入到文件和从文件读取的形式。如果在写一个游戏并且想保存玩家的进度信息的话，可能就会用得上 pickle。例如，下面是如何给游戏增加一个保存功能：

```
>>> game_data = {
        'player-position' : 'N23 E45',
        'pockets' : ['keys','pocket knife','polished stone'],
        'backpack' : ['rope','hammer','apple'],
        'money' : 158.50
        }
```

这里，我们创建了一个 Python 字典，包含了在我们想象的游戏中玩家的当前位置，玩家口袋和背包里物品的列表，还有玩家所带的金钱数量。我们可以把这个字典保存到文件里，只要以写入方式打开文件然后调用 pickle 里的 dump 函数，像这样：

```
1   >>> import pickle
2   >>> game_data = {
            'player-position':'N23 E45',
            'pockets':['keys','pocket knife','polished stone'],
            'backpack':['rope','hammer','apple'],
            'money':158.50
            }
3   >>> save_file = open('save.dat','wb')
4   >>> pickle.dump(game_data,save_file)
5   >>> save_file.close()
```

我们在第一行引入模块，然后在第二行建立一个游戏数据的字典。在第三行我们用参数打开文件 save.dat，也就是告诉 Python 以二进制模式写入文件（像在以前一样，可能要把它放到如 /Users/game/home/susanb，或者 C：//Use\game 这样的目录里）。在第四行，我们把字典和文件变量作为两个参数传给 dump。最后，在第五行我们关闭文件，因为我们已经使用完毕。

纯文本文件中只可以包含人们可读的字符。电影、图像及音乐文件，还有序列化（被packle 过）的 Python 对象中的信息并不总是对人可读的，所以它们被称为二进制文件。如果打开 save.dat 文件，会看到它看上去不像个文本文件，而是一个乱七八糟的混合体，包含一些普通的文本和特殊的字符。

我们可以用 pickle 的 load 函数来把写入的文件反序列化。当我们反序列化时，就是做与序列化相反的操作，把写到文件中的信息还原成我们的程序可以使用的值。这个过程有点类似于使用 dump 函数。

```
>>> load_file = open('save.dat','rb')
>>> loaded_game_data = pickle.load(load_file)
>>> load_file.close()
>>>
```

首先，用 rb 作参数打开文件，也就是读取二进制模式。然后把文件传给 load 函数并把返回值赋给量 loaded_game_data，最后，关闭文件。

让我们来验证一下保存的文件是否被正确地取回了，所以要打印变量：

```
>>> print(loaded_game_data)
{'money': 158.5, 'backpack': ['rope', 'hammer', 'apple'], 'player-position': 'N2
3 E45', 'pockets': ['keys', 'pocket knife', 'polished stone']}
>>>
```

小结：

在这一章学习了 Python 模块是如何组织函数、类和变量的，还有如何引入模块来使用这些函数。了解到了如何拷贝对象，生成随机数，还有随机为对象列表洗牌，以及如何在 Python 中使用时间。最后，学会了如何用 pickle 在文件中保存和读取信息。

8.7
编程小测验

用 Python 的模块完成以下练习。答案可以在网站 http：//python-for-kids.com/ 上找到。
【例 8.1】　复制车。
下面的代码会打印出什么？

```
>>> car1 = Car()
>>> car1.wheels = 4
>>> car2 = car1
>>> car2.wheels = 3
>>> print(car1.wheels) ——— 这里打印什么
3
>>> car3 = copy.copy(car1)
>>> car3.wheels = 6
>>> print(car1.wheels) ——— 这里打印什么
3
>>>
```

　　创建一个最喜爱的东西的列表，然后用 pickle 把它们保存到 favorites.dat 文件中。关闭 Python Shell 程序，再重新打开，通过读取文件来显示自己的最爱列表。

第**9**章

海龟作图

在 Python 里，海龟（turtle）不仅可以画简单的黑线，还可以用它来画更复杂的几何图形，用不同的颜色，甚至还可以给形状填色。

9.1
海龟模块

在 Python 中，模块是给别的程序提供有用的代码的一种方式（用处之一就是模块可以包含供我们使用的函数）。

Python 有一个叫 turtle 的特殊模块，我们可以用它来学习计算机是如何在屏幕上画图的。turtle 这个模块提供了编写向量图的方法，基本上就是画简单的直线、点和曲线。

我们来看看海龟是如何工作的。首先，点击桌面上的图标来打开 PythonShell 程序（或者如果用的是 Ubuntu 的话，选择"应用程序→编程→ IDLE"）。接下来 Python 引入 turtle 模块，就像这样：

```
>>> import turtle
```

引入海龟就是告诉 Python 自己想要使用它。

如果用 Ubuntu 并且得到了错误信息的话，可能需要安装 Tkinter。做法是打开 Ubuntu 软件中心，在搜索框中输入 python_tk，应该会在窗口中看到"Tkinter_Writing Tk Applications with Python"，点击"安装"来安装这个包。

9.1.1 创建画布

现在既然我们已经引入了海龟模块，接下来要创建一个画布，也就是一个用来画图的空白空间，就像艺术家的画布一样。做法是调用海龟模块中的 Pen 函数，它会自动创建一个画布，在 PythonShell 程序中输入：

```
>>> t = turtle.Pen()
```

应当看到一个空白的方块（画布），中间有一个箭头，如图 9-1 所示，屏幕中间的那个箭头就是海龟。

图 9-1　空白画布

9.1.2　移动海龟

我们要使用刚刚创建的变量上面的函数来给海龟发指令。就像在海龟模块中使用 Pen 函数一样，例如，forward 指令让海龟向前移动。要让海龟向前移动 50 个像素，输入下面的命令：

```
>>> t.forward(50)
```

看到的结果如图 9-2 所示。

图 9-2　运行结果

海龟向前移动了 50 个像素。一个像素就是屏幕上的一个点，也就是可以表现出的最小元素。在计算机显示器上看到的所有东西都是由像素组成的。它们是很小的、方形的点。如果可以放大来看画布和上面我们画的那条线的话，可能会看到用来表示海龟的那个箭头就是一堆像素，如图 9-3 所示。这就是简单的计算机作图。

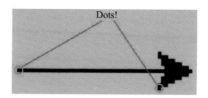

图 9-3　放大后的效果

现在，我们要用下面的命令让海龟左转 90°。

```
>>> t.left(90)
>>>
```

如果还没学过角度的概念，那么这样想：想象一下自己站在一个圆的圆心上。

- 面对的方面的角度为 0°。
- 如果伸平左臂，这就是向左 90° 方向。
- 如果伸平右臂，这就是向右 90° 方向。

从图 9-4 中可以看到向左或向右的 90°。

图 9-4　向左或向右 90°

图 9-5　每次增加 45°

如果从右手臂指向的方向继续画图向右旋转，在正后方的是 180°，左手臂所指的方向是 270°，回到开始的地方就是 360°，角度从 0° 开始到 360° 结束。完整一圈的角度、向右转时每次增加 45°，如图 9-5 所示。

当 Python 的海龟向左转时，它会转动面向新的方向（就像人转动身体面向左臂所指的向左 90° 一样）。

t.left（90）这个命令把箭头指向上方（因为它原来指向右边），如图 9-6 所示。

图 9-6　箭头指向上方

当调用 t.left（90）时，这和调用 t.right(270) 是一样的。调用 t.right(90) 和 t.left(270) 也是一样的。只要想象出那个圆圈，沿方向找到那个角度就好了。

现在我们要画一个方框。在已经输入的代码后再输入如下代码行：

```
>>> t = turtle.Pen()
>>> t.forward(50)
>>> t.left(90)
>>> t.forward(50)
>>> t.left(90)
>>> t.forward(50)
>>> t.left(90)
>>> t.forward(50)
>>> t.left(90)
```

海龟这时就应该画出了一个方块并且面向开始的那个方向，如图 9-7 所示。

图 9-7　画出了一个方块

要擦除画布，输入垂直命令（reset）。这会消除画布并把海龟放回开始的位置。如图 9-8 所示。

```
>>> t.reset()
```

图 9-8　未响应

也可以使用清除命令（clear），它只清除屏幕，海龟仍留在原位。

```
>>> t.clear()
```

我们还可以让海龟向右（backward）转，或者让它后退（right）。我们可以用向上（up）来把笔从纸上抬起来（换句话说就是让海龟停止作画），用向下（down）来开始作画。这些函数的用法和我们之前用过的那些一样。

让我们用这些命令再来画另一张画。这次，我们要让海龟画两条线。输入下面的代码：

```
>>> t.reset()
>>> t.backward(100)
>>> t.up()
>>> t.right(90)
>>> t.forward(20)
>>> t.left(90)
>>> t.down()
>>> t.forward(100)
>>>
```

首先，我们用t.reset()重置画布并把海龟移回到开始位置。接下来，我们用t.backward(100)把海龟向后移动 100 个像素，然后用 t.up() 来把笔抬起来不再作画。

然后，用命令 t.right(90) 把海龟向右转 90° 来指向屏幕下方的底部，然后用t.foraward(20) 来向前移动 20 个像素。这样不会画出东西来，因为我们在第三行用了 up命令。我们用 t.left(90) 把海龟向左转 90° 指向左方，然后用 down 命令来让海龟把笔再放下重新开始作画。最后，我们用 t.forward(100) 来向前画出一条与第一条线平行的线来。我们画的这两条平行线最后看起来如图 9-9 所示。

在这一节里，学习了如何使用 Python 的 turtle 模块，我们用向左（left）、向右（right）、向前（forward）和向后（backward）命令画了一些简单的线。用向上（up）命令来让海龟停止作画，用向下（down）命令来重新开始作画，还学习了海龟是按角度转身的。

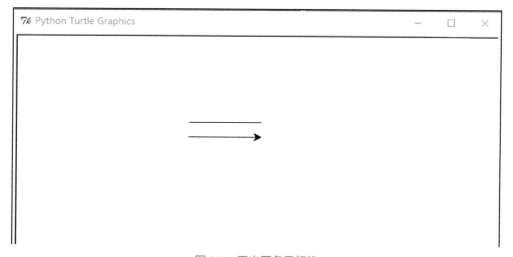

图 9-9　画出两条平行线

9.2
从基本的正方形开始

我们已经学会如何让海龟画简单的图形。在使用海龟之前，我们要引入 turtle 模块并创建 Pen 对象：

```
>>> import turtle
>>> t = turtle.Pen()
```

下面是我们用来创建正方形的代码：

```
>>> t.forward(50)
>>> t.left(90)
>>> t.forward(50)
>>> t.left(90)
>>> t.forward(50)
>>> t.left(90)
>>> t.forward(50)
```

在第 3 章里，学习了使用 for 循环。用这个新知识，我们可以用 for 循环来让这段有些冗长的代码简单一些：

```
>>> import turtle

>>> t = turtle.Pen()

>>> t.reset()

>>> for x in range(1,5):
        t.forward(50)
        t.left(90)
```

在第一行，我们让 Pen 对象重置。接下来，我们开始一个 for 循环，它用 range(1，5) 来从 1 数到 4。然后，在接下来的几行，每次循环我们都向前 50 个像素然后左转 90°。因为我们已经用了一个 for 循环，这段代码会比前面的版本短一点，不算 reset 那一行的话，我们从 7 行减少到了 3 行。

9.3
画星星

现在，只要对我们的 for 循环做一些简单的改动，我们就能画出更好玩的东西，输入下面的代码：

```
>>> import turtle

>>> t = turtle.Pen()

>>> t.reset()

>>> for x in range(1,9):
        t.forward(100)
        t.left(225)
```

这段代码会画出一个八角星,如图 9-10 所示。

这段代码和前面画正方形的代码非常像,只是:

- 不是按 range(1,5) 循环 4 次,而是用 range(1,9) 循环 8 次;
- 不是向前移动 50 个像素,而是向前 100 个像素;
- 不是向左转 90°,而是向左转 225°。

现在,让我们再进一步改进我们的星星。使用 for 循环,每次转 175°,循环 37 次,我们可以画出有更多角的星星,用下面的代码:

```
>>> import turtle
>>> t = turtle.Pen()
>>> t.reset()
>>> for x in range(1, 38):
        t.forward(100)
        t.left(175)
```

运行的结果如图 9-11 所示。

图 9-10　八角星 　　　　　　　　　　　图 9-11　螺旋星

除了普通的星星,我们还可以画螺旋星:

```
>>> import turtle
>>> t = turtle.Pen()
>>> t.reset()
>>> for x in range(1, 20):
        t.forward(100)
        t.left(95)
```

把旋转的角度改一下,减少循环的次数,海龟画出风格不同的星星,如图 9-12 所示。

用差不多的代码,我们可以画出很多不同的形状,从基本的方形到螺旋星。for 循环使得画这些形状变得非常简单。如果没有 for 循环,我们就得输入冗长的代码。

现在让我们用 if 语句控制海龟的转向来绘制不同的星星。在下面的例子里,我们想让海龟先转一个角度,然后下一次转一个不同的角度。

```
>>> import turtle
>>> t = turtle.Pen()
>>> t.reset()
>>> for x in range(1, 19):
        t.forward(100)
        if x % 2 == 0:
            t.left(175)
        else:
            t.left(225)
```

在这里,我们先创建一个运行 18 次的循环 [用 range(1,19)],然后让海龟向前移动 100 个像素 [t.forward(100)]。接下来是 if 语句,if 这个语句检查变量 x 是否包含一个偶数,它用到了"取余"运算符，就是表达式 x%2==0 中的 %，它的意思是：x 除以 2 的余数是否等于 0。

表达式 x%2==0 的本意是：% 把变量 x 平均分成两份后还剩下几？例如，如果我们把 5 个球平均分成两份，我们会得到两组两个球（一共是 4 个），那么还剩下一个球，如图 9-13 所示。

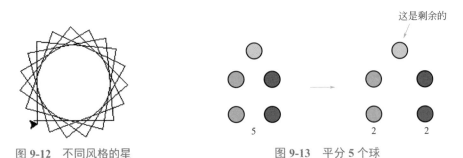

图 9-12　不同风格的星　　　　　　　　　图 9-13　平分 5 个球

如果我们把 13 个球平均分成两份，我们会得到两组 6 个球，还剩 1 个球，如图 9-14 所示。

如果我们检查除以 2 后余数是否等于 0，实际上是在问它是否可以被平分为两份，并且没有剩余。这是一个检查变量中的数字是否为偶数的好办法。因为偶数总是能被平均分成两份。

在代码的第 5 行，如果 x 中的数字是偶数（if x%2==0）我们让海龟左转 175°〔t.left(175)〕，否则（else）在最后一行，我们让它左转 225°〔t.left(225)〕。

运行代码的结果如图 9-15 所示。

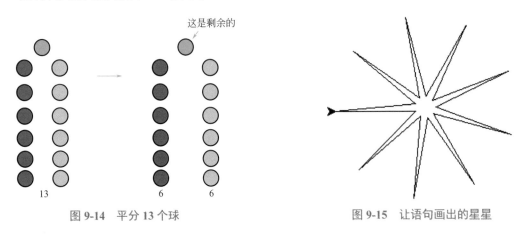

图 9-14　平分 13 个球　　　　　　　　　图 9-15　让语句画出的星星

9.4
画汽车

我们的海龟可不只是能画星星和简单的几何形状，在下面的例子里，我们要画一个看上去很原始的小汽车。首先，我们要画车身，在 IDLE 里，选择"文件→新窗口"，然后在窗口里输入如下代码。

```
import turtle
t = turtle.Pen()
t.reset()
t.color(1,0,0)
t.begin_fill()
t.forward(100)
t.left(90)
t.forward(20)
t.left(90)
t.forward(20)
t.right(90)
t.forward(20)
t.left(90)
t.forward(60)
t.left(90)
t.forward(20)
t.right(90)
t.forward(20)
t.left(90)
t.forward(20)
t.end_fill()
```

接下来我们画第一个轮子。

```
#画第一个轮子
t.color(0,0,0)
t.up()
t.forward(10)
t.down()
t.begin_fill()
t.circle(10)
t.end_fill()
```

最后，我们画第二个轮子。

```
#画第二个轮子
t.setheading(0)
t.up()
t.forward(90)
t.right(90)
t.forward(10)
t.setheading(0)
t.begin_fill()
t.down()
t.circle(10)
t.end_fill()
```

选择"文件→保存为"给它起个文件名，比如 car.py。

选择"运行→运行"模块来试试代码。画好的车如图 9-16 所示。

图 9-16 画出的小汽车

注意到我们代码中的几个新的海龟函数：

① color 是用来改变画笔颜色的；

② begin_fill 和 end_fill 是用来给画布上的一个区域填色的；

③ circle 会画一个指定大小的画；

④ setheading 让海龟面向指定的方向。

让我们看看如何用这些函数来给我们的绘图加上颜色。

9.5
填色

color 函数有三个参数。第一个参数指定有多少红色，第二个指定有多少绿色，第三个指定有多少蓝色。要得到车子的亮红色，我们用 color(1, 0, 0)，也就是让海龟用百分之百的红色画笔。

这种红色、绿色、蓝色的混搭叫作 RGB（Red、Green、Blue），计算机显示器上的颜色就是这样表示的，把这些主色用不同比例混合就能产生其他的颜色，就像我们混合蓝色和红色的颜料来做出紫色，用黄色和红色来做出橙色。黄色、绿色和蓝色被称为"主色"是因为无法组合其他颜色来生成它们。

虽然我们不是在计算机屏幕上混合颜料（我们用的是光），但我们可以把 RGB 方案想象成是三个颜料桶：一个红的、一个绿的和一个蓝的。每个桶里都是满的，我们说满桶的值是 1（或者说 100%）。然后把所有的红颜料和所有的绿颜料混在一起放在一个大缸里，这样就产生了黄色（每个颜色都是 1，或者说 100%）。

现在让我们回到代码的世界。要用海龟画一个黄色的圆，我们要用 100% 的红色和绿色颜料，但是不用蓝色，像这样：

```
>>> import turtle
>>> t = turtle.Pen()
>>> t.reset()
>>> t.color(1,1,0)
>>> t.begin_fill()
>>> t.circle(50)
>>> t.end_fill()
>>>
```

第一行的"1,1,0"表示 100% 的红色、100% 的绿色还有 0% 的蓝色。在下面一行，我们告诉海龟用这个 RGB 颜色（t.begin_fill）来给后面的形状填色，然后用（t.cirele）来画一个圆，在最后一行，end_file 告诉海龟用 RGB 颜色来给圆填色。如图 9-17 所示。

图 9-17 黄色的圆

9.5.1 用来画填色圆形的函数

为了更容易地用不同的颜色来试验，我们来把画圆填色的代码写成一个函数。

```
>>> def mycircle(red, green, blue):
        t.color(red, green, blue)
        t.begin_fill()
        t.circle(50)
        t.end_fill()
```

我们可以只用绿色来画一个很亮的绿色的圆（见图 9-18），如下：

```
import turtle
t = turtle.Pen()
t.reset()

def mycircle(red, green, blue):
    t.color(red, green, blue)
    t.begin_fill()
    t.circle(50)
    t.end_fill()

mycircle(0,1,0)
```

图 9-18 绿色的圆

图 9-19 深绿色的圆

我们也可以用一半的绿色（0，0.5，0）来画一个深绿色的圆（见图 9-19）：

```
import turtle
t = turtle.Pen()
t.reset()

def mycircle(red,green,blue):
    t.color(red,green,blue)
    t.begin_fill()
    t.circle(50)
    t.end_fill()

mycircle(0,0.5,0)
```

接下来在屏幕上试试其他 RGB 颜色，先画个全红的圆，再画个半红的（1 和 0.5），然后全蓝和半蓝，见图 9-20，像这样：

```
import turtle
t = turtle.Pen()
t.reset()

def mycircle(red,green,blue):
    t.color(red,green,blue)
    t.begin_fill()
    t.circle(50)
    t.end_fill()

mycircle(1,0,0)
mycircle(0.5,0,0)
mycircle(0,0,1)
mycircle(0,0,0.5)
```

图 9-20 其他颜色的圆

图 9-21 金色的圆

如果画布已经变得很零乱了，那么用 t.reset( ) 来把旧画删掉。同时要记得还可以用 t.up 来把画笔抬起，这样海龟移动时就不会画出线来（用 t.down 来把笔再次放下）。

红绿蓝的不同组合可以产生大量不同的颜色，如金色（见图 9-21）：

```
import turtle
t = turtle.Pen()
t.reset()

def mycircle(red, green, blue):
    t.color(red, green, blue)
    t.begin_fill()
    t.circle(50)
    t.end_fill()

mycircle(0.9, 0.75, 0)
```

下面是淡粉色（见图 9-22）：

```
import turtle
t = turtle.Pen()
t.reset()

def mycircle(red, green, blue):
    t.color(red, green, blue)
    t.begin_fill()
    t.circle(50)
    t.end_fill()

mycircle(1, 0.7, 0.75)
```

图 9-22　淡粉色的圆

图 9-23　两种不同的颜色之一

下面是两种不同的颜色（见图 9-23 和图 9-24）：

```
import turtle
t = turtle.Pen()
t.reset()

def mycircle(red, green, blue):
    t.color(red, green, blue)
    t.begin_fill()
    t.circle(50)
    t.end_fill()

mycircle(1, 0.5, 0)
```

```
import turtle
t = turtle.Pen()
t.reset()

def mycircle(red, green, blue):
    t.color(red, green, blue)
    t.begin_fill()
    t.circle(50)
    t.end_fill()

mycircle(0.9, 0.5, 0.15)
```

试着自己组合一些颜色吧!

9.5.2 使用纯白和纯黑

如果在晚上把灯都关了,眼前所有的东西都成了黑色。计算机上的颜色也是如此。没有光意味没有颜色,所有主色为 0 的圆都是黑色的:

```
import turtle
t = turtle.Pen()
t.reset()

def mycircle(red, green, blue):
    t.color(red, green, blue)
    t.begin_fill()
    t.circle(50)
    t.end_fill()

mycircle(0,0,0)
```

结果如图 9-25 所示。

图 9-24 两种不同的颜色之二   图 9-25 黑色的图

反过来把三个颜色都用 100% 也是同样的道理,这时会得到白色。输入下面的代码可以把黑色的圆擦掉:

```
import turtle
t = turtle.Pen()
t.reset()

def mycircle(red, green, blue):
    t.color(red, green, blue)
    t.begin_fill()
    t.circle(50)
    t.end_fill()

mycircle(1,1,1)
```

9.6
画方形的函数

现已经知道如何用 begin_fill 来让海龟画带颜色的形状,并且用 end_fill 函数来给形状填上颜色。现在我们要做更多关于形状和填色的实验。我们先用本章开头画正方形的函数并把正方形的尺寸作为一个参数传给它。

```
import turtle
t = turtle.Pen()
t.reset()

def mysquare(size):
    for x in range(1, 5):
        t.forward(size)
        t.left(90)
```

用尺寸为 50 来调用这个函数，像这样：

```
mysquare(50)
```

这会画出一个小的正方形，如图 9-26 所示。

现在我们让用不同的尺寸来调用这个函数。用 25、50、75、100 和 125 创建五个套在一起的正方形。

```
import turtle
t = turtle.Pen()
t.reset()

def mysquare(size):
    for x in range(1, 5):
        t.forward(size)
        t.left(90)

mysquare(25)
mysquare(50)
mysquare(75)
mysquare(100)
mysquare(125)
```

结果如图 9-27 所示。

图 9-26　小正方形

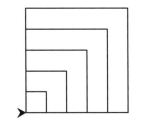

图 9-27　五个套在一起的正方形

9.7
画填色正方形

要画填了色的正方形，我们首先要重置画布，使用 begin_fill 填色，然后调用正方形函数，如下：

```
import turtle
t = turtle.Pen()
t.reset()

def mysquare(size):
    for x in range(1, 5):
        t.forward(size)
        t.left(90)

t.begin_fill()
mysquare(50)
```

应当看到一个空的正方形，直到结束填充：

```
t.end_fill()
```

正方形如图 9-28 所示。

我们改变一下这个函数，让它既可以画填好的正方形也可以画不填色的正方形。这样的话我们就会需要另一个参数，并让代码更复杂一点。

```
import turtle
t = turtle.Pen()
t.reset()

def mysquare(size,filled):
    if filled == True:
        t.begin_fill()
    for x in range(1, 5):
        t.forward(size)
        t.left(90)
    if  filled == True:
        t.end_fill()
```

在第一行，我们改变函数的定义让它具有两个参数：size 和 filled。接下来，我们用 if filled==True 来检查 filled 的值是否为 True。如果为 true，我们调用 begin_fill 来让海龟给画出的形状填色，然后我们循环 4 次［for x in range（1，5）］来画出正方形的四边，再用 if filled==True 来检查 filled 是否为 True；如果是，我们用 t.end-fill 把填色关闭，这时海龟会把正方形填好颜色。

现在我们可以用下面的代码来画一个填了色的正方形：

```
mysquare(50, True)
```

或者我们可以用下面的代码来画一个没有填色的正方形：

```
mysquare(150, False)
```

在调用了 mysquare 函数两次后，我们得到了如图 9-29 所示的图案，看上去就像个正方形的眼睛。

图 9-28　填好色的正方形

图 9-29　一个填了色的正方形和一个没有填色的正方形

当然这些还远远不够，可以画各种形状并给它们填色。

9.8
画填好色的星星

作为最后一个例子，让我们给前面画的星星填上颜色，下面是原来的代码：

```
>>> import turtle
>>> t = turtle.Pen()
>>> t.reset()
>>> for x in range(1, 19):
        t.forward(100)
        if x % 2 == 0:
            t.left(175)
        else:
            t.left(225)
```

现在我们要写一个 mystar 函数。我们会使用 mystar 函数中的 if 语句，并且也加上 size 参数。

```
import turtle
t = turtle.Pen()
t.reset()
def mystar(size,filled):
    if filled == True:
    t.begin_fill()
for x in range(1, 19):
    t.forward(100)
    if x % 2 == 0:
        t.left(175)
    else:
        t.left(225)
if  filled == True:
    t.end_fill()
```

在函数的第二行，我们检查 filled 是否为真。如果是的话开始填充。在最后两行再次检查，如果 filled 是真，我们就停止填充。同时，我们把参数 size 作为星星的大小，在调用 t.forward 时使用这个值。

现在我们把颜色设置为如下（90% 红色、75% 绿色，0% 的蓝色），然后再次调用这个函数。

```
t.color(0.9,0.75,0)
mystar(120,True)
```

海龟会画出一个填了色的星星，如图 9-30 所示。

要给星星画上轮廓，把颜色改成黑色并且不用填色再画一遍星星：

```
t.color(0,0,0)
mystar(120,False)
```

现在，星星成了带黑色的金色，如图 9-31 所示。

图 9-30 填了色的星星

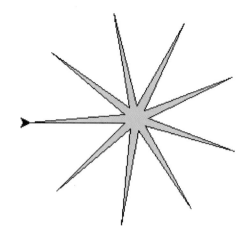

图 9-31 加了黑边的星星

小结：

经过这一章，学会了如何用 turtle 模块画几个基本的几何图形；还有用 for 循环和 if 语句来控制海龟在屏幕上的动作。我们改变了海龟的笔的颜色并给它所画的形状填色。我们还用一些函数来重用绘图的代码，这使得画出不同颜色的形状只要简单地做一次函数调用就够了。

9.9
编程实例

【例 9.1】 画八边形。

在这一章里我们画过星星、正方形，还有长方形。那么写个函数来画一个八边形吧！（提示：尝试让海龟每次转 45°。）如图 9-32 所示。

图 9-32 八边形

图 9-33 填色的八边形

【例 9.2】 画填好色的八边形。

写好画八边形的函数以后，改一改它让它画出填色的八边形。最好画一个带轮廓的八边形，就像我们画的星星一样，如图 9-33 所示。

【例 9.3】 不同的画星星函数。

写一个画星星的函数，它有两个参数：大小 ( ) 和尖角 ( ) 的数量。函数的开始应该是这样的：

```
def draw_star(size,points):
```

第二部分

大家一起来编程

第 **10** 章

动手操作

10.1
三道小测试

第一题：打开一个文本文档，按照如图 10-1 所示的范例输入字母。

图 10-1　输入字母范例

第二题：打开一个文本文档，按照如图 10-2 所示的范例输入英文符号。

图 10-2　输入英文符号范例

第三题：打开一个文本文档，按照如图 10-3 所示的范例输入法英文单词，然后把它另存为名叫 test1.1 的文件。当然，如果能说出这几个单词在计算机操作中的含义就更好了。

图 10-3　输入单词范例

编程工具很多都是使用英文菜单的，但不用担心看不懂，只要认识上面几个单词就没问题了，所以请先熟悉一下它们，具体解释如下。

● file（文件）：一组信息如果被计算机存储起来了，就是一份文件。比如上面每次在文本文档里输入的内容就是一组信息，把它们存储在计算机里就是一份文件。

● save（保存）：计算机存储文件内信息的操作。

● open（打开）：计算机显示文件内信息的操作。

● run（运行）：当文件内容是一段程序时，运行是指让计算机执行文件中的程序。

● test（实验）：学习编程时，我们让计算机运行自己输入的程序就是在做实验。这个单词不是操作命令，本书中使用"序号"作为保存文件时的命名方法（如 test1.1），所以顺便介绍一下。

10.2
从手指到计算机

● 目标

明白计算机是人们用来做计算机的机器；

学会使用自带的编程工具。

● 引言

计算是生活中非常重要的事情，如果我们没有计算能力，买东西不知道该给多少钱，做事情不知道需要多少时间，生活就会全乱套。更重要的是，离开了计算，我们无法建造房屋，无法制造机器，人类社会就不会发展成现在的样子，计算是如此重要，所以人们希望能有个好用的工具来帮助做计算。

很早很早以前的原始人就发现，手指是最简单的计算工具，因为用手指就可以表示出 1～10 这 10 个数字，这也被认为是现在普遍使用十进制的原因。可是我们只有 10 个手指，能表示的数太少了，所以人们又发明了算筹这个计算工具。算筹就是一根根的小木棍，如图 10-4 所示，用小木棍按照图中所示的样子就能摆出 1～9 的数字，而且有纵式与横式两种摆法，在摆较大的数字时，为了区分开个位、十位、百位的数字，纵式和横式要综合使用。

可是这样用起来还不太方便，因为要进行比较大的计算时，小木棍摆满屋子都算不完，后来人们又发明了算盘，算盘是用珠子表示数字的；算盘有上下两个框，下框里的一个珠子表示 1，上框里的一个珠子表示 5；算盘上还有一根根的柱子，每根可以表示不同的位数，这样按照柱子上被拨到中间去的珠子数，就能表示出不同的数字，如图 10-5 所示。

图 10-4　算筹

图 10-5　算盘

算盘已经被人们使用了 2500 多年，但是计算机一发明出来了，很快人们就不再使用算盘了，因为计算机的计算本领太强大，而且使用又太方便了。

那么，计算机是怎么表示数字的呢？它的表示方法和前面的计算工具都不一样，没有小棍和珠子那样的东西，它只有电路。

什么叫电路呢？我们的电灯及和它相连的电线、开关就组成了一种电路。那么，一个电灯就只有两种状态：要么是亮的，要么是暗的。这样来看，一个电路只能表示出两个数字，比如：我们规定电灯暗的时候表示数字 0，电灯亮的时候表示数字 1（如图 10-6 所示），其他数字就没法表示了。

图 10-6　用电灯表示 0 和 1

因为计算能表示的基本数字只有两个，所以它使用的这种数字表示方法叫二进制，只能表示出 0 和 1 这两个数字是不能满足计算需要的，于是人们想了一个办法，可从用这两个数表示出任何数字。用电灯电路做个形象化的例子，如图 10-7 所示，这里只是演示了几个数字，继续接下去就可以表示更大的数字了。

图 10-7　用 0 和 1 表示不同的数字

在计算机刚发明的时候，还没有屏幕这种东西，这些人就把计算机连接上一串灯泡，根据灯泡的不同明暗组合，就能表示出不同的数字。现在的计算机则是把上面那种二进制的数字，变成我们常用的十进制数字在屏幕上显示出来，所以读者不懂二进制也没关系，按照这样的原理，计算电灯电路就能表示出各种数字来，再通过电路的逻辑运算能力，就可完成各种计算。

从上面的内容可以看出，计算机是人类进入电子时代以后发明的计算工具，从手指到计算机，我们的计算工具取得了巨大的进步，下面我们就来试试计算机的计算能力。

第一步：学习新单词。

新单词：print（打印）。

如何让计算机把计算结果告诉你？计算机可不会说话，它只能在屏幕上显示内容，因此就要命令计算机把计算结果打印（print）在屏幕上，print 这个单词就是程序中的显示命令。

第二步：打开 Python 自带编辑工具。

（1）用鼠标左键双击桌面上的 IDLE 图标，如图 10-8 所示。

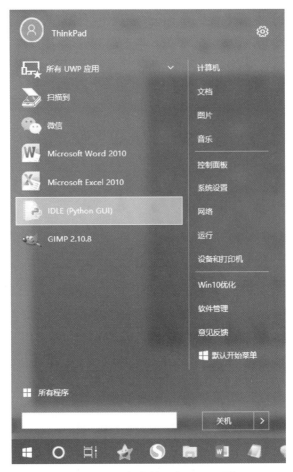

图 10-8　用鼠标左键双击 IDLE 图标

（2）此时会打开编程窗口，如图 10-9 所示，在窗口左上角显示的名字为 Python 3.8.0 Shell，这就是和计算机进行交流的窗口，其中 3.8.0 是 Python 的版本号。

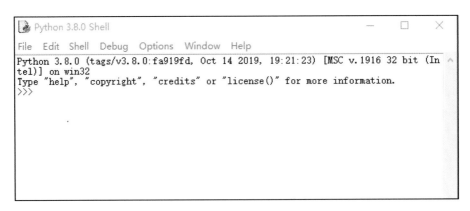

图 10-9　编程窗口

（3）编辑器中默认的字体不是很大，如果希望调大字体，可以在图 10-9 所示窗口上面的菜单栏中，用鼠标左键点击"Options → Configure IDLE"，如图 10-10 所示。

图 10-10　打开 IDLE Preferences 对话框

（4）在弹出的 IDLE Preferences 对话框中，在 Size 处可以选择字体大小，Bold 前打钩表示加粗字体，如图 10-11 所示。选择好以后，先点击下面的 Apply 按钮，再点击 OK 按钮即可。

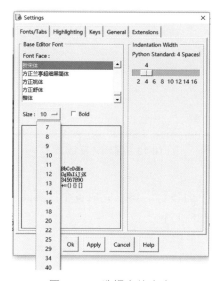

图 10-11　选择字体大小

（5）调大并加粗字体后，再点击 Python 3.8.0 Shell 窗口右上角的全屏按钮，就可以使窗口变大，更容易观看和保护视力。

第三步：做计算。

（1）在窗口里输入 print，按一下空格键，再输入 25+7，如图 10-12 所示。

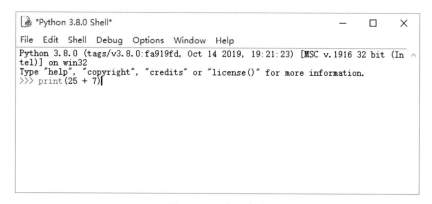

图 10-12　输入命令

print 这个单词在屏幕上显示为橘黄色，因为它是计算机重点关注的关键字，这类单词在计算机上会作专门的颜色突出显示。如果把这个单词打错了，它就不会变颜色，所以这也是检查输入错误的一种方法。

（2）输入结束后按一下 Enter（回车），程序就会运行了，计算结果在下一行显示出来，如图 10-13 所示。

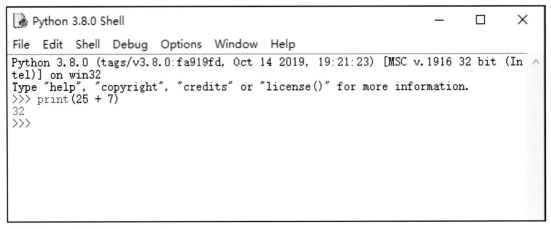

图 10-13　显示计算结果 32

（3）根据图 10-12，输入下面各行语句以完成各个计算式：

25+17　　输入为：print　（25+17）

25-17　　输入为：print　（25-17）

5×7　　　输入为：print　（5*7）

25+5　　　输入为：print　（25/5）

在计算机的语言里，乘号用星号（*）表示，除号用正斜杠（/）表示，因为涉及数字类型问题，所以不能整除的算式这里先不要计算。

第四步：试一试。

还能想出什么难算的题目，用编程计算试试。

第五步：闯关任务。

独立打开编程工具，并编程计算 23+67 和 67-23，看看答案是什么。

10.3
GUI——图形用户界面

到目前为止，我们的所有输入和输出都只是 IDLE 中的简单文本。不过现代计算机和程序会使用大量的图形。如果我们的程序中有一些图形就太好了。在这一章中，我们会开始建立一些简单的 GUI。这说明从现在开始，我们的程序看上去就会像平常熟悉的那些程序一样，将会有窗口、按钮之类的图形。

10.3.1　什么是 GUI

GUI 是 Graphical User Interface（图形用户界面）的缩写。在 GUI 中，并不只是键入文本和返回文本，用户可以看到窗口、按钮、文本框形，而且可以用鼠标点击，还可以通过键盘键入。我们目前为止完成的程序都是命令行或文本模式程序。GUI 是与程序交互的一种不同的方式。有 GUI 的程序仍然有 3 个基本要素：输入、处理和输出，但它们的输入和输出更丰富、更有趣一些。

顺便说一句，计算机上有 GUI 当然是可以的，但是要避免粘上黏性的东西，否则键盘将无法发挥效力，也会让键入很困难。

10.3.2　第一个 GUI

我们一直都在使用 GUI，实际上已经用过很多。Web 浏览器是 GUI，IDLE 也是 GUI。现在我们就来建立自己的 GUI。为了做到这一点，要从 EasyGui 寻求一些帮助。

EasyGui 是一个 Python 模块，利用这个模块可以很容易地建立简单的 GUI。我们还没有具体讨论过模块，不过应该知道：模块就是一种扩展方法，通过它可以向 Python 增加非内置的内容。

如果使用这本书的安装程序来安装 Python，那么就已经安装了 EasyGui，否则可以从 https：//sourceforge.net/projects/easygui/files/0.96/ 下载。

● 安装 EasyGui

可以下载 easygui.py 或者一个包含 easygui.py 的 zio 文件。要安装这个模块，只需要把文件 easygui.py 放在 Python 能找到的位置。这个位置是哪里呢？

● Python 路径

Python 会在硬盘上的一组位置中查找可以使用的模块。这个工作可能有些复杂，因为在 Windows、Mac OS X 和 Linum 上，所查找的这组位置各不相同。不过，如果把 easygui.p 放在 Python 安装的位置中，Python 肯定能找到它。

● 建立 GUI

启动 IDLE，在交互模式键入以下命令：

```
>>> import easygui
```

这会告诉 Python 用户打算使用 EasyGui 模块，如果没有得到错误信息，说明 Python 找到了 EasyGui 模块，如果收到一个错误消息，或者 EasyGui 看上去无效，可以访问本书网站（www.helloworldbook 2.com），从中可以找到一些其他的帮助。

现在来建立一个包含 OK 按钮的简单消息框（见图 10-14）：

```
>>> easygui.msgbox("Hello There!")
```

EasyGui msgbox( ) 函数用于创建一个消息框。大多数情况下，EasyGui 函数的名称就是相应英语单词的缩写。

图 10-14　建立一个包含 OK 按钮的简单消息框

使用 msgbox( ) 时，会看到类似图 10-15 所示的结果：
如果点击 OK 按钮，这个消息框会关闭。

图 10-15　包含 OK 按钮的简单消息框

10.3.3　GUI 输入

我们只看过一种 GUI 输出，就是一个消息框。不过输入还可以使用 EasyGui 得以输入。

在交互模式中运行前面的例子时，你点击 OK 按钮了吗？如果点击了 OK 按钮，应该已经在 Shell 或终端或命令窗口中见过图 10-16 所示的结果。

图 10-16　点击 OK 按钮后显示的结果

"OK"部分就是 Python 和 EasyGui 表示用户点击了 OK 按钮。EasyGui 会返回信息来显示用户在 GUI 中做了什么：点击了什么按钮，键入了哪些内容等等。可以为这个响应指定一个名字（把它赋给一个变量）。试试看：

```
>>>
>>>
>>> user_response = easygui.msgbox("Hello There!")
```

在消息框中点击 OK 将它关闭。然后键入：

```
>>>
>>> user_response = easygui.msgbox("Hello There!")
>>> print(user_response)
OK
>>>
```

现在用户的响应（OK）有了一个变量名 user_response。下面再来看其他几种使用 EasyGui 得到输入的方法。

我们刚才看到的消息框实际上只是对话框（dialog box）的一个例子，对话框包含一些 GUI 元素，用来告诉用户某些信息，或者从用户得到一些输入。输入可以是按钮点击（如 OK）或者文件名，也可以是某个文本（字符串）。

EasyGuimsgbox 就是包含一条消息和一个 OK 按钮的对话框。不过还可以有不同类型的对话框，包含更多的按钮和其他内容。

10.3.4　选择自己的口味

下面将举一个挑选冰激凌口味的例子来学习利用 EasyGui 从用户得到输入（冰激凌口味）的不同方法。

● 有多个按钮的对话框

下面来创建一个包含多个按钮的对话框（如消息框）。具体做法是使用一个按钮框（button box，buttonbox）。下面来建立一个程序，而不是在交互模式中完成。

在 IDLE 中新建一个文件。

```
import easygui
flavor = easygui.buttonbox("What is your favorite ice cream flavor?",
                           choices = ['Vanilla','Chocolate','Strawberry'])

easygui.msgbox("You picked" + flavor)
```

方括号中的代码为一个列表（list）。我们还没有讨论列表，这部分内容将在以后介绍，对现在来说，只需要键入这些代码，让这个 EasyGui 程序能够工作。

保存文件（例如命名为 ice_creaml.py），运行这个程序。

然后根据选择的口味，会看到结果。

这是怎么做到的？用户点击的按钮的标签就是输入（input）。我们为这个输入指定了一个变量名，在这里就是 flavor。这就像使用 raw_input( )，只不过用户并不是键入，而是点击一个按钮。这正是 GUI 的关键。如图 10-17 所示。

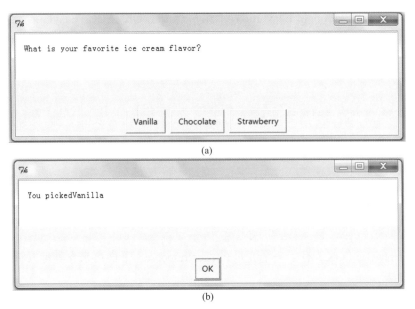

(a)

(b)

图 10-17　有多个按钮的对话框

● 选择框

下面来看用户选择口味的另一种方法，EasyGui 提供了一种选择框（choice box，choicebox），它只显示一个选择列表，用户可以选择其中之一，然后点击 OK 按钮。

要尝试选择框，只需要上面的程序做一个很小的修改：把 buttonbox 改为 choicebox。

如下所示：

```
import easygui
flavor = easygui.choicebox("What is your favorite ice cream flavor?",
                        choices = ['Vanilla','Chocolate','Strawberry'])

easygui.msgbox("You picked" + flavor)
```

保存程序并运行。会看到类似图 10-18 所示的结果。

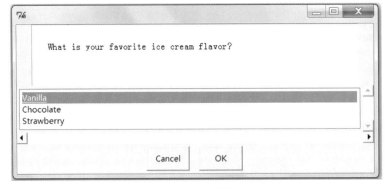

图 10-18　选择框

选择一个口味然后点击 OK 时，会看到与前面相同的消息框。注意，除了用鼠标点击选择，还可以用键盘上的上下箭头键盘选择一个口味。

如果点击 Cancel，程序会结束，还会看到一个错误，这是因为程序的最后一行希望得到某个文本（如 Vanilla），倘若点击 Cancel，它将得不到任何输入。

因为在这本书里放上这个巨大的选择框不太合适，所以这里稍稍做了点处理！这里修改了 easygui.py，让选择框变小一些，这样放在这本书里看上去会好一些。其实不需要这么做，但如果确实想试试看，可按如下步骤：

（1）找出 easygui.py 文件中以 def_choicebox 开头一节（在我的 easygui.puy 中大约在 934 行）。要记住，大多数编辑器，都会在靠近窗口最下面的某个位置显示出代码行号。

（2）从这个位置向下大约 30 行，会看到类似下面的代码行：

```
root_width = int((screen_width * 0.8))
root_height = int((screen_height * 0.5))
```

（3）把 0.8 改为 0.4，再把 0.5 改成 0.25，保存对 easygui.py 做的这些修改，下一次运行程序时，选择框窗口访问就会小一些了。

● 文本输入

这一章中的例子允许用户从提供的一组选项中做出选择，如果想象 raw_input( ) 一样（也就是让用户键入文本），该怎么做呢？这样用户就可以输入自己喜欢的任何口味了，EasyGui 提供了一种输入框（enter box，enterbox）能够做到这一点。

```
import easygui
flavor = easygui.enterbox("What is your favorite ice cream flavor?")
easygui.msgbox("You picked" + flavor)
```

运行这个程序时，会看到如图 10-19 所示结果。

图 10-19　文本输入

图 10-20　默认输入

然后键入最喜欢的口味，点击 OK，就像前面一样，键入的内容全显示在消息框中。

这就类似于 raw_input( )，同样可以从用户得到文本（一个字符串）。

● 默认输入

有时用户输入信息时，可能会期望得到某个答案，或者有一个很常见或最可能输入的答案。这称为默认值（default）。这个最常见的答案可以为用户自动输入，这样用户就不用再键了。有了默认值，只有当用户有不同的输入时才有必要键入。

要在一个输入框中放入默认值，可以按照代码修改程序。

```
import easygui
flavor = easygui.enterbox("What is your favorite ice cream flavor?",
                          default = 'Vanilla')
easygui.msgbox("You picked" + flavor)
```

如图 10-20 所示，现在运行这个程序时，输入框中已经输入了"Vanilla"（香草）。可以把它删掉，再输入想要的内容，不过如果最喜欢的口味确实是香草，就不用再键入任何内容，只点击 OK。

● 数字输入

如果想在 EasyGui 中输入一个数，完全可以先通过输入框得到一个字符串，然后使用 int( ) 或者 float( ) 由这个字符串创建一个数。

EasyGui 还提供了一种整数框（integer box，integerbox），可以用它来输入整数。还可以对所输入的数设置一个下界和上界。

不过，整数框不允许输入浮点数（小数）。要输入小数，必须先通过输入框得到字符串，然后再使用 float( ) 转换这个字符串。

10.3.5 猜数字游戏

创建了一个简单的猜数游戏，下面再来完成这个程序，不过这次我们要使用 EasyGui 完成输入和输出。下面显示了这个程序的代码。

```python
import random, easygui
secret = random. randint (1, 99)
guess = 0
tries = 0
easygui. msgbox("""AHOY! I'm the Dread Pirate Roberts, and I have a secret!
It is a number from 1 to 99. I'll give You 6 tries .""")
```

```python
while guess != secret and tries < 6:
    guess = easygui. integerbox("What's Yer guess, matey?")
    if not guess:break
    if guess < secret:
        easygui. msgbox(str(guess) + " is too low, ye scurvy dog!")
    elif guess > secret:
        easygui. msgbox(str(guess) + " is too high, landlubber!")
    tries = tries + 1
if  guess == secret:
    easygui. msgbox("Avast!Ye got it!Found my secret , ye did!")
else:
    easygui. msgbox("No more guesses! The number was" + str(secret))
```

我们还没有全面学习这个程序中各个部分是如何工作的，不过可以先键入这个程序，试试看，运行程序时你会看到如图 10-21 所示结果。

图 **10-21**　猜数字游戏界面

10.3.6　其他 GUI 组件

EasyGui 还提供了另外一些 GUI 组件，包括允许多重选择（而不是只选择一项）的选择框，还有一些特殊的对话框用来得到文件名等内容。不过，对现在来说，前面介绍的 GUI 组件已经足够了。

利用 EasyGui，我们可以非常容易地生成一个简单的 GUI，而且它隐藏了 GUI 涉及的很多复杂内容，使用户不用再操心这些问题。后面我们将会讨论建立 GUI 的另一种方法，它可以提供更多的灵活性和控制。

如果想更多地了解 EasyGui，可以访问 EasyGui 主页 easygui.courceforge.net。

像（Python）程序员一样思考

如果你想了解有关 Python 使用的更多内容，比如 EasyGui（或任何其他方面），有一个好消息告诉你：Python 提供了一个内置的帮助系统，也许你可以试一试。

在交互模式中，可以在交互提示符后面键入

>>>help()

就会进入这个帮助系统。现在提示符会变成：

help>

一旦进入帮助系统，你想要得到哪方面的帮助，只需要键入相应的名字，例如：

help>time.sleep

或者

help>easygui.magbox

你就会得到你想要的一些信息。

要退出帮助系统，重回正常的交互提示符，只需要键入 quit：

> ```
> help>quit
> >>>
> ```
>
> 有些帮助读起来很费劲，也很难理解，你往往找不到你想找的东西。不过如果你要找Python中某个方面的更多信息，这个帮助系统还是值得试一试。

10.4
给数字起名字

● 目标
明白计算机存储数字的方式；
学会如何输入程序脚本。

● 引言
在前面的练习中，我们曾写了一句程序让计算机去计算，但是真正编程时，我们一般不会让计算机直接算数字，都是先给数字起个名字，在程序中用名字来代表数字使用。比如，我们会这样写这个程序，如下所示。

```
1  a = 25
2  b = 17
3  print (a + b)
```

这三句话就是计算机的语言，而且不能用我们平常的方式去理解，需要翻译一下。重点是等号（＝），它在计算机语言里不是表示两边相等的意思了，而是起名字的意思，所以翻译为：第一句给25起个名字叫a，第二句给17起个名字叫b，第三句显示出a+b的结果。

图 10-22　用柜子解释内存

当然，这么做其实另有原因，我们简单说明一下。这里要涉及计算机存储的原理，就是计算机是怎么记住我们输入的数字的。可以这样形象化理解，计算机里有个部件叫内存，程序中的数字都保存在计算机的内存里，内在就好比是图10-22所示的柜子。

柜子里有很多抽屉可以放东西，当我们输入一个数字时，计算机其实是不能直接记住这个数字的；它会先打开一个抽屉，把数字放抽屉里，再给抽屉取个名字，然后把抽屉的名字与这个抽屉的位置对应上；当我们以后再提到抽屉的名字时，计算机就根据对应的位置打开这个抽屉，取出里面的数字。比如，我们输入a=25，计算机的处理过程就相当于打开一个抽屉，把抽屉的名字取为a，在抽屉里放入25，把a和抽屉位置一起记录下来。当我们后面又输入 print a+b 时，要用到a了，计算机根据当时记录下的位置找到抽屉，把里面的25拿出来使用。

所以千万不要认为＝还是数学上的等号。要特别注意，程序中的"等号"是用 == 表示的。以后看计算机语言时，看到＝后，就表示左边东西是右边东西的名字，而且左右不能交换，如写成 25=a 就不是这个意思了。

　　下面我们再介绍一下 a=25 的专业说法，其实现在可以不去管它怎么说才专业，只要大概明白这个意思就行了，但是如果用专业术语和别人进行交流，也显得更专业。在计算机术语里，a 称为"变量"，那么，为什么叫"变量"呢？因为它只是代表一个抽屉，里面放什么东西是可以变的。= 在计算机术语中叫作"赋值运算符"，"赋值"就是给变量确定一个固定的值。所以 a=25 的专业说法是：把变量 a 赋值为 25。使用变量表示数字，可以使我们的程序变得十分强大。在后面的内容中就会体会到这一点。

　　如果还不能理解上述概念，也可以简单地把 a=25 解释成"给 25 起个名字 a"，把 = 理解成"就是起名字的符号"。最好不要说成"a 等于 25"，因为会与数学中的概念相冲突，使人产生困惑。后面我们会使用"名字"来代替"变量"这个词，请大家注意这点。

　　第一步：打开编程工具。

　　（1）打开编辑器窗口 Python 3.8.0 Shell，如图 10-23 所示。

　　（2）这里我们一行一行地编写程序，不如一次把所有行都输入进去方便。因此，我们都会在 Python 3.8.0 Shell 里新开一个脚本窗口进行输入，具体方法如下：点击窗口左上角的 File（文件）→ New File（新文件），如图 10-24 所示。

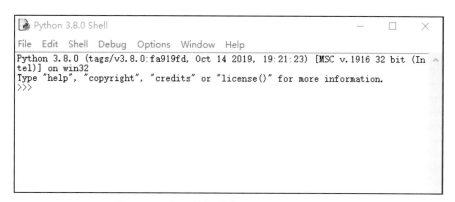

图 10-23　打开编辑器窗口 **Python 3.8.0 Shell**

图 10-24　找到新建脚本窗口命令

（3）此时会出现一个新的空白窗口，其中左上角显示的名字为 Untitled，这个词的意思是"未命名"，整个窗口里只有一个光标在闪动，以后就在这里输入程序脚本，如图 10-25 所示。

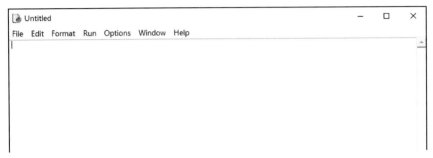

图 10-25　一个新空白窗口

第二步：输入程序。

把下列代码所示的这个程序输入到打开的空白窗口中。

```
1   a = 25
2   b = 17
3   print (a + b)
```

（1）再点击窗口中上面菜单栏里的 Run 选项，在下拉菜单中点击 Run Module，程序就会运行，如图 10-26 所示。

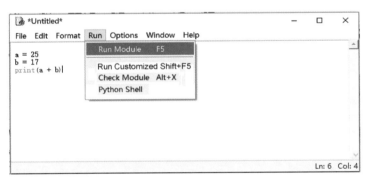

图 10-26　运行程序

（2）运行结果会显示在原来的 Python 3.8.0 Shell 窗口，如图 10-27 所示。

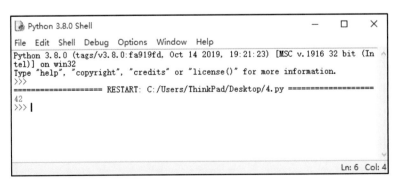

图 10-27　test4.1 结果

第三步：同名与多名。

说到给数字起名字，能不能两个数字起一个名字，或者一个数字用两个名字呢?

可以看出，计算机允许一个数有两个名字，所以给 1 取名为 a 后，再给 1 取名为 b 也没有问题，这不会产生矛盾，因为使用任意一个名字时，仍能唯一确定代表哪个数字。

因为现在的主要目的是让读者明白变量的含义，所以对变量赋值的说明做了简化处理。如果想深入了解不同类型语言的赋值操作，需阅读相应的专业图书。

第四步：闯关任务。

独立打开编程工具的脚本窗口，用起名字的方式编写一个程序，计算出 23+68 和 67-23 的值，保存为 test4.4，并运行查看结果。

10.5
发现循环的秘密

● 目标

明白循环的概念;

认识程序的循环结构;

学会使用循环参数改变循环次数。

● 引言

万米长跑的运动员要在 400m 跑道上跑 25 圈，才能跑完 10000m。

我们把一遍又一遍做同样的事叫"循环"，每做一遍，就称为"完成一次循环"。这样一圈又一圈地跑步就像是循环，运动员跑完一圈就是完成一次循环，跑完 10000m 需要 25 次循环。人们不喜欢循环，因为一遍一遍做同样的事很快就会厌倦，而计算机最喜欢循环，同样的事情干再多遍它也不烦，照样飞快地完成。下面我们就让计算机来做循环。

第一步：学习新单词。

新单词：for（对于）、in（在什么里面）、range（范围）。

第二步：学习循环语句的写法。

看看我们上次输入的程序是否就是在做循环呢? 比如要输入这么多遍 age=age+1，很麻烦，这怎么办呢? 其实在计算机语言中有个循环结构，使用这个结构，再多循环次数也只需要两三行的语句，就能让计算机执行完，下面我们就用循环结构来完成这么多遍的 age=age+1。先数数这个程序里 age=age+1 循环了几次。是 7 次，那么循环 7 次 age=age+1 的语句如下所示。

循环执行 7 次 age=age+1

```
1  for i in range(1,8,1):
2      age = age + 1
```

第 1 句中，for 用来指定是循环命令，i 叫作循环变量，range 后括号内的数字称为循环参数，最后面还有个冒号，该语句的结构如图 10-28 所示。

该句中 i 变化几次，第 2 句 age=age+1 就会执行几次，且循环变量 i 的变化次数由循环参数决定，所以需要重点理解循环参数的含义。循环参数里有 3 个数字，用逗号隔开，第一个数字是循环变量 i 开始时的取值；第二个数字是 i 取值的界限，这个界限是 i 不能到达及超过的；第三个数字是 i 每次变化的增加量，该句的具体含义如图 10-29 所示。所以，（1，8，1）就指定了 i 先变为 1，然后 i 每次加增 1，但 i 始终在小于 8，所以 i 依次变成的数是 1、2、3、4、5、6、7，然后就不能变了。i 从变 1 到变为 7，变了 7 次，因为第一次变为 1 也算一次，由此可得，程序循环的次数就为 7 次。

图 10-28　语句结构　　　　　　　　　　　　　图 10-29　循环参数解释

当 range 后的括号中最后一个数为 1 时，循环次数就可以用 8-1=7 来简单计算。当最后一个数是 2 时，比如（1，8，2）就不能用 8-1 来计算循环次数了，为什么呢？如果改成（1，8，2），循环次数应该是几次？

第 2 句的 age=age+1 比正常句子要向右缩进 4 格，简单理解是：该句从属于 for 开头的第一句，要按 for 语句指定的次数循环执行；如果不缩进，就会被认为不从属于 for 语句，也就不会循环执行了。

缩进 4 格并不是具体规定，只是惯例做法，不过已经约定俗成了。

最后再强调一下，for 语句最后有个英文冒号 ":"，这个符号千万不要忽略了，而且有了 ":" 后，再按 Enter 键（回车）换行，编程工具中下一行的光标会自动向右缩进 4 格。

第三步：编写程序。

用循环结构计算奥运宝宝年龄的完整程序如下所示。

```
1  age = 0
2  for i in range(1,8,1):
3      age = age + 1
4  print(age)
```

在上面的代码中，第 2 句和第 3 句组成了循环体，程序前面的线条用来说明这个程序中语句的执行过程，也就是反复地执行第 2 句和第 3 句。直到执行 for 语句时发现，i 不小于 8 时就不再执行这个循环体了，转而执行循环体后的第 4 句，注意，输入第 4 句时，要先把光标移到最左端，因为这句不应该参加循环，所以不能放入循环体中。

如果某条语句下面带有若干条缩进的语句，该语句及其所带的缩进语句合起来称为一个"程序块"。如代码第 2 句和第 3 句就组成了一个程序块。

第四步：输入程序。

输入下列所示的 4 条语句，保存为 test7.1 并运行。

```
1  age = 0
2  for i in range(1,8,1):
3      age = age + 1
4  print(age)
```

第五步：修改程序。

到 2020 年，奥运宝宝几岁呢？你能不能改一下程序 test7.1 里的循环参数，把这个 age 值算出来？

10.6
与循环讲条件

● 目标

认识条件循环语句；

能够修改循环控制条件。

● 引言

上次用循环语句计算了 1+2+3+4+5+6+7，这种方法因为必须事先知道会循环多少次才能编写出来，所以称为"计算循环"。但生活中有许多事情事先不知道会循环多少次，比如餐桌上有一盘饼干，拿了一块来吃，吃完了又拿了一块，吃完又拿了一块，一次又一次地循环着，最后会循环多少次呢？事先也不知道吧，但可以肯定的是，吃完了就不会再"循环"了。因此，"还没吃饱"就是还要循环的条件。像这样，开始不知道循环次数是多少，但是只要符合条件就会继续下去的称为"条件循环"。我们在程序中也可以和循环讲条件，就是用条件控制循环是否进行，下面试一下吧。

第一步：学习新单词。

新单词：while（当……时）。

第二步：条件循环的写法。

我们再看一遍用 for 语句计算 1+2+3+4+5+6+7 的程序，如下所示。

使用 for 语句的程序：

```
1  x = 0
2  a = 1
3  for i in range(1,8,1):
4      x = x + a
5      a = a + 1
6  print(x)
```

已知这个程序中循环体的控制语句是第 3 句，它决定了会循环多少次，要改成条件循环，只要把控制语句换成用条件来控制即可。因为 1+2+3+4+5+6+7 这个式子中，循环进行下去的条件是：操作数小于 8，操作数是用 a 表示的，所以把循环的控制语句改成 while a<8，其余各句都不变即可，程序如下所示。

```
1  x = 0
2  a = 1
3  while a < 8:
4      x = x + a
5      a = a + 1
6  print(x)
```

只要满足条件 a<8，第 3 ～ 5 句组成的循环体就会循环执行下去。

第三步：输入程序。

请修改该程序，算出 1+2+3…+100。

第四步：闯关程序。

如果餐桌上的饼干非常好吃，第一次拿了 1 块，第二次拿了 2 块，第三次拿了 3 块，即每次都比上次多拿 1 块。但是吃到 30 块就饱了，请问吃饱时，总共从桌上拿起了多少块饼干？提示：控制循环进行的条件是拿的总块数小于 30。

10.7
使用函数做计算

● 目标

明白程序中函数的参数传递过程。

● 引言

我们做一道生活中常见的计算题。比如，你带了一张 10 元钱出门，口渴了想买水，1 瓶水 2 元钱，买 1 瓶该找你多少钱？买 2 瓶水找多少钱？买 3 瓶、4 瓶呢？为了写出一个统一的计算式，我们用 x 表示买了几瓶，用 change 表示找回的钱，写出的计算公式（图 10-30）：

```
change = 10-2x
```

图 10-30　买水

这个计算式中如果 x 的值确定了，change 的值就确定了，这种买几瓶水和该找多少钱之间的关系，就可以称为"函数"。为什么把这种关系叫作"函数"呢？这是古代人起的名字，"函"这个字在过去是信件的意思，一封信发出去是就是只能有一个确定的收信地址。在图 10-30 所示的关系式中，一旦瓶数确定，就只能得到一个确定的找钱数，就像发信收信的关系一样，所以古人就用"函数"这个词表示这种数字关系。

通常，函数里可以改变的数称为"参数"。在这个式子里，我们可以改变水的瓶数，所以 x 就称为参数。下面来编写这个函数的程序。

第一步：学习新单词。

新单词：money（钱）、change（找回的零钱）、return（返回）。

第二步：编写程序。

上面的买水函数所对应的程序如下所示。可以看出，其实我们设暗号的程序就是用函数的语法写的。

```
1  def money(x):
2      change = 10 - 2 * x
3      return change
```

第 1 句定义一个函数 money( )，其括号内参数 x 为买水的瓶数，第 2 句是函数计算式。

注意第 3 句的加入，因为函数里计算式的计算结果不会自动与函数名字联系在一起，所以需要通过第 3 句让函数返回 change，有了这句，以后使用函数名 money( ) 时，就相当于使用 change。

第三步：输入程序。

输入上述所示的程序，保存为 test17.1，然后运行，在 Python 3.8.0 Shell 窗口中输入 money（1），就会显示买 1 瓶水找回多少钱，如图 10-31 所示。可以看出，money（1）就是 x 为 1 时 change 的值。

```
=========== RESTART: C:/Users/ThinkPad/Desktop/10.py ===========
>>> money(1)
8
>>>
```

图 10-31　test17.1 运行结果

试一试：再运行一次该程序，改动一下函数里的参数值，即 money( ) 里换一个数字，看看结果会如何。

可以看出，括号里的数字会被当成 x 的值传到函数中去计算，这就是函数的传参过程。

第四步：改进程序。

可以使用多个参数把程序改得更灵活：比如总共带了多少钱，一瓶水多少钱，买了几瓶，全用参数表示。

新单词：gross（总额）、price（价格）。

我们还用 x 表示买了几瓶，用 change 表示找回多少钱，用 gross 表示带的总钱数，用 price 表示一瓶水的价格，此时的程序如下所示：

```
1  def money(x, price, gross):
2      change = gross - price * x
3      return change
```

第五步：输入程序。

输入上述所示的程序，保存为 test17.2 并运行，在 Python 3.8.0 Shell 窗口中输入 money（1，2，10）（注意，输入的顺序决定了数字对应哪个参数）。

试一试：把函数里的数字改动一下，输入进去看看运算结果如何。

第六步：闯关任务。

我们的硬币有 1 元的、5 角的、1 角的，如图 10-32 所示，试编写一个函数程序，当确定有几个 1 元的、几个 5 角的、几个 1 角的后，算出一共有多少钱。

新单词：coin（硬币）。

我们可以用 coin10 表示 1 元硬币的个数、用 coin5 表示 5 角硬币的个数，用 coin1 表示 1 角硬币的个数。

图 10-32 不同面额的硬币

10.8
自己也能做动画

● 目标

明白连续动画的坐标控制。

● 引言

我们已经知道了可以让画面中的图形动起来的方法，可是平时看到的动画都是能连续不停地移动的，怎样才能实现这样的效果呢？很容易就会想到，只要循环地进行抹掉旧图形，画一个新图形的动作，就可以实现了。比如，让小球不停地运动，方法就是：先画一个圆，抹掉，在新位置画一个，再抹掉，在新位置再画一个，再抹掉……连续重复地这么做就可以了。但是有一个地方会复杂一些，就是图形位置的控制，因为图形连续移动，它的位置也不断变化，怎么准确地确定每次的位置就是个难点。其实，如果会使用坐标的话，这也算不上难题，关于坐标我们就不介绍了。接下来我们做一个圆球水平运动的动画。

第一步：学习新单词。

新单词：speed（速度）、width（宽度）、heigt（高度）。

第二步：坐标控制。

我们假设圆上最左边点的 X 轴坐标为 x，其圆心的 X 轴坐标就为 x+30（因为半径为 30），这里当然也可以直接假设坐标为 x，不过就按上面的假设来，怎么假设其实对结果没有影响，Y 轴坐标任意定一个数，比如为 80，画圆的语句如下所示。

```
Pygame, draw, circle(screen,(255,0,0),(x + 30,80)30,0)
```

我们通过控制 x 的值就能控制圆形的位置，所以再设置一个 x 的变化速度 x_speed，让 x 的值变起来，实现 x 值变化的语句如下所示。

```
1  x_speed = 5      # 5为设置的变化速度值
2  x = x + x_speed
```

第三步：窗口边框处理。

还有一个问题，如果小球触碰到窗口的边线，继续移动就会跑到窗口以外的位置，看上去就消失了。我们需要预先设计好，让小球碰到窗口边就反弹回来。实现反弹的方法就是：当小球碰到窗口边后让 x_speed=-5，这样小球的移动方向就反过来了。但是在代码中，写成 x_speed=-x_speed 是更好的方式，这样当需要修改这个值时，只需修改一次就行了。程序如下所示。

碰到边线就反向移动。

```
1  if x > screen.get_width() - 60 or x < 0:
2      x_speed = -x_speed
```

第 1 句中，if 后有两个条件，第 1 个条件为 x>screen.get_width( )-60，调用 screen.get_width( ) 函数可以得到窗口宽度。圆的半径为 30，我们前面设定 x 是圆的最左边点的水平坐标，所以，当圆触碰到窗口的右边线后，x 的值将会大于窗口宽度 -60，如图 10-33 所示。

图 10-33　圆形碰到右边线时 x 位置示意图

第二个条件为 x<0，这个好理解，圆触碰到窗口的左边线后，x 的值将会小于 0，两个条件之间的单词 or，表示这两个条件为"或者"关系，即两个条件中有一个出现就满足条件，所以结果是不论圆碰到左边线还是右边线，x_speed 的值都将变为原来的反方向值，圆形就会反方向移动了。

第四步：编写程序。

做连续动画时，画新圆，遮盖旧圆，x 值变化，检测圆是否到达窗口边等动作的语句都要在循环结构中，这样才能实现持续的动画效果。正好程序中的关闭窗口语句就是循环结构，所以就放在 while True 的循环体内，完整程序如下所示。

```
1   import pygame, sys
2   pygame.init()
3   screen = pygame.display.set_mode([640, 480])
4   screen.fill([255, 255, 255])
5   x = 50
6   x_speed = 5
7   while True:
8       for event in pygame.event.get():
9           if event.type == pygame.QUIT:
10              sys.exit()
11      pygame.draw.circle(screen, [255, 0, 0], [x + 30, 80], 30, 0)
12      pygame.display.flip()
13      pygame.time.delay(100)
14      pygame.draw.rect(screen, [255, 255, 255], [x, 50, 60, 60], 0)
15      pygame.display.flip()
16      x = x + x_speed
17      if x > screen.get_width() - 60 or x < 0:
18          x_speed = -x_speed
```

第五步：输入程序。

在 SPE 中输入上述所示的程序，保存为 test 25.1，然后运行。

第六步：修改程序。

动画应该在平面内上下左右都能移动，下面就让小球上下左右都能动，只要在上面的程序中把 Y 轴坐标由固定值改成像 x 一样可以变化即可，程序如下所示。

```
1    import pygame,sys

2    pygame.init()
3    screen = pygame.display.set_mode([640,480])
4    screen.fill([255,255,255])
5    x = 50
6    y = 50
7    x_speed = 5
8    y_speed = 5
9    while True:
10       for event in pygame.event.get():
11           if event.type == pygame.QUIT:
12               sys.exit()
13       pygame.draw.circle(screen, [255,0,0], [x + 30,y + 30],30,0)
14       pygame.display.flip()
15       pygame.time.delay(100)
16       pygame.draw.rect(screen, [255,255,255], [x,y,60,60],0)
17       pygame.display.flip()
18       x = x + x_speed
19       y = y + y_speed
20       if x > screen.get_width() - 60 or x < 0:
21           x_speed = -x_speed
22       if y > screen.get_height() - 60 or y < 0:
23           y_speed = -y_speed
```

这虽然看上去复杂一些，但也只是增加了一个 Y 坐标和一个 y 的变化速度而已，自己看一下就会明白。

⏳ **注意**：这个程序里不是把（x，y）设为圆心坐标，而是把（x，y）设为遮挡圆的方形的左上角点的坐标，所以圆心坐标为（x+30，y+30）。

第七步：输入程序。

打开程序 test 25.1，修改为上述所示的内容，保存为 test 25.2，然后运行。

第八步：闯关任务。

在上面的程序中，有两个地方的参数如果被修改，都可以改变小球移动的速度。请任意找出一种来改变小球的移动速度，如能找出两种更佳。

第 11 章

游戏初体验学用书

在前面的章节中，我们已经学会了绘制图形，在本章我们将使用一个新的模块 Pygame 来进行绘制、实现动画甚至实现街机风格的游戏。

11.1
Pygame 的用户界面

图形化用户界面（Graphical User Interface，GUI）包括了你在计算机屏幕上所见到的所有的按钮、图标、菜单和窗口；而这正是我们和计算机交互的方式。当你拖拽一个文件或点击一个图标来打开一个程序的时候，就在使用 GUI。在游戏中，当你按下按键、移动鼠标或点击的时候，之所以能够期望发生某些事情（例如奔跑、跳跃、旋转视图等），唯一的原因就是程序安装了 GUI。

Pygame 也是非常可视化的，是游戏、动画等 GUI 的完美选择。它几乎对于每种操作系统都是可移植的，从 Windows 到 Mac，到 Linux 以及其他的操作系统，因此，在 Pygame 中创建的游戏和程序能够在相当多的计算机上运行。

开始编码前，先来安装 Pygame。如果你使用的是 Linux 系统和 Python3，或者是 OS X 系统，就需要使用 pip 来安装 Pygame。pip 是一个负责为你下载并安装 Python 包的程序。如果你使用的是 Linux 系统，或者 Windows，就无需使用 pip 来安装 Pygame。

⊠ **注意：** 各种系统上安装的说明，因为数据可视化项目和应用程序项目都需要 pip。这些说明也可在 http://www.nostarch.com/pythoncrashcourse/ 在线资源中找到。如果安装时遇到麻烦，看看在线说明是否管用。

我们可以通过在 Python shell 中输入如下命令来检查 Pygame 是否正确地安装了。

```
>>> import pygame
pygame 1.9.4
Hello from the pygame community. https://www.pygame.org/contribute.html

>>>
```

如果得到了常规的">>>"提示符作为回应，那么我们知道能够正确地找到 pygame 模块并且可以使用它。

11.1.1 从一个点开始

安装了 Pygame 以后，我们可以运行一个简短的示例程序：在屏幕上画一个点，如图 11-1 所示。

图 11-1 运行程序的结果

我们在一个新的 IDLE 窗口中输入如下代码。

```
   import pygame    # 导入pygame

1  pygame.init()    # 初始化pygame
2  screen = pygame.display.set_mode([800,600])  # 创建一个宽800，高600的显示窗口

3  game_going = True    # 创建游戏循环变量
4  RED = (255,0,0)    #颜色为红色
   radius = 50    # 圆的半径为50

5  while game_going:
6      for event in pygame.event.get():
7          if event.type == pygame.QUIT:
               game_going = False
8  pygame.draw.circle(screen,RED,(100,100),radius)    # 在屏幕窗口（100,100）处绘制
9  pygame.display.update()

10 pygame.quit()
```

首先，我们导入了 pygame 模块以便使用其功能。在 1 处，对 pygame 进行了初始化，设置好后以供使用。每次使用 pygame 的时候，我们都要调用 pygame.init( )，而且它总是出现在 import pygame 命令之后，但在任何其他的 pygame 函数之前。

在 2 处，pygame.display.set_mode（[800，600]）创建了一个宽 800 像素高 600 像素的显示窗口，我们将其存储在名为 screen 的变量中，在 Pygame 中，窗口和图形称为 Surface 并且显示 Surface screen 是绘制所有其他图形的主要窗口。

在 3 处，创建一个循环变量 game_going，我们使用一个游戏循环来持续绘制图形屏幕，直到用户关闭窗口位置。

在 4 处，我们设置了两个变量 RED 和 radius 用于绘制圆。RED 变量用于设置 RGB 三色值（255，0，0），这是一个明亮的红色。

RGB 表示 Red Green Blue，是指定颜色的众多方式之一。要选取一种颜色，我们就选择 3 个数字，每个数都是从 0 ～ 255。

◆ 第 1 个数确定了颜色中的红色有多少；

◆ 第 2 个数确定了其中绿色的量；

◆ 第 3 个数确定了蓝色。

我们为红色选取的值是 255，为绿色和蓝色选择的值是 0，因此，这个 RGB 颜色是全红色的而没有绿色和蓝色。RED 变量是一个常量。有时候，我们将常量（也就是不会有意修改的量）写成全部大写，由于颜色应该在整个程序中都是保持一致的。我们对 RED 全部使用大写。将 radius 变量设置为 50 个像素，从而得到的是一个直径为 100 像素的圆。

在 5 处的 while 循环是游戏循环，它将持续运行 Pygame 窗口，直到用户选择退出。

在 6 处的 for 循环就是处理用户能够在程序中触发的所有交互事件的地方。在这个程序中，我们要检查的唯一事件，就是用户是否点击了红色的 "X" 来关闭窗口并退出程序（在 7 处）。如果是这样的话，game_going 变量为 False，游戏循环结束。

在 8 处，我们在屏幕窗口上（100，100）的位置绘制一个半径为 50 的圆，这个位置在窗口的左上角偏右和偏下 100 个像素的位置。我们将使用 pygame.draw，这是用来绘制诸如圆、矩形、线段等形状的一个 Pygame 模块。我们给 pygame.draw.circle() 函数传递 4 个参数，分别是：想要将圆绘制在哪一个 surface 上（screen），圆的颜色（RED），圆心的坐标及半径。

位于 9 处的 update() 函数告诉 Pygame 用绘制修改来刷新屏幕。

在 10 处，当用户退出游戏循环的时候，pygame.quit() 命令清除 pygame 模块（它会撤销在 1 处所做的所有设置）并且关闭 screen 窗口，以便程序能够正常退出。

当我们运行 Show-Circle.py 的时候，应该会看到如图 11-1 所示的图像。针对上面的程序，我们可以尝试创建不同的 RGB 颜色，在屏幕上不同的位置绘制点，或者绘制另外一个点。我们将看使用 Pygame 绘图的强大力量和容易之处，并且会发现其中充满了乐趣。

在这第 1 个程序中包含了一些基础，我们将在这个基础上创建更加复杂的图形，动画并且最终来创建游戏。

11.1.2　Pygame 和海龟图

首先我们先来了解一下 Pygame 和海龟绘图之间的区别，因为在后面的学习中我们即将深入体会 Pygame 令人激动的世界。

我们有一个新的坐标系统，如图 11-2 所示。回到海龟作图中，原点位于屏幕的中心并且越向屏幕下方，y 坐标越大。Pygame 使用一种更加常见的面向窗口的坐标系统（我们在很多 GUI 编程语言中都见到过这种系统，包括 Java、C++ 等）。Pygame 窗口在左上角是原点（0，0），当我们向右移动时，x 坐标会变得越来越大（但是，x 坐标没有负值，因为负值在左边的屏幕之外了）；随着向下移动，y 坐标的值会变得越来越大（而且 y 坐标的负值在窗口之外的上方）。

图 11-2　**Pygame** 使用一个面向窗口的坐标系统

在 Pygame 中经常使用游戏循环。在前面的程序中，我们只有想要保持地或者是返回来重复再做一些事情的时候，才会使用循环。但是，Pygame 需要游戏循环来持续更新屏幕并处理事件（即使我们所处理的唯一的事件只是关闭窗口）。

在 Pygame 中，我通过调用 pygame.event.get( ) 来获取用户执行的事件的一个列表，从而处理事件。这些事件可能是鼠标点击、按下按键或者甚至是像用户关闭窗口这样的窗口事件。我们使用一个 for 循环来处理 pygame.event.get( ) 返回的事件列表中的所有内容。

在海龟程序中，我们使用回调函数来处理事件。在 Pygame 中，我们仍然可以创建函数并在事件处理程序的代码中调用它们，但是，我们只要针对想要监听的那些事件使用 if 语句就可以处理事件。

这些区别使得 Pygame 有了一种新的方式来解决问题，而且这正是我们一直寻找的方式。所拥有的工具越多，我能解决的问题就越多。

11.1.3　游戏相关

在本节中，我们将修改 Show-Circle.py 程序并保存为 Show-Smile.py，用一个笑脸来代替红色的圆，如图 11-3 所示。

图 11-3　**Show-Smile.py** 在屏幕上绘制图像 **Smile.bmp**

在构建自己的 Show-Smile.py 程序的过程中，我们将学习 Pygame 中的一款游戏或动画的 3 个主要的部分。

◆ 首先是设置过程，我们导入所需要的模块，创建屏幕并且初始化一些重要的变量。

首先，我们下载笑脸图像并将其保存到我们的 Python 程序相同的目录下。文件保存在什么位置并不重要，只要我们确保将 BMP（bitmap 的缩写，这是一种常见的文件格式）图像文件保存到相同的位置。

然后我们来进行设置。

```
import pygame    # 导入pygame

pygame.init()    # 初始化pygame
screen = pygame.display.set_mode([800,600])   # 创建一个宽800，高600的显示窗口

game_going = True    # 创建游戏循环变量
1  picture = pygame.image.load("smile.bmp")
picture =  pygame.transform.scale(picture,(80,80))
```

和前面一样，我们导入 Pygame 模块，然后使用 pygame.init( ) 函数进行初始化。接下来，将 screen 设置为一个新的大小为 800 像素 ×600 像素的 Pygame 窗口。我们创建了布尔类型的循环标志变量 game_going 来控制游戏循环并将其初始值设置为 True。最后，我们做一些新的事情，在 1 处，使用 pygame.image.load( ) 从一个文件来载入图像，我们为图像文件创建一变量并且加载 Smile.bmp，在程序中通过 picture 来引用它。

◆ 然后是游戏循环，它将处理事件、绘制图形并且更新显示。这个游戏循环是一个 while 循环，只要用户没有退出程序，它就持续运行。

此时，已经设置好了 Pygame 并且加载了图像，但是我们还没有绘制任何内容。游戏循环是真正将笑脸图像显示到屏幕上的地方。这也是处理来自用户的事件的地方。让我们从处理一个重要的事件开始，即用户选择退出游戏。

```
while game_going:
    for event in pygame.event.get():
    1     if event.type == pygame.QUIT:
            game_going = False
```

只要 game_going 为 True，游戏循环就会持续运行。在循环中，我们立即检查来自用户的事件。在复杂游戏中，用户可能同时触发多个事件。例如，在键盘上按下向下箭头键的同时，将坐标向左移动并滚动鼠标滚轮。

在这个简单的程序中，我们监听的唯一的事件就是用户是否点击了关闭窗口按钮来退出程序。我们在 1 处检查它。如果用户试图关闭窗口而触发了 pygame.QUIT 事件，此时游戏循环退出，通过将 game_going 设置为 False 来做到这一点。

我们仍然需要将图片绘制到屏幕上并且更新绘制窗口，以确保所有内容都出现在屏幕上，因此，需要给游戏循环添加最后两行代码。

```
screen.blit(picture,(100,100))
pygame.display.update()
```

blit( ) 方法将 picture，也就是从硬盘加载的笑脸图像绘制到 screen 显示界面上。当我们想要将像素从一个界面（例如，从硬盘加载的图像）复制到另一个界面（例如，绘制窗口）上的时候，就使用 blit( )。这里我们需要使用 blit( )，是因为 pygame.image.

load( ) 函数与前面绘制红色点的程序用到的 pygame.draw.circle( ) 函数的工作方式不同，所有的 pygame.draw 函数都接受一个界面作为参数，因此，通过将 screen 传递给 pygame.draw.circle( )，我们就能够让 pygame.draw.circle( ) 绘制到显示窗口。但是，pygame.image.load( ) 函数并不接受一个界面作为参数。相反它自动为图像创建一个新的单独的界面。除非使用 blit( )，否则，图像并不会出现在最初的绘制屏幕上。在这个例子上，blit( ) 想要将 picture 绘制到位置（100,100），也就是屏幕左上角向右 100 像素且向下 100 像素的位置（在 Pygame 的坐标系统中，原点位于左上角，参见图 11-3）。

游戏循环的最后一行代码是调用 pygame.display.update( )。这条命令告诉 Pygame，将执行这个循环时所做的所有修改都显示到绘制窗口上，这也包括笑脸。当 update( ) 运行的时候，窗口将更新，以便将所有修改都显示到 screen 界面上。

到目前为止，我们已经完成了设置代码并且有了一个游戏循环，其中带有一个事件处理程序，它监听用户对关闭窗口按钮的点击。如果用户点击了关闭窗口按钮，程序会更新显示并退出循环。接下来，我们将负责程序的终止。

最后，当用户停止程序的时候，我们需要有一种方式来结束程序。

一旦用户选择停止循环，代码的最后一个部分就会退出程序。

```
        screen.blit(picture, (100,100))
        pygame.display.update()

pygame.quit()
```

如果程序中漏掉了这一行，那么即使在用户尝试关闭显示窗口的时候，窗口还是会保持打开。调用 pygame.quit( ) 会关闭显示窗口并且释放存储图像（picture）所占用的内存。

将这些整合起来，我们就会看到 Smile.bmp 图像文件，只要将该图像存储在和 Show-Smile.py 程序文件相同的目录下，如下是完整的程序代码。

```
import pygame    # 导入pygame

pygame.init()    # 初始化pygame
screen = pygame.display.set_mode([800,600])    # 创建一个宽800，高600的显示窗口

game_going = True    # 创建游戏循环变量
picture = pygame.image.load("smile.bmp")
picture =  pygame.transform.scale(picture, (80,80))


while game_going:
    for event in pygame.event.get():
        if event.type == pygame.QUIT:
            game_going = False

    screen.blit(picture, (100,100))
    pygame.display.update()

pygame.quit()
```

当你点击了关闭窗口按钮的时候，显示窗口就会关闭，这段代码学习的是基本内容，在此之上进行构建可以让程序更加具有可交互性。例如，当用户移动鼠标的时候，让屏幕上的图像移动等。在本章剩下的部分以及后面章节中，我们将添加新的内容，以响应不同的事件。

11.2
移动和弹跳

现在，我们来看看如何创建一个程序来绘制一个动画的、弹跳的球。通过对 Show-Smile.py 做一个小的修改，我们来学习一下创建动画（或移动的错觉）所需的技能。如果我们想要让笑脸动起来，那么在每一帧中要对笑脸的位置略作改变，而不是在每次通过游戏循环的时候都在固定的位置显示一副笑脸图像，该怎么办呢？

上面提到的帧是什么呢？这里提到的帧（frame），就是每次通过游戏循环。这个用语源自人们制作动画的一种方式：他们绘制数千幅单个的图片，让每一幅图片和前面的一幅略微不同。一幅图片作为一帧。然后，动画设计师将所有的图片都一起放到胶片上并让胶片在放映机之前通过。当图片以很快的速度一幅一幅地显示的时候，看上去就像是图片中的角色在移动。

使用计算机，我们能够通过在屏幕上绘制图片，清除屏幕、略微地移动图片，然后再次绘制，从而创建相同的效果。这一效果看上去如图 11-4 所示。

图 11-4 在这个初次尝试的动画中笑脸将会在整个屏幕上留下一条轨迹

我们仍然将每一次循环绘制叫作帧(frame)，将动画的速度称为每秒绘制多少帧(frames per second，fps)。在美国，老式的、标准清晰度的 TV 以 30fps 的速度运行，很多胶片放映机的速率是 24fps（新的高清晰度的数字放映机可以以 60fps 或更高的速度运行）。

如果曾经玩过或看过翻书的动画（动画中我们在一个笔记本的每一页边角上绘画，然后快速地翻动图书以创建一个小动画），我们就曾看到过以各种不同的帧速率来造成动画的错觉。我们的目标是 60fps 的速率，即足够快以至于能够创建平滑的动画。

11.2.1 让笑脸移动起来

我们可以随着时间在不同的位置绘制笑脸图像，从而在 while 循环中创建简单的动画，换句话说，在游戏循环中，我们只需要更新图片的（x，y）位置，然后每次执行循环的时候在新的位置绘制图片。在 Show-Smile.py 添加两个变量，picture_x 和 picture_y，表示图像在屏幕上的 x 坐标和 y 坐标。我们将在程序的设置部分的末尾添加这些，然后将新的程序版本保存为 Smile-Move.py。

```
   import pygame   # 导入pygame

   pygame.init()   # 初始化pygame
1  screen = pygame.display.set_mode([800,600])   # 创建一个宽800，高600的显示窗口

   game_going = True   # 创建游戏循环变量
   picture = pygame.image.load("smile.bmp")
   picture = pygame.transform.scale(picture,(80,80))
2  colorkey = picture.get_at((0,0))
3  picture.set_colorkey(colorkey)
   picture_x = 0
   picture_y = 0
```

在 1 处，我们将窗口的大小设置为 800 像素 ×600 像素。

在 2 和 3 处的代码行，是对一个小问题的可选的修复。如果 Smile.bmp 图像看上去好像在屏幕上有一个方形的黑色边角的话，我们可以包含这两行代码，以确保那些角看上去是透明的。

游戏循环将按照和在 Show Smile.py 中相同的方式开始，但是，我们要添加代码，在每次循环运行的时候将 picture_x 和 picture_y 变量修改 1 个像素。

```
while game_going:
    for event in pygame.event.get():
        if event.type == pygame.QUIT:
            game_going = False

    picture_x += 1
    picture_y += 1
```

"+=" 操作符将一些内容添加到了等号左边的变量中（picture_x 和 picture_y），因此，通过 "+=1"，我们告诉计算机要在每次通过循环的时候将图片的 x 坐标和 y 坐标（picture_x 和 picture_y）修改一个像素。

最后，我们需要将图像复制到屏幕上的新位置，更新显示并且告诉程序怎么退出。

```
    screen.blit(picture,(picture_x,picture_y))
    pygame.display.update()

pygame.quit()
```

运行这些代码，我们将会看到移动的图像，但是必须足够快才能看到，因为它会一直向右移动离开屏幕，我们再看一眼图 11-4，这是笑脸在移动出现视力之前的一瞬间。

```
import pygame   # 导入pygame

pygame.init()   # 初始化pygame
screen = pygame.display.set_mode([800,600])   # 创建一个宽800，高600的显示窗口

game_going = True   # 创建游戏循环变量
picture = pygame.image.load("smile.bmp")
picture = pygame.transform.scale(picture,(80,80))
colorkey = picture.get_at((0,0))
picture.set_colorkey(colorkey)
picture_x = 0
picture_y = 0

while game_going:
    for event in pygame.event.get():
        if event.type == pygame.QUIT:
            game_going = False

    picture_x += 1
    picture_y += 1

    screen.blit(picture,(picture_x,picture_y))
    pygame.display.update()

pygame.quit()
```

上面的程序可能会在显示屏幕上留下像素的一个轨迹，即使笑脸图像离开绘制窗口的时候，轨迹还存在。怎么清除轨迹呢？我们可以通过在每一帧之间清除屏幕，从而使得动画更为整齐。在笑脸背后看到的轨迹线，是笑脸图像的左上角的像素；每次随着每一帧向下移动来绘制图像的一个新的版本并且更新显示，都会在背后留下上一张图片的偏离一些的像素。

我们可以给绘制循环添加一条 screen.fill( ) 命令来修正这个问题。screen.fill( ) 命令接受一个颜色作为参数，因此，我们需要告诉它想要使用何种颜色来填充绘制屏幕。我们为 BLACK 添加一个变量（对 BLACK 全部使用大写，以显示这是一个常量）并且将其设置为黑色的 RGB 颜色值，即（0，0，0）。我们将使用黑色像素来填充屏幕界面，以有效地清除它，然后再绘制动画图像的每一个新的、移动的副本。

在 picture_y=0 之后，我们要添加这一行代码进行设置，从而创建黑色的背景填充色。

```python
import pygame    # 导入pygame

pygame.init()    # 初始化pygame
screen = pygame.display.set_mode([800,600])    # 创建一个宽800，高600的显示窗口

game_going = True    # 创建游戏循环变量
picture = pygame.image.load("smile.bmp")
picture =   pygame.transform.scale(picture,(80,80))
colorkey = picture.get_at((0,0))
picture.set_colorkey(colorkey)
picture_x = 0
picture_y = 0
BLACK = (0,0,0)
```

在将 picture 图像绘制到屏幕的 screen.bit( ) 之前，我们添加如下的代码行。

```python
    screen.fill(BLACK)
    screen.blit(picture, (picture_x,picture_y))
    pygame.display.update()

pygame.quit()
```

笑脸仍然快速离开屏幕，但是，这一次没有在移动的图像之后留下一条像素的轨迹。通过用黑色的像素填充屏幕，我们已经创建了这样的效果：从屏幕的每一帧都"擦除"旧的图像，然后再在新的位置绘制新的图像。这创建了平滑动画的错觉。详见图 11-5。

图 11-5　清除移动轨迹的图像

完整的代码如下所示。

```python
import pygame    # 导入pygame

pygame.init()    # 初始化pygame
screen = pygame.display.set_mode([800,600])  # 创建一个宽800，高600的显示窗口

game_going = True    # 创建游戏循环变量
picture = pygame.image.load("smile.bmp")
picture =  pygame.transform.scale(picture,(80,80))
colorkey = picture.get_at((0,0))
picture.set_colorkey(colorkey)
picture_x = 0
picture_y = 0
BLACK = (0,0,0)


while game_going:
    for event in pygame.event.get():
        if event.type == pygame.QUIT:
            game_going = False

    picture_x += 1
    picture_y += 1

    screen.fill(BLACK)
    screen.blit(picture, (picture_x,picture_y))
    pygame.display.update()

pygame.quit()
```

然而，在一台运行速度相对较快的计算机上，笑脸还是会太快的离开屏幕。为了修改这一点，我们需要一个新的工具：一个定时器或时钟，能够使得我们保持稳定的，可以预计的帧速率。

11.2.2 实现笑脸动画

要让 Smile-Move.py 表现出类似我们在游戏或电影中看到过的动画，最后一部分就是限制程序每秒绘制多少帧。当前，每次通过游戏循环的时候，我们只是将笑脸图像向下移动 1 个像素并向右移动 1 个像素，但是，计算机可以更快地绘制这个简单的场景，它甚至可以每秒生成数百帧，这会导致笑脸瞬间飞出屏幕之外。

平滑的动画可能要保持每秒 30 ～ 60 帧的速度，因此，我们不需要每秒数百帧那么快。

Pygame 有一个工具可以帮助我们控制动画的速度，这就是 Clock 类。类 class 就像一个可以用来创建某种类型的对象的模板，该类型带有函数和值，能够帮助那些对象按照某种方式行为。我们可以把类当作一个曲奇饼模子，把对象当作曲奇饼：当我们想要制作某种形状的曲奇饼的时候，先制作一个曲奇饼模子，任何时候，如果我们想要同一形状的另一块曲奇饼，都可以重复使用这个模子。同样的道理，函数帮助我们将可以重用的代码打包到一起，类允许我们将数据和函数打包到一个可以重用的模板中，在将来的程序中，我们可以使用这个模板来创建对象。

我们可以使用如下的一行代码，将 Clock 类的一个对象添加到程序中。

```python
timer = pygame.time.Clock() # 创建time变量
```

这就创建了一个名为 timer 变量，它和一个 Clock 对象联系到一起。Timer 将允许我们在每次循环的时候悄悄地暂停，等待足够长的时间，以确保每秒钟绘制不超过一定数目的帧。

我们在游戏循环中添加如下的一行代码，它会告诉名为 timer 的时钟每秒钟只"滴答"60 次，从而使得帧速度保持 60fps。

```
timer.tick(60)
```

以下的 Smile-Move.py 的代码展示了整合到一起的完整的代码。它给了我们一个平滑的，稳定的动画的笑脸，慢慢地滑出屏幕的右下方。

```python
import pygame  # 导入pygame

pygame.init()  # 初始化pygame
screen = pygame.display.set_mode([800,600])  # 创建一个宽800，高600的显示窗口

game_going = True  # 创建游戏循环变量
picture = pygame.image.load("smile.bmp")
picture = pygame.transform.scale(picture,(80,80))
colorkey = picture.get_at((0,0))
picture.set_colorkey(colorkey)
picture_x = 0
picture_y = 0
BLACK = (0,0,0)

timer = pygame.time.Clock()  # 创建time变量

while game_going:
    for event in pygame.event.get():
        if event.type == pygame.QUIT:
            game_going = False

    picture_x += 1
    picture_y += 1
    screen.fill(BLACK)
    screen.blit(picture,(picture_x,picture_y))
    pygame.display.update()
    time.tick(60)

pygame.quit()
```

仍旧存在的问题是笑脸仍会有几秒之内一路跑出屏幕之外。这并不是很好玩。让我们修改程序来将笑脸保持在屏幕之上，让它从一个角落弹跳到另一个角落。

11.2.3　使笑脸弹跳起来

我们在每次经过循环的时候添加了从一帧到下一帧的移动，改变要绘制的图像的位置，并知道如何来添加一个 Clock 对象并告诉它每秒钟 tick( ) 多少次，来确定动画的速度，在本节中，我们来看看如何让笑脸保持在屏幕上。效果看上去如图 11-6 所示，笑脸好像是在绘制窗口的两个角落之间来回地弹跳。

图像之所以会跑到屏幕之外，是因为我们没有为动画设置边界（Boundaries，或限制）。我们在屏幕上绘制的所有内容都是虚拟的（virual），这意味，在现实的世界中，它们并不存在，因此，这些内容并不会真的彼此碰到。如果想要让屏幕上的虚拟对象能够交互，我们必须用编程逻辑来创建这些交互。

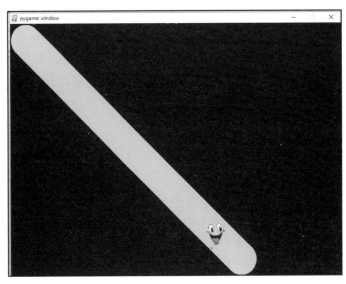

图 11-6　我们的目标是保持笑脸在屏幕的角落之间"弹跳"

碰到墙壁

当我们说想要笑脸从屏幕的边缘"弹跳"开的时候，我们的意思是说，当笑脸到达了屏幕边缘的时候，我们想要改变其移动的方向，以便看上去好像它从屏幕的实际边界弹跳开。为了做到这一点，我们需要测试笑脸的（picture_x，picture_y）位置是否到达了屏幕边缘的假想边界。我们称这个测试为碰撞检测（collision detection），因为它试图检查或留意何时会发生一次碰撞（collision），例如，笑脸图像"碰到"绘制窗口的边界。

我们知道可以使用语句测试条件，通过检查 pics 是否大于某个值，就可以看到图像是否碰到了屏幕的右边界，或者说与其发生碰撞。

我们先来搞清楚这个值应该是多少。我们知道屏幕是 600 像素宽，因为在创建屏幕的时候，我们使用了 pygame.display.set_mode（[600，600]）。我们也可能使用 600 作为边界，但是那样的话，笑脸还是会跑到屏幕之外，因为坐标（picture_x，picture_y）是笑脸图像的左上角像素的位置。

要找到合乎逻辑的边界（也就是说，当 picture_x 碰到这条虚拟的线的时候，笑脸看上去好像是碰到了 screen 窗口的右边界），我们需要知道图像有多宽。

由于我们知道 picture_x 是图像的左上角并且它一直向右延续。我们可以将图片的宽度加上 picture_x，当这个和等于 600 的时候，我们知道，图像的右边缘已经碰到了窗口的右边缘。

得到图像的宽度的一种方式是查看该文件的属性。在 Windows 中，鼠标右键点击 Smile.bmp 文件，选择"Properties"菜单选项，然后点击"Details"标签。如图 11-7 所示。在"Mac"上，点击 Smile.bmp 文件选择它，按下 ⌘ -I打开文件信息窗口，然后点击"More Info"，我们将会看到图片的宽度和高度信息。

Smile.bmp 文件的宽度为 100 像素（高也是 100 像素）。因此，如果 screen 当前是 600 像素宽并且 picture 图像需要 100 像素来显示完整的图像，picture_x 必须停留在 x 方向上左边的 500 像素范围内。图 11-8 展示了这些计算。

图 11-7　要确定笑脸开始弹跳的虚拟边界首先我们需要知道图像文件的宽度

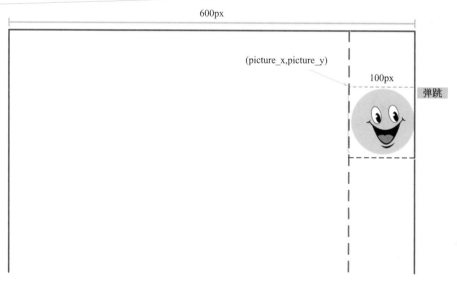

图 11-8　根据窗口右边缘计算

Bounce 弹跳

但是，我们如果改变了图像文件或者想要处理不同的宽度和高度的图像，该怎么办呢？好在，Pygame 的 pygame.image 类中有一个方便的函数可供图片变量 picture 使用。picture.

get_width( ) 返回了变量 picture 中所存储的 pygame.image 图像的宽度（以像素为单位）。我们可以使用这个函数，而不是在程序中直接编程以至于只能够处理宽度为 100 像素的图像。类似的，picture.get_height( ) 给出了 picture 中存储的图像的高度（以像素为单位）。

我们可以使用如下的语句，来测试图像 picture 是否跑到屏幕的右边界之外。

```
if picture_x + picture.get_width() >= 600:
```

换句话说，如果图片的起始的 x 坐标加上图片的宽度，比屏幕的宽度还要大，我们知道，图片超出了屏幕的右边界，我们可以改变图像移动的方向。

改变方向

从屏幕的边界"弹跳"开，意味着在碰到了边界之后，朝着相反的方向移动。图像移动的方向，是通过更新 picture_x 和 pixture_y 来控制的，在较早的 Smile-Move.py 中，每次执行 while 循环的时候，我们只是使用如下代码给 picture_x 和 picture_y 增加 1 个像素。

```
picture_x += 1
picture_y += 1
```

然而，这些代码行使得图像每次向右和向下移动 1 个像素，没有"弹跳"或者方向的改变，因为我们并没有改变给 picture_x 和 picture_y 增加的数值，这两行代码意味着我们保证以每一帧 1 个像素的速度向右和向下移动图片，在每一帧中都是如此，即使笑脸已经离开了屏幕。

我们可以把这个常量 1 修改为表示速度（speed）的一个变量，也就是图像在每一帧中应该移动的像素数。速度是在一段时间中移动的量。例如，以较高的速度移动的汽车能够在很短的时间内移动很远，而一只蜗牛在同样的时间段内则以很低的速度移动。在程序的设置部分中，我们可以定义一个名为 speed 的变量，来表示想要在每一帧中移动的像素的数量。

```
speed = 5
```

然后，我们在游戏循环中必须做的，只是在每一次执行循环的时候，用新的 speed 变量（而不是常量 1）来修改 picture_x 和 picture_y。

```
picture_x += speed
picture_y += speed
```

在 Smile-Move.py 程序中，对于每秒 60 帧的速度来说，1 帧移动 1 个像素有点慢了，因此，我们将速度增加到 5，使其移动得快一些，但是还是没有从屏幕的右边界弹回，只是更快地移动到屏幕之外，因为当碰到屏幕的右边界的时候，speed 变量并没有改变。

我们可以通过增加碰撞逻辑来解决最后这个问题，也就是说，检测看看是否碰到屏幕的左边和右边的假想的边界。

```
if picture_x <= 0 or picture_x + picture.get_width() >= 600:
    speed = -speed
```

首先，我们通过查看 picture_x 是否试图在一个负的 x 坐标值上绘制（当 x<0 的时候，已经离开了左边屏幕），或者 picture_x+pic.get_width( ) 之和是否大于屏幕的 600 像素的宽度（意味着图像的起始 x 坐标加上其宽度已经超出了屏幕的右边界），从而检查屏幕的左边界和右边界。如果这两种情况中的任何一种出现，我们知道已经跑得太远了，需要修改移动的方向。

当我们进行的两个边界测试中有任何一个为 True 的时候，注意一下需要使用的技巧，通过设置 speed=-speed，我们在 while 循环中将 speed 乘以 -1，或者说让它成为自己的负值，从而修改移动的方向，我们可以按照这种方式来思考，如果保持 speed 等于 5 来进行循环，直到 picture_x 加上图像的宽度碰到了位于 600 像素的屏幕右边界（picture_x+picture-get_width( )>=600），那么设置 speed=-speed 将会把 speed 从 5 修改为 -5，随后，在下一次循环时候，无论我们何时修改 picture_x 和 picture_y，都会给当前位置增加 -5。这相当于从 picture_x 和 picture_y 中减去 5，或者说朝着屏幕的左边和上边移动。如果这么做有效，笑脸现在将会从屏幕的右下角弹跳回来并且开始向后退，一直到达屏幕的左上角（0，0）的位置。

但是，这还没有结束！因为 if 语句还检查了左侧屏幕边界（picture_x<=0），当笑脸看上去已经碰到了屏幕的左边缘，它会再次将 speed 修改为 -speed。如果 speed 是 -5，它会将其修改为 -（-5）或 +5。因此，如果负的 speed 变量导致笑脸在每一帧中向左边和上边移动 5 个像素的话，一旦 picture_x<=0 而碰到了屏幕的左边界，speed=-speed 又将会把 speed 变回为 5 并且笑脸将会再次开始向右和向下移动，即沿着 x 和 y 的正方向。

整合

我们尝试一下编写一个 Smile-Bounce.py，看看笑脸从窗口的左上角弹跳到右下角然后再次弹跳回来，绝不会离开绘制屏幕。

```python
import pygame    # 导入pygame

pygame.init()    # 初始化pygame
screen = pygame.display.set_mode([600,600])    # 创建一个宽800，高600的显示窗口

game_going = True    # 创建游戏循环变量
picture = pygame.image.load("smile.bmp")
picture =  pygame.transform.scale(picture,(80,80))
colorkey = picture.get_at((0,0))
picture.set_colorkey(colorkey)
picture_x = 0
picture_y = 0
BLACK = (0,0,0)

timer = pygame.time.Clock()    # 创建time变量
speed = 5

while game_going:
    for event in pygame.event.get():
        if event.type == pygame.QUIT:
            game_going = False

    picture_x += speed
    picture_y += speed

    if picture_x <= 0 or picture_x + picture.get_width() >= 600:
        speed = -speed



    screen.fill(BLACK)
    screen.blit(picture, (picture_x,picture_y))
    pygame.display.update()
    timer.tick(60)

pygame.quit()
```

通过这个程序，我们创建了一个看上去平滑的动画，一个笑脸在正方形的绘制窗口的两个角落之间来回弹跳。我们能够精确地实现这一效果，是因为窗口是一个标准的正方形，大小为 600×600，而且我们总是以相同的量（speed）来修改 picture_x 和 picture_y 的值，

笑脸只是在 x=y 的对角线上移动。通过将图像保持在这一简单的路径之上，我们只需要检查 picture_x 是否超过了屏幕的左边缘和右边缘的边界值。

如果我们想要在屏幕所有 4 个边界（上下左右）弹回，并且窗口不是一个标准的正方形，假设是 800×600 像素，那该怎么办呢？我们需要添加一些逻辑来检查 picture_y 变量，看看它是否超过了上边界或下边界（屏幕的顶部和底部），同时还需要分别记录水平速度和垂直速度。我们下面就来这么做。

11.2.4 来回弹跳的笑脸

在 Smile-Bounce.py 中，我们保持水平移动（左右移动）和垂直移动（上下移动）锁定一致，这样，无论何时图像向右移动，它也都会向下移动，而且当它向左移动的时候，它就会向上移动。对于正方形的窗口来说，这工作得很好，因为屏幕的宽度和高度都是相同的。我们来构建一个示例，创建一个在绘制窗口的 4 个边上都会逼真地弹回的弹跳动画。我们使用 screen=pygame.display.set_mode([800，600]) 将窗口的大小设置为 800×600 像素，以使得动画更加有趣。

（1）水平速度和垂直速度

首先，人们来区分一下速度在水平方向和垂直方向上的分量。换句话说，我们创建一个速度变量 speed_x 表示水平方向上的速度（图像向右或向左移动地得有多快），用另一个速度变量 speed_y，表示垂直方向上的速度（图像向上或向下移动得有多快），我们可以通过在 App 的设置修改 speed=5 来初始化一个 speed_x 和 speed_y，如下所示。

```
speed_x = 5
speed_y = 5
```

在游戏循环中，我们可以修改图像位置的更新。

```
picture_x += speed_x
picture_y += speed_y
```

我们将 picture_x（水平位置或 x 位置）修改 speed_x（水平速度）那么多，将 picture_y（垂直位置或 y 位置）修改 speed_y（垂直速度）那么多。

（2）碰撞四面墙

最后一部分是搞清楚屏幕的 4 个边中每一边的碰撞检测的边界（除了左右，还有上下）。首先，我们修改左右边界以匹配新的屏幕大小（800 像素的宽度）并且使用新的水平速度 speed_x。

```
if picture_x <= 0 or picture_x + picture.get_width() >= 800:
    speed_x = -speed_x
```

注意，左边缘边界的情况保持相同，还是 picture_x<=0，因为当 picture_x 位于屏幕左边的时候，0 仍然是左边的边界值。然而这一次，右边缘边界的情况变为 picture_x+picture.get_width()>=800，因为屏幕现在是 800 像素的宽度，图像仍然从 picture_x 开始，向右绘制其完整的长度。因此，当 picture_x+picture.get_width() 等于 800 的时候，笑脸看上去碰到了绘制窗口的右边缘。

我们稍微修改一下左边界和右边界所触发的行为，从 speed=-speed 修改为 speed_x= -speed_x。现在有了两个速度分量，同时 speed_x 将控制左右方向的速度（speed_x 的负值将会把笑脸向左移动，而正值将会向右移动）。因此，当笑脸碰到屏幕的右边界的时候，我们将 speed_x 变为负值，使图像开始向左后退，同样当它碰到屏幕的左边界的时候，我们将 speed_x 再变回为一个正值，使得图像重新开始向右移动。

让我们对 picture_y 做同样的事情。

```
if picture_y <= 0 or picture_y + picture.get_width() >= 600:
    speed_y = -speed_y
```

要测试笑脸是否已经碰到屏幕的顶部，我们使用 picture_y<=0，这类似于针对屏幕左边缘的 picture_x<=0。要搞清楚笑脸是否碰到了屏幕的底部，我们需要知道绘制窗口的高度（600 像素）以及图像的高度（picture.get_height()），同时需要看看图像的上边缘 picture_y，加上图像的高度 picture.get_height()，其和是否超过了屏幕的高度 600 像素。

如果 Picture_y 跑到了上边界或下边界之处，我们需要修改垂直速度的方向（speed_y=-speed_y）。这使得笑脸看上去好像是从窗口下边界弹回并继续朝上移动，或者从上边界弹回后继续向下移动。

（3）整合

当把整个程序一起放入到 Smile-Bounce.py 中，我们就得到了一个逼真的弹跳的球的效果，只要运行这个程序，笑脸能够从屏幕的所有 4 个边界跳回去。

```
import pygame   # 导入pygame

pygame.init()   # 初始化pygame
screen = pygame.display.set_mode([800,600])   # 创建一个宽800，高600的显示窗口

game_going = True    # 创建游戏循环变量
picture = pygame.image.load("smile.bmp")
picture =  pygame.transform.scale(picture,(80,80))
colorkey = picture.get_at((0,0))
picture.set_colorkey(colorkey)
picture_x = 0
picture_y = 0
#BLACK = (0,0,0)

timer = pygame.time.Clock() # 创建time变量

speed_x = 5
speed_y = 5

while game_going:
    for event in pygame.event.get():
        if event.type == pygame.QUIT:
            game_going = False

    picture_x += speed_x
    picture_y += speed_y

    if picture_x <= 0 or picture_x + picture.get_width() >= 800:
        speed_x = -speed_x

    if picture_y <= 0 or picture_y + picture.get_width() >= 600:
        speed_y = -speed_y


    screen.fill(BLACK)
    screen.blit(picture, (picture_x,picture_y))
    pygame.display.update()
    timer.tick(60)

pygame.quit()
```

这个弹跳看上去很逼真。如果笑脸以 45° 角向下和向右的方式到达底部边界，它会沿着向上和向右 45° 角的方向弹起，我们可以用不同的 speed_x 和 speed_y 值来体验一下（例如 3 和 5，或者 7 和 4），看看每次弹跳的角度变化。如下图所示。

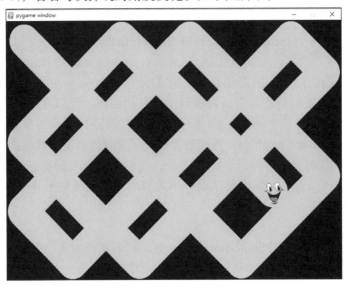

为了好玩，我们可以尝试注释掉 Smile-Bounce.py 中的 screen.fill（BLACK），看看笑脸从屏幕上的每一个边界弹回时所经过的路径。当要注释掉一行的时候，我们通过在该行的开头处置一个井号，将这一行变为注释，如下所示。

```python
import pygame   # 导入pygame

pygame.init()   # 初始化pygame
screen = pygame.display.set_mode([800,600])   # 创建一个宽800，高600的显示窗口

game_going = True   # 创建游戏循环变量
picture = pygame.image.load("smile.bmp")
picture =  pygame.transform.scale(picture,(80,80))
colorkey = picture.get_at((0,0))
picture.set_colorkey(colorkey)
picture_x = 0
picture_y = 0
#BLACK = (0,0,0)

timer = pygame.time.Clock() # 创建time变量

speed_x = 5
speed_y = 5

while game_going:
    for event in pygame.event.get():
        if event.type == pygame.QUIT:
            game_going = False

    picture_x += speed_x
    picture_y += speed_y

    if picture_x <= 0 or picture_x + picture.get_width() >= 800:
        speed_x = -speed_x

    if picture_y <= 0 or picture_y + picture.get_width() >= 600:
        speed_y = -speed_y
```

```
#screen.fill(BLACK)
screen.blit(picture, (picture_x, picture_y))
pygame.display.update()
timer.tick(60)

pygame.quit()
```

这告诉程序忽略掉该行的这一条指令。现在每次绘制笑脸之后，屏幕不会探险。我们会看到一种在动画的后面留下痕迹的样式，如图 11-9 所示。由于每一个新的笑脸都绘制在之前的笑脸之上的，结果看上去很酷，就像是在绘制一种老式的 3D 屏幕保护图片。

图 11-9   将每一帧之后清除屏幕的代码行注释掉后笑脸

运行程序将会留下一个弹跳痕迹。碰撞检测逻辑允许我们创建出真实的笑脸在真实绘制屏幕的 4 个边上弹回的动画。这是最初版本的一个改进，最初的版本只能够让笑脸消失而被人们遗忘。当我们要创建的游戏允许用户和屏幕上的对象交互并使这些对象看上去好像是在彼此交互（就像 Teris 游戏一样），这时候，我们就要用到和这里所构建相同的碰撞检测和边界检测。

11.3
小结

在本章中，我们学习了如何随着时间的推移在屏幕上的不同位置绘制图像以创建动画。我们看到 Pygame 模块如何使编写游戏 App 或动画更快，因为它拥有数百个函数，能够很容易地做到游戏中几乎所有的事情，从绘制图像到创建基于定时器的动画，甚至是碰撞检测，我们在计算机上安装了 Pygame，以便能使用其功能创建自己的、有趣的 App。我们学习了可以用 Pygame 构建的一款游戏或 App 的结构，包括一个设置部分，一个处理事件、更新和绘制图像然后更新显示的游戏循环以及最后的一个退出的部分。

我们通过在屏幕上选定的位置绘制一个简单的、绿色的点，开始了 Pygame 编程，但是很快我们可将硬盘上的保存在和程序相同目录下的一幅图片，绘制到屏幕之上，我们了解了 Pygame 拥有一个和 Turtle 库不同的坐标系统，其原点（0，0）位于屏幕的左上角并且向下移动的时候坐标值为正值。

我们还学习了如何通过将对象绘制于屏幕上，清除屏幕，然后在一个略微不同的位置绘制该对象来创建动画。我们看到 pygame.time.Clock( ) 对象能够限制每秒钟绘制动画的次数，从而使得动画更平稳，这个速率叫作帧速率（fps）。

我们构建了自己的碰撞检测来检查对象和屏幕的边缘的"碰撞"，然后添加了逻辑，通过修改对象的速度或速率变量的方向（将其和 -1 相乘）来改变对象的方向，使它们看上去好像是弹回来一样。

通过编写本章中很酷的 App，我们应该能做以下这些事情：

◆ 安装 pygame 模块并且在自己的程序中使用它；

◆ 说明一个 pygameApp 的结构（包括设置、游戏循环和退出）；

◆ 构建一个游戏循环来处理事件、更新和绘制图形以及更新显示；

◆ 使用 pygame.draw 函数将图形绘制到屏幕；

◆ 使用 pygame.image.load( ) 从硬盘加载图像；

◆ 使用 bit( ) 函数将图像和对象绘制到屏幕；

◆ 通过在屏幕上不同的位置重复绘制对象来创建动画；

◆ 使用 pygame.time.Clock 定时器的 tick( ) 函数限制动画中每秒的帧数使得动画更加平滑、清晰和可预期；

◆ 构建 if 逻辑来检测边界情况来做出碰撞检测（例如，一个图形碰撞到屏幕边界的情况）；

◆ 通过修改从一帧到下一帧在 x 和 y 方向上的移动量从而控制对象在屏幕上水平移动和垂直移动的速率。

## 第 12 章

互动式游戏

在本章中，我们将学习在游戏中和动画对象进行交互，尝试能够在游戏运行的时候，通过点击、拖动、移动、按下或弹起屏幕上的对象，来影响和控制这些元素。在上一章中，我们使用了一些 Pygame 库的功能在屏幕上绘制形状和图像。我们还能够随着时间流逝在不同的位置绘制图形来创建动画。

在下面的游戏中我们将使用 Pygame 的功能来处理来自鼠标的用户交互并且让程序变得对用户更具有交互性和更有参与感。交互式程序给了我们在 App 和游戏中进行控制的感觉，因为我们可以移动程序中的一个角色或对象，或者与其交互。

12.1
点击和拖动

如何开发允许用户在屏幕上交互地拖动的程序，来添加用户交互呢？首先，我们在 Pygame 的基础上构建例如处理鼠标按钮点击这样的事件，设计它为允许用户在屏幕上拖动点。然后，我们添加逻辑来分别处理鼠标按钮按下和释放，允许用户拖动鼠标并按下鼠标按钮进行绘制，就像一个绘图程序一样。

12.1.1　点击

下面我们来构建程序，把它命名为 Dots.py，在程序中设置、游戏循环和退出。不同于上一章中的程序，在 Dots.py 中我们将增加 if 语句以处理鼠标点击。并且把这个功能添加到游戏循环中的事件处理部分。

首先在 Dots.py 中初始化 pygame，创建一个宽 800，高 600 的显示窗口，设置标题为 Click to draw。设置部分和往常一样，我们从 import pygame 和 pygame.init( ) 开始，然后创建了一个 screen 对象作为绘制窗口显示。然而这一次，我们使用 pygame.display.set_ caption( ) 给窗口添加了一个标题（title 或 caption）。这个标题让用户知道这个程序是什么。传递给 set_caption( ) 的参数是一个字符串，表示出现在窗口左上角的标题栏上的文本，具体实现详见下面的几行代码。

```
import pygame    # 导入pygame

pygame.init()    # 初始化pygame
screen = pygame.display.set_mode([800,600])    # 创建一个宽800，高600的显示窗口
pygame.display.set_caption("Click to draw")
```

接下来我们设置过程的其他部分，创建游戏循环变量 game_going，设置一个颜色常量（在这个程序中我们将用绿色进行绘制）并且为绘制的绿色的点设置了一个半径 radius。下面我们来绘制一个笑脸吧。详见图 12-1。

```
game_going = True    # 创建游戏循环变量
GREEN = (0,255,0)
radius = 15
```

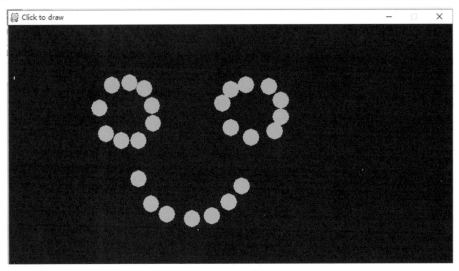

图 12-1　Dots.py 顶部的标题栏告诉用户"**Click to draw**"

下面我们来创建循环部分，并且来设置处理鼠标事件。在游戏循环中，我们需要创建鼠标的动作处理代码以及程序停止代码，即程序什么时候停止以及如何处理鼠标按钮按下。

```
import pygame    # 导入pygame

pygame.init()    # 初始化pygame
screen = pygame.display.set_mode([800,600])    # 创建一个宽800，高600的显示窗口
pygame.display.set_caption("Click to draw")

game_going = True    # 创建游戏循环变量
GREEN = (0,255,0)
radius = 15

while game_going:
    for event in pygame.event.get():
1       if event.type == pygame.QUIT:
            game_going = False
2       if event.type == pygame.MOUSEBUTTONDOWN:
3           spot = event.pos
4           pygame.draw.circle(screen,GREEN,spot,radius)
```

在 1 处，if 语句处理事件 pygame.QUIT，我们通过将循环 game_going 变量设置为 False。

在 2 处，if 语句处理一种新的事件类型，即 pygame.MOUSEBUTTONDOWN 事件，该事件告诉我们用户按下了鼠标按钮之一。无论何时，当用户按下一个鼠标按钮，这个事件将会出现在程序从 pygame.event.get( ) 获取的事件列表之中。

在 3 处，我们可以使用 2 处一条 if 语句来检测该事件并告诉程序当这个事件发生的时候该做什么。我们创建一个名为 spot 的变量来保存鼠标位置的 x 和 y 坐标。我们可以使用 event.pos 来获取鼠标点击事件的位置。event 是 for 循环中的当前事件。if 语句只是验证这个特定的事件的类型是 pygame.MOUSEBUTTONDOWN 并且鼠标事件有一个 pos 属性（在这个例子中是 event.pos）存储了（x，y）坐标对，它告诉我们这一事件发生在何处。

在 4 处，我们知道了用户在屏幕上点击鼠标按钮的位置然后程序在 sreen surface 上绘制一个填充的圆，使用在设置部分给出的 GREEN 颜色，圆心的位置在 spot，radius 是在设置部分设定的 15。

最后我们需要做的唯一的事件，就是更新显示并告诉程序在退出的时做些什么，如下是 Dots.py 的完整程序。

```python
import pygame  # 导入pygame

pygame.init()  # 初始化pygame
screen = pygame.display.set_mode([800,600])  # 创建一个宽800，高600的显示窗口
pygame.display.set_caption("Click to draw")

game_going = True  # 创建游戏循环变量
GREEN = (0,255,0)
radius = 15

while game_going:
    for event in pygame.event.get():
        if event.type == pygame.QUIT:
            game_going = False
        if event.type == pygame.MOUSEBUTTONDOWN:
            spot = event.pos
            pygame.draw.circle(screen,GREEN,spot,radius)
    pygame.display.update()

pygame.quit()
```

上面这个简短的程序可以实现用户每次点击鼠标时绘制一个点。如果想要在按下鼠标按钮的时候拖动鼠标以进行连续绘制，我们只需要再处理另外一种类型的鼠标事件 pygame.MOUSEBUTTONUP 就可以了。让我们来尝试一下。

12.1.2 利用拖动进行绘制

现在，让我们创建一个更加自然的绘制程序 Lines.py，它允许用户点击并拖动来平滑地绘制，就像是使用笔刷一样。我们将得到一个平滑的，可交互的绘制 App，如图 12-2 所示。

在 Dots.py 中，在鼠标按钮点击事件的位置绘制了一个圆，以此来处理 MOUSEBUTTONDOWN 事件。在此基础上修改程序的逻辑，要想连续地绘制，我们需要识别 MOUSEBUTTONDOWN 和 MOUSEBUTTONUP 这两个事件，在点击鼠标按钮时区分为按下（press）和释放（release）。换句话说，我们想要知道什么时候是鼠标拖动（在按下的同时），而什么时候只是移动而按钮没有按下。

图 12-2　Lines.py 程序绘制 hello

　　下面我们来创建一个新的布尔型标志变量 mouse_down，用来区分鼠标按下和释放。当用户按下鼠标按钮的时候，我们可以将布尔变量 mouse_down 设置为 True，而当用户释放了鼠标按钮的时候，将其设置为 False。在游戏循环中，如果鼠标按钮按下（换句话说，当mouse_down 为 True 的时候），我们可以获取鼠标的位置并在屏幕上绘制一个圆。如果程序足够快，绘制应该是平滑的，就像是一个笔刷 App 中一样。

　　代码的设置部分如下所示。

```
   import pygame   # 导入pygame

   pygame.init()   # 初始化pygame
   screen = pygame.display.set_mode([800,600])   # 创建一个宽800，高600的显示窗口
1  pygame.display.set_caption("Click and drag to draw")

   game_going = True    # 创建游戏循环变量
2  GREEN = (0,255,0)
   radius = 15
3  mouse_down = False
```

　　这个设置部分和 Dots.py 中的很相似，但是还是有区别的。

　　在 1 处，使用了不同的窗口标题 "Click and drag to draw"。

　　在 2 处，使用 GREEN 进行绘制，这点跟 Dots.py 中相同。

　　在 3 处，增加布尔变量 mouse_down 标志变量，告诉程序鼠标按钮按下。

　　接下来，我们给游戏循环添加事件处理程序——处理鼠标按下和释放。如果用户保持按下鼠标的话，这些事件处理程序将会把 mouse_down 设置为 True，否则的话，将其设置为False。游戏循环的代码如下所示：

```
   while game_going:
       for event in pygame.event.get():
           if event.type == pygame.QUIT:
               game_going = False
1          if event.type == pygame.MOUSEBUTTONDOWN:
2              mouse_down = True
3          if event.type == pygame.MOUSEBUTTONUP:
4              mouse_down = False
5      if mouse_down:
6          spot = pygame.mouse.get_pos()
7          pygame.draw.circle(screen,GREEN,spot,radius)
8      pygame.display.update()
```

这个游戏循环和其他 Pygame App 的游戏循环开始一样。

在 1 处，当检查用户是否按下鼠标的一个按钮。

在 2 处，如果鼠标按下，我们将 mouse_down 变量设置为 True，而不是立即绘制，这是程序需要开始绘制的标志。

在 3 处，if 语句检查用户是否释放了鼠标按钮。

在 4 处，如果释放了鼠标按钮代码行将会把 mouse_down 修改回 False。这将让游戏循环知道，当鼠标按钮释放的时候停止绘画。

在 5 处，for 循环结束（可以通过缩进看到这一点），同时通过检查鼠标按钮当前是否按下以继续游戏 while 循环（也就是说，如果 mouse_down 是 True 的话，就继续游戏循环）。如果鼠标按钮是按下的，鼠标当前被拖动，因此，我们允许用户在 screen 上绘制。

在 6 处，我们使用 spot=pygame.mouse.get_pos() 直接获取鼠标的当前位置，而不是提取上一次点击的位置，因为我们想要在用户拖动鼠标的所有地方都绘制，而不只是在第一次按下鼠标的位置绘制。

在 7 处，我们在 screen surface 上绘制当前的圆，通过 GREEN 指定的颜色、在鼠标当前拖动的（x，y）位置（spot）绘制，圆的 radius 是在代码的设置部分所指定的 15。

在 8 处，我们使用 pygame.display.update() 更新显示窗口，从而完成游戏循环。最后，像往常一样使用 pygame.quit() 来结束游戏。如下是完整的程序。

```
import pygame    # 导入pygame

pygame.init()    # 初始化pygame
screen = pygame.display.set_mode([800,600])    # 创建一个宽800，高600的显示窗口
pygame.display.set_caption("Click and drag to draw")

game_going = True    # 创建游戏循环变量
GREEN = (0,255,0)
radius = 15
mouse_down = False

while game_going:
    for event in pygame.event.get():
        if event.type == pygame.QUIT:
            game_going = False
        if event.type == pygame.MOUSEBUTTONDOWN:
            mouse_down = True
        if event.type == pygame.MOUSEBUTTONUP:
            mouse_down = False
    if mouse_down:
        spot = pygame.mouse.get_pos()
        pygame.draw.circle(screen,GREEN,spot,radius)
    pygame.display.update()

pygame.quit()
```

运行 Lines.py 可以感受到很快并且响应性很好，几乎让我们感到是在用连续的笔刷绘制，而不是用一系列的点绘制；我们必须很快地拖动鼠标才能看到分别绘制的点。Pygame 可以构建出更快且更流畅的游戏和动画，相比于前面使用海龟作图所绘制的图像，绘画感受更美好。

在每次执行 while 循环的时候，即便 for 循环处理了每一个事件，Pygame 还是足够高效，

可以每秒钟执行数十次甚至是上百次这样的操作。这就造成一个假象，好像每次移动和命令都会立即得到行动和响应，而这点在构建动画和交互式游戏的时候很重要。Pygame 能够应付这一挑战，当我们需要密集使用图形的时候，它是很好的选择。

12.2
笑脸爆炸

下面我们创建一个新的程序并命名为 Smiley-Explosion.py。它允许用户点击拖动来创建数以百计的、随机大小的、弹跳的笑脸，在随机的方向上以随机的速度移动，从而将弹跳的笑脸程序带到了一个有趣的、新的层级。效果如图 12-3 所示。我们将一步一步地构建这个程序，并且在后面给出最终的版本。

从图 12-3 中可以看到，在任何给定的时间，将有数十个到上百个笑脸气球在整个屏幕上来回弹跳，因此，我们需要快速而平滑地绘制图形，才能达到每帧有数百个对象。为了做到这一点，我们要向工具箱中再添加一项工具，这就是精灵图形。

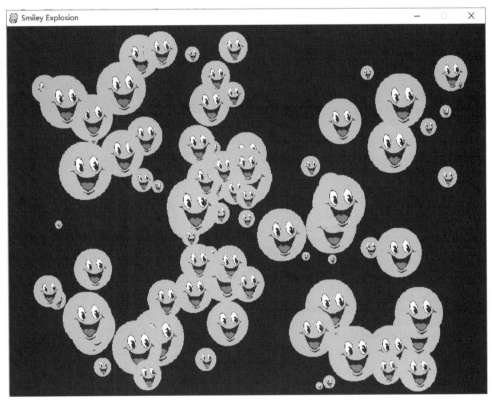

图 12-3　充满整个屏幕的弹跳笑脸气球大爆炸

12.2.1　笑脸精灵

首先我们先来学习一下类和对象的更多知识。类好比曲奇饼模子，对象就像是使用特定的曲奇饼模子制作的曲奇饼，无论何时，当我们需要具有类似的功能和特征的数个物品的时候，就比如本章中具有不同的大小和位置的、移动的笑脸图像，特别是需要每一项都包含不同的信息的时候，就比如每个笑脸的大小、位置和速度都不同，类都能够提供一个模板来创建我们想要的那么多个对象。我们说对象是一个特定的类的实例（instance）。

在以前 Clock 类中，tick( ) 方法是让动画以一个特定帧速率运行的函数。Pygame 库有10 多个可以重用的类并且每个类都有自己的方法（method，这是我们对类的函数的称呼）、属性（attribute）和数据（data），后者是在每个对象中存储的变量和值。对于这个飘移的笑脸精灵对象，我们关心的属性是每一个笑脸在屏幕上的位置、大小以及在 x 和 y 方向上移动的速度，因此，我们将创建一个带有这些属性的 Smiley 类。当需要一个可重用的模板的时候，我们可创建自己的类。

将一个问题或程序分解为对象，然后构建对象的类，这是面向对象编程（Object-oriented programming）的基础。面向对象编程就是使用对象来解决问题的一种方法。这是软件开发中最常用的方法，并且它之所以如此流行，原因之一就是代码重用的概念。可重用性（reusability）意味着，一旦针对一个编程项目编写了一个有用的类，我们通常可以在另一个程序中重用这个类而不是重新开始编写。

在本章中使用了 pygame.sprite.Sprite 类，包含了对精灵图形的支持。类就像是一个模板，能够用来创建可重用的对象，每个对象都有自己的一组函数和属性。在前面的学习中我们使用了 Clock 类及其 tick( ) 方法，使动画变得平稳而可预期。在笑脸爆炸代码中，我们使用了几个方便 Pygame 类并且构建自己的一个类，以便每一个单个的笑脸在屏幕上移动的时候能够记录下来。

术语精灵（sprite）可以追溯到电子游戏的早期时代。在屏幕上移动的图形化对象叫作精灵，因为它们在背景之上飘移，就像它们的名称所代表的想象中的神话精灵。这些轻巧、快速的精灵图形，能够实现快速而平滑的动画，也使得电子游戏如此流行。

Pygame 中的 Sprite 类就是一个很好的例子。Pygame 团队编写了这个 Sprite 类，包含在编写一个游戏对象的时候所需的很多功能。通过使用 Sprite 类，像我们这样的程序员不再需要编写所有的基本代码，如把一个对象绘制到屏幕上，检测对象何时与另一个对象发生碰撞等。Sprite 类为我们处理了很多这样的功能，而我们可以在此基础之上，专注于构建自己的设计的独特的品质。

我们要使用的另一个方便好用的 Pygame 类是 Group 类。Group 是一个容器（container）类，允许我们将 Sprite 对象作为一组存储在一起。Group 类帮助我们将所有的精灵保存在一个地方（通过一个单个的 Group 对象来访问），而且当我们有几十个甚至可能有上百个精灵在屏幕上移动的时候，这一点很重要。Group 类还有方便的方法，可以更新一组中的所有的精灵（例如，在每一帧中将 Sprite 对象移动到每一个新的位置），添加新的 Sprite 对象，从 Group 中删除 Sprite 对象，等等。让我们看看如何使用这些类来构建笑脸爆炸 App。

下面我们使用类来构建，我们打算针对笑脸气球创建 Sprite 对象，利用 Sprite 类的属性来产生在屏幕上快速移动的动画，即使是有数百个精灵也可以在同一帧中快速移动。我们提到过，Pygame 还支持成组的精灵，可以作为一个集合全部绘制和处理，这种成组的精灵的类型是 pygame.sprite.Group( )。让我们看看设置部分。

```
     import pygame     # 导入pygame
     import random

     pygame.init()    # 初始化pygame
     screen = pygame.display.set_mode([800,600])   # 创建一个宽800,高600的显示窗口

     pygame.display.set_caption("Smiley Explosion")

     mouse_down = False
     game_going = True    # 创建游戏循环变量

     clock = pygame.time.Clock()
     BLACK = (0,0,0)

     picture = pygame.image.load("smile.bmp")
     picture =  pygame.transform.scale(picture,(80,80))

     colorkey = picture.get_at((0,0))
     picture.set_colorkey(colorkey)
   1 sprite_list = pygame.sprite.Group()
```

在 1 处添加一个名为 sprite_list 的变量,它包含了成组的笑脸精灵。将精灵存储在一个 Group 中,将会使做下面这些事情更快和更容易;在每一帧中将所有的笑脸都绘制屏幕上,在动画的每一步之中移动所有的笑脸,甚至是检查笑脸精灵是否与对象碰撞或者彼此之间有碰撞。

要为复杂的动画和游戏创建精灵对象,我们创建自己的 Sprite 类,它扩展(extend)了 Pygame 的 Sprite 类(构建于其上),添加想要用于定制的精灵的变量和函数。我们将自己的精灵类命名为 Smiley 并且添加用于每个笑脸的位置的变量(position)、笑脸的 x 速率和 y 速度(x_velocity 和 y_velocity,记住,velocity 是表示速度的另一个单词)以及其缩放比例 scale(即每个笑脸有多大)。

```
class Smiley(pygame.sprite.Sprite):
    position = (0,0)
    x_velocity = 1
    y_velocity = 1
    scale = 100
```

我们的 Smiley 类定义以关键字 class 开始,后面跟着想要的类名以及要扩展的类型 (pygame.sprite.Sprite)。

12.2.2 设置精灵

在开始编写 Smiley 类并创建了想要每个笑脸精灵对象记住的数据变量之后,下一步要做的就是初始化(initialization),有时候,这也叫作类的构造方法(constructor)。这是一个特殊的函数,每次在程序中要创建(或构造)Smiley 类的一个新的对象的时候调用它。就像是初始化一个变量的时候给它一个初始化值一样,Smiley 类中的初始化函数(initialization function)_init_() 将设置精灵对象中所需要的所有的初始值。_init_() 函数名两边的两条下划线在 Python 中有特殊的含义。

在这个例子中,_init_() 是用于初始化一个类的特殊函数名。在这个函数中,我们告诉 Python 应该如何初始化每一个 Smiley 对象,而且每次创建一个 Smiley 的时候,这个特殊的 _init_() 函数都会在幕后完成其工作,为每个 Smiley 对象设置变量以及做更多的事情。

在 _init_( ) 函数中我们有一些项需要设置。首先，我们要确定需要将哪些参数传递给 _init_( ) 函数。对于随机的笑脸，我们需要传入一个位置以及开始的 x 和 y 速度。由于 Smiley 是一个类并且所有的笑脸精灵都将是 Smiley 类型的对象，这个类中的所有函数的第 1 个参数将会是笑脸精灵对象自身。我们将这个参数标记为 self，因为它把 _init_( ) 和其他的函数连接到该对象自己的数据。我们来看一下 _init_( ) 函数的代码：

```
   def __init__(self,position,x_velocity,y_velocity):
 1     pygame.sprite.Sprite.__init__(self)
 2     self.image = picture

       self.rect = self.image.get_rect()
 3     self.pos = position
 4     self.rect.x = position[0] - self.scale/2
       self.rect.y = position[1] - self.scale/2
 5     self.xvel = x_velocity
       self.yvel = y_velocity
```

init( ) 函数的 4 个参数对象自身 self，我们想让笑脸显示的位置 position 以及 x_velocity 和 y_velocity，分别是水平速度值和垂直速度值。

在 1 处，我们调用主 Sprite 类的初始化函数，以便我们的对象可以和精灵图形的属性相同，而不需要重新编写它们。

在 2 处，我们把精灵对象的图像（self.image）设置为从硬盘加载的 picture 图形（Smile.bmp，我们需要确保该文件仍然和这个新的程序在同一目录下），同时我们得到包含这个 100×100 的图像的矩形的大小。

在 3 处，语句 self.pos=position 将传递给 _init_( ) 函数的位置存储到对象自己的 pos 变量中。

在 4 处，我们把精灵的绘制矩形的 x 坐标和 y 坐标设置为 pos 中所存储的 x 坐标和 y 坐标，偏移图像大小的一半（self.scale/2）以便笑脸和用户用鼠标点击的位置居中对齐。最后，在 5 处，我们将传递给 _init_( ) 函数的 x 速率和 y 速率存储到对象的 xvel 和 yvel 变量（self.xvel 主 self.yevl）中。

init( ) 构造函数将设置在屏幕上绘制每个笑脸所需的一切内容，但是，它不会处理在屏幕上移动精灵所需的动画。为此，我们要给精灵添加另一个方便的函数 update( )。

12.2.3　更新位置

精灵是为动画而构建的，而且我们已经介绍过，动画意味着在每一帧中更新图片的位置（每次经过游戏循环的时候）。Pygame 精灵有一个内建的 update( ) 函数，我们可以覆盖（override）或定制（customize）这个函数，以使程序按照我们想要的定制精灵的方式行为。

update( ) 函数真的很简单，在每一帧中，弹跳的笑脸精灵的唯一更新，就是根据每个精灵的速度来更改其位置并且检查看其是否与屏幕的边界产生碰撞。

```
   def update(self):
       self.rect.x += self.xvel
       self.rect.y += self.yvel
       if self.rect.x <= 0 or self.rect.x > screen.get_width() - self.scale:
           self.xvel =- self.xvel
       if self.rect.y <= 0 or self.rect.y > screen.get_height() - self.scale:
           self.yvel =- self.yvel
```

updata( ) 函数接受一个参数，也就是精灵对象自身 self，而且移动精灵的代码看上去和 SmileyBounce2.py 中的动画代码很相似。唯一真正的区别是，我们用 self.rect.x 和 self.rect.y 来引用精灵的（x，y）位置，而以 self.xvel 和 self.yvel 引用 x 速率和 y 速率。对屏幕边界的碰撞检测，我们还利用了 screen.get_width( ) 和 screen.get_height( )，以便检测代码能够对任意大小的窗口都有效。

12.2.4　设置大小

我们要给这个 App 的第一个版本添加的最后一项功能，是修改图像的缩放比例（或大小）。我们在 _init_( ) 函数中将 self.image 设置为 picture 之后，进行这一修改。首先，我们将对象的 scale 变量修改为 10-100 的一个随机数字（使得一个完成后的笑脸精灵的大小在 10×10 和 100×100 像素之间）。通过使用 pygame.transform.scale( ) 函数，我们将应用这一修改进行缩放，也叫作变换（transformation），如下所示。

```
   def __init__(self, position, x_velocity, y_velocity):
       pygame.sprite.Sprite.__init__(self)
       self.image = picture

 1     self.scale = random.randrange(10, 100)
 2     self.image = pygame.transform.scale(self.image, (self.scale, self.scale))

       self.rect = self.image.get_rect()
       self.pos = position
       self.rect.x = position[0] - self.scale/2
       self.rect.y = position[1] - self.scale/2
       self.xvel = x_velocity
       self.yvel = y_velocity
```

Pygame 的 transform.scale( ) 函数接受一幅图像（笑脸图形 self.image）和新的大小（新的随机的 self.scale 值作为变换后的图像的宽度和高度），而且它返回缩放的（偏上或偏下，较大或较小的）图像，我们将其存储为新的 self.image。通过最后一项修改，我们现在应该能够使用 Smiley 精灵类将随机大小和速度的笑脸绘制到整个屏幕上，只要使用和 Lines.py 绘制 App 类似的代码，加上少许的修改就可以了。

12.2.5　实际程序

完整的 Smiley Explosion.py App 代码如下。

```
mouse_down = False
game_going = True    # 创建游戏循环变量

clock = pygame.time.Clock()
BLACK = (0, 0, 0)

picture = pygame.image.load("smile.bmp")
picture =  pygame.transform.scale(picture, (80, 80))

colorkey = picture.get_at((0, 0))
picture.set_colorkey(colorkey)

sprite_list = pygame.sprite.Group()

class Smiley(pygame.sprite.Sprite):
    position = (0, 0)
    x_velocity = 1
    y_velocity = 1
    scale = 100
```

```
        def __init__(self,position,x_velocity,y_velocity):
            pygame.sprite.Sprite.__init__(self)
            self.image = picture

            self.scale = random.randrange(10,100)
            self.image = pygame.transform.scale(self.image,(self.scale,self.scale))

            self.rect = self.image.get_rect()
            self.pos = position
            self.rect.x = position[0] - self.scale/2
            self.rect.y = position[1] - self.scale/2
            self.xvel = x_velocity
            self.yvel = y_velocity

        def update(self):
            self.rect.x += self.xvel
            self.rect.y += self.yvel
            if self.rect.x <= 0 or self.rect.x > screen.get_width() - self.scale:
                self.xvel =- self.xvel
            if self.rect.y <= 0 or self.rect.y > screen.get_height() - self.scale:
                self.yvel =- self.yvel

    while game_going:
        for event in pygame.event.get():
            if event.type == pygame.QUIT:
                game_going = False
            if event.type == pygame.MOUSEBUTTONDOWN:
                mouse_down = True
            if event.type == pygame.MOUSEBUTTONUP:
                mouse_down = False

        screen.fill(BLACK)
1       sprite_list.update()
2       sprite_list.draw(screen)
        clock.tick(60)
        pygame.display.update()

        #screen.blit(picture,(picture_x,picture_y))
        if mouse_down:
            speed_x = random.randint(-5,5)
            speed_y = random.randint(-5,5)
3           newSmiley = Smiley(pygame.mouse.get_pos(),speed_x,speed_y)
4           sprite_list.add(newSmiley)

    pygame.quit()
```

SmileyExplosion.py 中的游戏循环的代码和我们的 Lines.py 绘制 App 中的游戏循环类似，只是做了几处显著的修改。

在 1 处，我们在 sprite_list 中所存储的笑脸精灵列表上调用了 update( ) 函数；这一行将会调用更新函数来移动屏幕上的每一个笑脸并检查边缘弹跳。

在 2 处，代码将会在屏幕上把每一张笑脸都绘制到合适的位置。我们只需要两行代码，就实现了动画并且绘制了潜在的数百个精灵，这真是太省力了，而这只是 Pygame 中的精灵图形的一部分功能。

在 mouse_down 绘制代码中，我们生成一个随机的 speed_x 和 speed_y，用于每一个新的笑脸的水平速度和垂直速度。

在 3 处，我们调用 Smiley 类的构建方法，创建一个新的笑脸 newSmiley。注意，任何时候，只要我们想要构造或者创建一个 Smiley 类或类型的新的对象，不必使用函数名 _init_( )；相反地，使用类名 Smiley。我们把鼠标的位置以及刚刚创建的随机的速度传递给构造方法。

在 4 处，我们接受新创建的笑脸精灵 newSmiley 并且将其添加到名为 sprite_list 的精灵组中。

这样我们就创建了一个快速可交互的动画，其中有数十个甚至上百个笑脸精灵图形，像是不同大小的气球一样在屏幕上，以随机的速度，在各个方向上飘荡。在最后对该 App 的升级中，我们甚至将看到更加令人印象深刻和强大的精灵图像功能，它能处理碰撞检测。

12.3
点破气球

作为本章最后的一个示例，我们将给程序添加一项特别有趣的功能，即能够通过点击鼠标右键（或者在 Mac 上按下"control"键并点击），"弹破"笑脸气球。这个效果就像是点破气球游戏，我们能够拖动鼠标左键来创建笑脸气球，通过在一个或多个笑脸精灵上点击鼠标右键弹破它们（即将它们大屏幕上删除）。

12.3.1　检测碰撞和删除对象

好消息是，Pygame 中的 Sprite 类带有内建的碰撞检测。我们可以使用 pygame.sprite. collide_rect( ) 函数来检查包含两个精灵的矩形是否有碰撞；使用 collide_circle( ) 来检测两个圆形的精灵是否有碰撞；而且，如果只是要检测一个精灵是否与单个的点（例如，用户点击鼠标位置的像素）有碰撞，可以使用精灵的 rect.collidepoint( ) 函数，检测精灵是否与屏幕上的该点重叠或碰撞。

如果确定了用户点击的一个点触碰到一个或多个精灵，我们可以调用 remove( ) 函数，从 sprite_list 组中删除每一个触碰到的精灵。我们可以在 MOUSEBUTTONDOWN 事件处理代码中弹破笑脸气球，从而处理所有的逻辑。我们只需要更改如下的两行代码。

```
if event.type == pygame.MOUSEBUTTONDOWN:
    mouse_down = True
```

我们将他们替换为如下的代码：

```
if event.type == pygame.MOUSEBUTTONDOWN:
    if pygame.mouse.get_pressed()[0]:
        mouse_down = True
    elif pygame.mouse.get_pressed()[2]:
        pos = pygame.mouse.get_pos()
        clicked_smileys = [s for s in sprite_list if s.rect.collidepoint(pos)]
        sprite_list.remove(clicked_smileys)
```

MOUSEBUTTONDOWN 的 if 语句保持不变，但是现在，我们感兴趣的是哪一个按钮被按下。

在 1 处，我们检查是否是鼠标左键按下（第 1 个按钮，其索引为 [0]）；如果是这样，打开 mouse_down 布尔标志，游戏循环将会制新的笑脸。

在 2 处，我们看看是否鼠标右键被按下，开始检测鼠标是否在 sprite_list 的一个或多个笑脸上点击。

在 3 处，我们获取鼠标的位置并将其存储到变量 pos 中。

在 4 处，我们使用一种编程快捷方式，生成与用户在 pos 处的点击重叠或碰撞的 sprite_ list 中的精灵的列表。如果 sprite_list 组中的一个精灵 s 有一个矩形和点 pos 碰撞，我们将其

分组到列表 [s] 中并将该列表存储为 clicked_smileys。根据一个 if 条件从一个列表、集合或数组中创建另一个列表、集合或数组，这是 Python 的一项强大的功能，而且，这一功能使得这个 App 的代码变短了很多。

在 5 处，我们在名为 sprite_list 的精灵组上调用方便的 remove( ) 函数。这个 remove( ) 函数与 Python 常规的 remove( ) 函数不同，它会从一个列表或集合删除单个的项。Pygame.sprite.Group.remove( ) 函数将会从列表中删除任意多个精灵。在这个例子中，它将从 sprite_list 删除所有和用户在屏幕上点击的点发生碰撞的精灵。一旦从 sprite_list 删除了这些精灵，当游戏循环中将 sprite_list 绘制到屏幕上的时候，那些被点击的精灵就不会出现在该列表中，由此也不会被绘制。这样看上去好像它们消失了一样，或者说，我们已经像对气球或气泡一样把它们点破了。如图 12-4 所示。

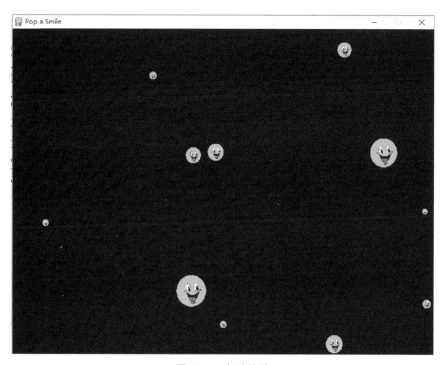

图 12-4　点破笑脸

12.3.2　实际程序

如下是完整的代码。

```
import pygame    # 导入pygame
import random

pygame.init()    # 初始化pygame
screen = pygame.display.set_mode([800,600])    # 创建一个宽800，高600的显示窗口
pygame.display.set_caption("Pop a Smile")

mouse_down = False
game_going = True    # 创建游戏循环变量

clock = pygame.time.Clock()
BLACK = (0,0,0)

picture = pygame.image.load("smile.bmp")
picture =  pygame.transform.scale(picture,(80,80))
```

```
colorkey = picture.get_at((0,0))
picture.set_colorkey(colorkey)

sprite_list = pygame.sprite.Group()

class Smiley(pygame.sprite.Sprite):
    position = (0,0)
    x_velocity = 1
    y_velocity = 1
    scale = 100

    def __init__(self, position, x_velocity, y_velocity):
        pygame.sprite.Sprite.__init__(self)
        self.image = picture

        self.scale = random.randrange(10,100)
        self.image = pygame.transform.scale(self.image, (self.scale, self.scale))

        self.rect = self.image.get_rect()
        self.pos = position
        self.rect.x = position[0] - self.scale/2
        self.rect.y = position[1] - self.scale/2
        self.xvel = x_velocity
        self.yvel = y_velocity

    def update(self):
        self.rect.x += self.xvel
        self.rect.y += self.yvel
        if self.rect.x <= 0 or self.rect.x > screen.get_width() - self.scale:
            self.xvel =- self.xvel
        if self.rect.y <= 0 or self.rect.y > screen.get_height() - self.scale:
            self.yvel =- self.yvel


while game_going:
    for event in pygame.event.get():
        if event.type == pygame.QUIT:
            game_going = False

        if event.type == pygame.MOUSEBUTTONDOWN:
            if pygame.mouse.get_pressed()[0]:
                mouse_down = True
            elif pygame.mouse.get_pressed()[2]:
                pos = pygame.mouse.get_pos()
                clicked_smileys = [s for s in sprite_list if s.rect.collidepoint(pos)]
                sprite_list.remove(clicked_smileys)

        if event.type == pygame.MOUSEBUTTONUP:
            mouse_down = False

    screen.fill(BLACK)
    sprite_list.update()
    sprite_list.draw(screen)
    clock.tick(60)
    pygame.display.update()
    #screen.blit(picture, (picture_x, picture_y))
    if mouse_down:
        speed_x = random.randint(-5,5)
        speed_y = random.randint(-5,5)
        newSmiley = Smiley(pygame.mouse.get_pos(), speed_x, speed_y)
        sprite_list.add(newSmiley)

pygame.quit()
```

还记得吧，我们必须把 Smile.bmp 文件存储到相同的文件夹或目录下，代码才能使其生效。一旦完成了工作，程序将很有趣并且很好玩，很吸引人。我们将学习让游戏变得有趣的游戏设计要素，而且将从头开始构建一个完整的游戏。

12.4
小结

在本章中，我们将用户交互和动画组合起来，创建了划的笑脸爆炸效果，而且使用精灵图像很容易地生成数百个能够快速移动的笑脸图像。我们学习了如何构建自己的 Sprite

类，以便能够为精灵定制我们想要的功能和行为，包括数据变量、初始化函数和一个定制的更新函数。我们还学习了如何在 Pygame 中缩放图像，以便笑脸能够呈现出不同的形状和大小，同时学习了如何利用 pygame.sprite.Group( ) 的优点存储所有的精灵，以便快速地更新和绘制到屏幕上。

在最后的示例中，我们加了基于精灵的碰撞检测，看看用户是否在一个和多个精灵上点击鼠标右键。我们看到如何分别检测鼠标左键上的事件和鼠标右键上的事件。我们了解了 Python 具有强大的功能，能够根据一个 if 条件从列表中选取出项，同时我们看到如何使用 remove( ) 函数从一个 Group 中删除精灵。

我们在本章中创建了有趣的 App，这就是最终完成的 SmileyPop App，我们将让更像是一款游戏。Pygame 给了我们编写令人惊讶的游戏所需的最终的技能。

通过本章的学习，我们具备了完成以下事项的技能：

☆ 通过定制 pygame.sprite.Sprite( ) 类使用精灵图像；

☆ 使用 pygame.sprite.Group( ) 及其函数访问、修改，更新并绘制精灵的列表；

☆ 通过应用 pygame.trasform.scale( ) 函数以像素为单位增加或减小图像大小来变换一幅图像；

☆ 使用 Sprite 类中的 rect.collideppoint( ) 和类似的函数来检测精灵冲突；

☆ 使用 remove( ) 函数从一组中删除精灵。

第三部分

编程进阶

第 13 章

弹球游戏

我们将动画和用户交互组合到一起，创建了有趣的 App。在本章中，我们将基于这些概念来构建并且添加游戏设计的要素，来重新创建一款游戏。我们将把在屏幕上绘制动画的能力和处理用户交互（如鼠标移动）的能力组合起来，创建一款经典的 Pong 类型的游戏，称之为 Smiley Pong。

我们所喜欢玩的游戏都有某些游戏设计的要素。如下是 Smiley Pong 设计的一些分解部分。

玩游戏的区域或游戏板：一个黑色的屏幕，表示一个 Ping-Pong 游戏板的一半。

目标和成就：玩家试图得分并避免丢掉命。

游戏部件（游戏角色和对象）：玩家有一个球和一个挡板。

规则：如果球碰到挡板，玩家得到 1 分；如果球碰到了屏幕的底部，玩家丢掉一条命。

机制：我们使用鼠标来左右移动挡板，守卫屏幕的底部；随着游戏的进行，球将会移动得更快。

资源：玩家将会有 5 条命，或者尽可能多地得分。

游戏使用这些要素来吸引玩家。一款有效的游戏是这些要素的组合，从而使得游戏容易玩并且使获胜有挑战性。

13.1
构建游戏框架

如图 13-1 所示，Pong 是最早的街机游戏之一，可以追溯到 20 世纪 60 年代或 70 年代。在 40 多年以后，它仍然很好玩。

Atati 在 1972 年发布的著名的 Pong 游戏 Pong 的一个玩家版本的游戏逻辑是很简单的，一个挡板沿着屏幕的一边移动（我们将在底部旋转挡板）并且会反弹一个球，在我们的例子中，球就是笑脸。每次玩家击中球，都会得到 1 分，而每次漏掉了球，都会失去 1 分。

图 13-1　Pong 游戏

弹跳的笑脸程序，将作为这款游戏的基础，现在我们已经有了一个平滑的动画笑脸球，它会从窗口的边缘弹跳开，同时我们已经使用了 while 循环使得动画持续，直到用户退出。要制作 Smiley Pong，我们要在屏幕的底部添加一个挡板，它随着鼠标而移动，我们还需要添加一些碰撞检测，以处理当笑脸球碰到了挡板的情况。最后一点修改是，从 0 分和 5 分命开始，当玩家碰到球的时候，给玩家 1 分；当球跑到屏幕底部位置，玩家就丢掉一条命。图 13-2 展示了我们的目标。最终完成的程序在后面给出。

图 13-2　目标完成

13.1.1　绘制游戏部件

在完成的游戏中，挡板将会沿着屏幕的底部移动，在用户试图阻止球碰到底部边界的过程中，挡板随着鼠标移动。

为了让挡板开始工作，我们在设置部分添加如下的信息。

```
WHITE = (255,255,255)
paddlew = 200
paddleh = 25
paddlex = 300
paddley = 550
```

利用这四个变量创建一个挡板宽 200 高 25 的白色矩形。我们想要它左上角的坐标从

（300，550）开始，以便挡板从底部边缘略微上面一点的地方开始，并且在 800×600 的屏幕上居中放置。

下面我们来设计挡板跟随用户的鼠标移动。我们想要将挡板在屏幕上居中旋转，以便在 x 方向上（一边到另一边）移动鼠标的时候，其 y 坐标固定在屏幕底部附近。我们可以使用 pygame.mouse.get_pos( ) 来得到鼠标位置的 x 坐标。在这个例子中，由于我们只关注 get_pos( ) 的 x 坐标并且 x 在鼠标位置的前面，我们可以使用如下命令来得到鼠标的 x 坐标。

```
paddlex = pygame.mouse.get_pos()[0]
```

但是记住，Pygame 开始在我们提供的（x，y）位置绘制一个矩形，而且它将矩形的其他部分绘制于该位置的右边和下边。为了将挡板和鼠标的位置居中对齐，我们需要多鼠标的 x 位置减去挡板的宽度的一半，将鼠标位置刚好放在挡板的中间。

```
paddlex -= paddlew/2
```

现在，我们知道了挡板的中心总是鼠标所在的位置，在游戏循环中，需要做的只是在屏幕上绘制挡板矩形了。

```
pygame.draw.rect(screen, WHITE, (paddlex, paddley, paddlew, paddleh))
```

如果在 while 循环中 pygame.display.update( ) 前面添加了前面 3 行代码，而且在设置部分添加挡板颜色，paddlew、paddleh、paddlex 和 paddley。我们将会看到挡板跟随鼠标而移动。下一步我们将添加测试球是否和挡板碰撞的逻辑，如果不增加这部分内容,球是不会从挡板上弹开的。

13.1.2　记录分数

记录分数是使游戏变得有趣的一部分，分数、生命值，不管我们使用什么来记录分数，当看到分数增加的时候，总会带来一种成就感。在 Smiley Pong 游戏中，每次球碰到挡板的时候，我们让用户获得 1 分，当用户漏掉了球并且球碰到了屏幕的底部，用户会丢掉一条命。下一个任务是添加逻辑让球从挡板上弹开并且得 1 分，而当球碰到屏幕的底部的时候，把玩家的命减去一条。图 13-3 展示了玩家获得了一些分数之后游戏的样子。

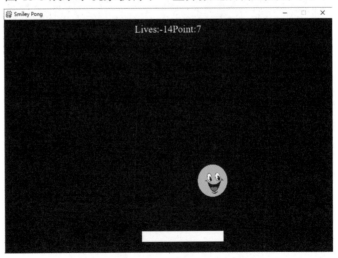

图 13-3　笑脸球从底部的挡板弹跳开时我们将给玩家增加分数

正如前面所提到的，在代码的设置部分中，我们将游戏刚开始的时候设置为 0 分和 5 条命。

```
points = 0
lives = 5
```

接下来，我们必须搞清楚何时增加分数以及何时减少命数。

● 减少命数

我们从减少命数开始。如果球碰到了屏幕的底部，我们知道，玩家的挡板已经漏掉了球，因此，它们应该会失去一条命。

要添加逻辑使球碰到屏幕的底部时减去一条命，我们必须将 if 语句分为两个部分，分别针对碰到屏幕顶部和碰到屏幕底部的情况（if picture_y<=0 or picture_y>=500）。如果球碰到了屏幕的顶部（picture_y<=0）。我们只需要将其弹跳回来，因此，我们使用 -speed_y 修改球在方向的速度的方向。

```
if picture_y <= 0:
    speed_y = -speed_y
```

如果球碰到底部（picture_y>=500），我们想要从 lives 中减去一条命，然后让球弹跳回去。

```
if picture_y >= 500:
    lives -= 1
    speed_y = -speed_y
```

减去一条命的部分完成了，我们现在需要来增减分数。我们看到了 Pygame 包含了使得检测碰撞更为容易的函数。但是，由于我们要从头开始构建这个 Smiley Pong 游戏，让我们看一下如何能够编写自己的代码来检查冲突。

● 用挡板碰撞球

要检查球是否从挡板弹跳开，我们需要看看球如何与挡板发生接触。它可能碰到挡板的左上角，也能碰到挡板的右上角，或者，它可能直接从挡板的顶部弹跳起来。

当我们搞清楚了逻辑并检测了碰撞，将其绘制到纸面上，然后标记出我们需要检查的可能碰撞的角落和边，这么做是有帮助的。图 13-4 展示了挡板的一个框架以及球发生两个角落碰撞的情况。

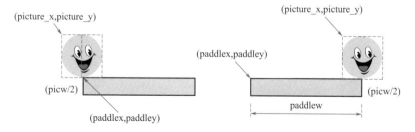

图 13-4　挡板和笑脸球发生两个角落碰撞的情况

由于想要让球逼真地从挡板弹起，我们需要检查球的底部中心刚好到挡板的左边一角和右边一角的极端情况。我们要确保玩家不仅在球刚好直接从挡板顶部弹起的时候能够得 1 分，而且当球从挡板的任何一个角落弹起的时候，玩家也能得到 1 分。为了做到这一点，我们要看看笑脸的垂直位置是否靠近挡板所在的屏幕底部，如果是这样的话，我们将检查球的水平位置是否允许它碰到挡板。

首先，我们搞清楚什么范围的 x 坐标值将能够允许球碰到挡板。由于球的中心是从其左上角（picture_x，pic ture_y）开始经过球的宽度的一半的位置，在设置部分中，我们将球的宽度的一半作为一个变量加入。

```
picw = 100
```

如图 13-4 所示，当 picture_x 加上图片的宽度的一半（picw/2）碰到了 paddlex，也就是挡板的左上角的 x 坐标，那么，球可能碰到挡板的左上角。

在代码中，我们可以将这个条件作为 if 语句的一部分：

```
picture_x+picw/2>=paddlex
```

我们之所以对条件使用大于等于号，是因为球可能更加偏右（在 x 方向上大于 paddlex）并且仍然会碰到挡板；右角的情况只是玩家刚好碰到了挡板的第 1 个元素，挡板的左上角和右上角之间的所有 x 坐标，都是有效的碰撞区域，因此，在这些区域应该奖励用户 1 分并将球弹回。

要找出右上角的情况，看看图 10-4，我们需要球的中心（其 x 坐标为 picture_x+picw/2）小于或等于挡板的右上角（其坐标为 paddlex+paddlew，或者说是挡板的起始的 x 坐标加上挡板的宽度）。在代码中，将会是 picture_x+picw/2<=paddlex+paddlew。

我们将这两部分组合起来放到一条单个的 if 语句中，但是这还不够，这些 x 坐标覆盖了整个屏幕，从挡板的左上角到挡板的右下角，从屏幕的顶部到底端。只是确定了 x 坐标，球的 y 坐标还可能是在任何位置，因此，我们还是需要进一步缩窄范围，只知道球在挡板的水平范围之内，这是不够的，我们还需要知道球的 y 坐标垂直的范围之内，才有可能和挡板发生碰撞。

我们知道挡板的顶部在 y 方向位于 550 像素处，这靠近屏幕的底部，因为设置部分包括了 paddley=550 的代码行，而且这个矩形从该坐标处开始，向下延伸 25 个像素，挡板的高度存储在 paddleh 中。我们知道图片的高度为 100 像素，因此，我们将它保存到一个变量 pich 中，可以添加到设置部分中：pich=100。

球的 y 坐标要碰到挡板，picture_y 的位置加上了图片的高度 pich，需要至少是 paddley 或者更大，这样，图片的底部（picture_y+pich）才能够碰到挡板（paddley）。测试球在方向上碰到挡板的 if 语句，应该是 if picture_y+pich>=paddley。但是，如果只有这个条件的话，这将会允许球位于大于 paddley 的任何地方，即便在屏幕的底部，当球已经碰到了底边之后，我们不想让用户还能够继续移动挡板碰到球并得分，因此，我们需要另外一条 if 语句来设置能够得分的最大 y 坐标。

能够得到 1 分的最大 y 坐标的一个自然的选择可能是挡板的底部，或者说是 paddley+paddleh（挡板的 y 坐标加上其高度）。但是，如果球的底部越过了挡板的底部，玩家应该无法因为碰到球而得分了，因此，我们想要让 picture_y+pich（球的底部）小于或等于 paddley+paddleh，换句话说，picture_y+pich<=paddley+paddleh。

这里只是多出了一个检查条件。记住，球和挡板都是虚拟的，也就是说，在现实世界中它们并不存在，也没有真正的边，并且不会像真实的游戏部件那样交互。我们也可以移动挡板穿过球，甚至当球从底边弹回的时候也会这样。但是，当玩家明显地漏掉了球的时候，我们不想让他们得分，因此，在给分之前，先检查以确保球是朝下运动的，此外，球在挡板的垂直范围和水平范围之内。如果球在 y 方向上的速度（speed_y）大于 0，我们可以告诉球朝向屏幕的下方。当 speed_y>0 的时候，球在正的方向上朝着屏幕下方移动。

现在，我们有了创建检查球是否碰到挡板的两边语句的条件。

```
if picture_y + pich >= paddley and picture_y + pich <=paddley + paddleh and speed_y >0:
    if picture_x + picw / 2 >= paddlex and picture_x + picw / 2 <= paddlex + paddlew:
```

首先，我们检查球是否在能够碰到挡板的垂直范围之内并且是朝下运动而不是朝上运动的，然后，检查球是否在能够碰到挡板的水平范围之内。

在两条 if 语句中，复合条件使得语句太长了，甚至超出了屏幕的范围。反斜杠字符"\"可以允许我们通过折返到下一行，来继续较长的代码行。我们可以选择把一行较长的代码输入在单独的一行中，或者可以在第一行的末尾使用一个反斜杠，按下回车键并且在下一行继续代码，从而让代码换行来适应屏幕的宽度。记住，Python 将会把反斜杠隔开的任何代码行都当作单独的一行代码。

● 添加一分

让我们来构建弹回球并加 1 分的逻辑。要完成挡板逻辑，我们在两条 if 语句的后面再添加两行代码。

```
if picture_y + pich >= paddley and picture_y + pich <=paddley + paddleh and speed_y >0:
    if picture_x + picw / 2 >= paddlex and picture_x + picw / 2 <= paddlex + paddlew:
        points += 1
        speed_y = -speed_y
```

添加 1 分很容易：points+=1。我们修改球的方向，以便它看上去向上从挡板弹回，这也很容易，只要把 y 方向上的速度取反，使得其重新回到屏幕上：speed_y=-speed_y。

我们可以运行这些经过修改的程序看看球如何从挡板弹回。每次挡板击中球，玩家值得得 1 分，无论何时，只要挡板漏掉了球，玩家就会丢掉一条命，但是，我们还没有在屏幕上显示得分和命数。接下来我们实现这一点。

13.1.3　显示得分

我们有了添加得分和减去一条命所需的逻辑，但是，还没有在玩游戏的同时在屏幕上看到得分和命数。在本节中，我们将把文本绘制到屏幕上，以便在用户玩游戏的时候为他们提供反馈，如图 13-5 所示。

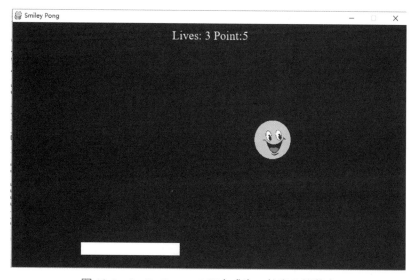

图 13-5　SmileyPong 1.0 正在成为一款真正的游戏

第 1 步是将要显示的文本的字符串组合起来。在一个典型的电子游戏中，我们需要看到分数以及还有多少条命，以便知道还剩下些什么，例如 Lives：4，Points：5。我们已经拥有了表示命的数目的变量（lives）和表示总分数的变量（points），所需要做的，只是使用函数将这些数字转换为对等的文本（例如，5 变为"5"）并且在每次执行游戏循环的时候添加文本以显示出这些数字的含义。

```
draw_string = "Lives:" + str(lives) + "Point:" + str(points)
```

我们的字符串变量名为 draw_string，它包含了想要在用户玩游戏的时候绘制在屏幕上显示给用户的文本。要将文本绘制到屏幕上，需要有一个对象或变量来连接到文本绘制模块 pygame.font。字体（font）是字体类型（typeface）的一种描述，或者说，是所绘制的字符的风格，例如 Arial 和 TimeNew Roman 都是字体。我们在设置部分中，添加如下代码行。

```
font = pygame.font.SysFont("Times",24)
```

这会创建一个名为 font 的变量，它允许我们以 24 点的 Times 字体绘制到 Pygame 显示上。我们可以让文本更大或更小，但是现在，24 点是合适的。接下来，我们将绘制文本，这个应该添加游戏循环之中，刚好在 draw_string 声明之后，要将文本绘制到窗口上，我们首先在所创建的 font 对象上使用 render() 命令，把字符串绘制到单独的一个界面上。

```
text = font.render(draw_string,True,WHITE)
```

该代码会创建一个名为 text 的变量，来存储一个界面，其中包含了组成字符串的所有字母、数量组和符号的白色像素。下一步是获取该界面的大小（宽度和高度）。较长的字符串将渲染和绘制得较宽，而较短的字符串则需要较少的像素就可以绘制。对于较大的字体和较小的字体来说，这都是一样的。文本字符串将会在一个矩形的界面上绘制，因此，我们把保存绘制字符串的矩形的变量称为 text_rect。

```
text_rect = text.get_rect()
```

Text 界面的 get_rect() 命令将返回绘制字符串的大小。接下来，我们把文本矩形 text_rect 使用，centerx 属性在屏幕上水平居中，同时将文本矩形放置在屏幕顶端以下 10 个像素的位置，一般能够很容易地看到它。如下是设置位置的两条命令。

```
text_rect.centerx = screen.get_rect().centerx
text_rect.y = 10
```

是时候将 text_rect 图像绘制到屏幕上了，我们来使用 blit() 函数做到这一点，就像对图片 pic 所做的一样。

```
screen.blit(text,text_rect)
```

经过这些修改，Smiley Pong 游戏变得就像该游戏的经典版本一样了，但是，我们的笑脸充当了球。运行我们将会看到如图 13-5 所示的内容。

13.1.4 实际程序

我们已经使用了很多的编程技巧来制作这款游戏。变量、循环、条件、数学、图形、事件处理，这几乎是工具箱的所有内容。游戏对于开发者和玩家来说，都是一次冒险。

如下是完整代码。

```python
import pygame

pygame.init()
screen = pygame.display.set_mode([800,600])   # 创建一个宽800，高600的显示窗口

pygame.display.set_caption("Smiley Pong")

#mouse_down = False
game_going = True   # 创建游戏循环变量

clock = pygame.time.Clock()

picture = pygame.image.load("smile.bmp")
picture =  pygame.transform.scale(picture, (80,80))

colorkey = picture.get_at((0,0))
picture.set_colorkey(colorkey)

picture_x = 0
picture_y = 0

BLACK = (0,0,0)
WHITE = (255,255,255)

timer = pygame.time.Clock()

speed_x = 5
speed_y = 5
paddlew = 200
paddleh = 25
paddlex = 300
paddley = 550
picw = 100
pich = 100
points = 0
lives = 5
font = pygame.font.SysFont("Times",24)
while game_going:
    for event in pygame.event.get():
        if event.type == pygame.QUIT:
            game_going = False

    picture_x += speed_x
    picture_y += speed_y

    if picture_x <= 0 or picture_x + picture.get_width() >= 800:
        speed_x = -speed_x
    if picture_y <= 0:
        speed_y = -speed_y

    if picture_y >= 500:
        lives -= 1
        speed_y = -speed_y

    screen.fill(BLACK)
    screen.blit(picture, (picture_x,picture_y))

    paddlex = pygame.mouse.get_pos()[0]
    paddlex -= paddlew/2
    pygame.draw.rect(screen, WHITE, (paddlex,paddley,paddlew,paddleh))

    if picture_y + pich >= paddley and picture_y + pich <=paddley + paddleh and speed_y >0:
        if picture_x + picw / 2 >= paddlex and picture_x + picw / 2 <= paddlex + paddlew:
            points += 1
            speed_y = -speed_y

    draw_string = "Lives:" + str(lives) + "Point:" + str(points)

    text = font.render(draw_string,True,WHITE)
    text_rect = text.get_rect()
```

```
    text_rect.centerx = screen.get_rect().centerx
    text_rect.y = 10
    screen.blit(text,text_rect)
    pygame.display.update()
    timer.tick(60)

pygame.quit()
```

我们的游戏逻辑差不多完成了：球从挡板上弹开，得到分数，如果玩家漏掉了球并且球碰到屏幕的底部边界，玩家将失去一条命，这些所有的基本部分，使得该游戏像是一款街机网络的游戏。现在，我们考虑一下想要进行哪些改进，研究出逻辑并且试图在 1.0 版本中添加代码，来使游戏更加有趣。我们将添加 3 项甚至更多的功能，来创建一款完全可交互的电子游戏，我们甚至可以与其他人分享它。

13.2
完善游戏

Smiley Pong 游戏的 1.0 版已经可以玩了。玩家可以得分，丢掉命并且在屏幕上看到自己的进展。我们还没有做的一件事情是结束游戏，另外一件事情是，随着游戏的进行让玩家感受到更大的挑战。我们将给 Smiley Pong 游戏 1.0 版添加如下的功能，来创建一个更加完整的 2.0 版：当最后一条命丢掉的时候，以一种方式显示游戏结束；不用关闭游戏而再玩一次或开始一次新游戏；随着游戏进行增加其难度的方式。我们将一次添加所有这 3 项功能，最终得到一个有趣的、有挑战性的、街机风格的游戏！最终版本的代码将在后面给出。

13.2.1 游戏结束

1.0 版本不会停止，因为我们没有添加处理游戏结束的逻辑。我们知道要测试的条件，即当玩家剩下的命没有的时候，游戏结束。现在，我们需要搞清楚当玩家丢掉了最后一条命的时候，该做些什么。

要做的第一件事情是停止游戏。我们不想关闭游戏。但是，想要让球停下来。要做的第二件事情是修改屏幕上的文本，告诉玩家游戏结束了并且给出他们的得分。我们可以在生命和得分的 draw_string 声明之后，使用一条 if 语句来完成这两项任务。

```
draw_string = "Lives:" + str(lives) + "Point:" + str(points)
if lives < 1:
    speed_x = speed_y = 0
    draw_string = "Game Over. Your score was: " + str(points)
    draw_string += ". Press F1 to play again."
```

通过将 speed_x 和 speed_y（分别是球的水平速度和垂直速度）修改为 0，使球停止移动。用户仍然可以在屏幕上移动挡板，但是，我们已经从视觉上结束了游戏的进行，以便让用户知道游戏结束了。文本使得这一点更清晰，此外它还能让用户知道自己这一轮玩得怎么样。

然后，我们将告诉用户按下 F1 键来再玩一次，但是，用户按下这个键还不会做任何事情。我们需要逻辑来处理按键事件并且再次启动游戏。

13.2.2　重新开始

当玩家用尽了命的时候，我们想要让玩家开始一次新的游戏，我们在屏幕上添加文本，告诉玩家按下 F1 键可以再玩一次，因此，让我们添加代码来检测该按键事件并且再次启动游戏。首先，我们检查是否有一个按键以及该键是否是 F1。

```
if event.type == pygame.KEYDOWN:
    if event.key == pygame.K_F1:
```

我们在游戏循环内部的事件的程序 for 循环中，添加一条 if 语句来检查这是否是一个 KEYDOWN 事件。如果是的话，我们检查该事件（event.key）中按下的键，看看它是否为 F1 键（pygame.K_F1）。这两条 if 语句后面的代码将会是我们再玩一次或开始新游戏的代码。

"再玩一次"意味着我们想要重新开始游戏。对于 Smiley Pong 来说，开始的时候有 0 分，5 分命，球从左上角开始（0，0）以每一帧 5 个像素的速度出现。如果重新设置这些变量，我们可以得到新的游戏效果。

```
points = 0
lives = 5
picture_x = 0
picture_y = 0
speed_x = 5
speed_y = 5
```

我们在检查 F1 键 KEYDOWN 事件的 if 语句后面添加这些行，以便能够在任何时候重新开始游戏。如果我们想只有在游戏结束的时候才允许重新开始游戏，可以包含一个额外的条件 lives=0，但是，在我们的游戏 2.0 版本中，我们将保持这条 if 语句不变，以便玩家可以在任何时候重新开始。

13.2.3　增加难度

我们在游戏还缺乏最后一个游戏设计要素：随着玩的时间增长，它还不能变得更有性，因此，人们可以一直永远玩下去，而投入的注意力也越来越少。

让我们随着游戏的进行来增加一些难度，以吸引玩家并使得游戏更像是街机游戏，我们想要在游戏进行的时候略微增加球的速度，但是并不会增加太多，否则的话，玩家可能会感到沮丧。我们想要让游戏在每一次弹回的时候都加快一点儿，在代码中做到这一点的位置，自然就是检查弹回的地方。增加速度，意味着使用得 speed_x 和 speed_y 变得更大一点儿，以便球在每一帧的每一个方向上都移动得更远一些。我们尝试把进行碰撞检测（即让球从屏幕的各个边弹回的地方）的 if 语句修改如下。

```
if picture_x <= 0 or picture_x >= 700:
    speed_x = -speed_x * 1.1
if picture_y <= 0:
    speed_y = -speed_y + 1
```

在第一种情况下，当从屏幕的左边或右边水平地弹开的时候，我们把水平速度 speed_x 乘以 1.1 来增快（并且仍然使用负号来改变方向）。这会让球在每一次向左或向右弹跳的时候，将速度增加 10%。

当球从屏幕的顶部弹开的时候（if picture_y<=0），我们知道速度将会变为正值，因为

它从上面弹回并且朝着屏幕下方移动，朝着 y 轴的正方向移动的，因此，在使用负号改变了速度的方向之后，我们给 speed_y 加 1。如果球的 speed_y 是在每一帧向上移动 5 个像素的话，它弹回时的速度将会是每一帧 6 个像素，然后下一次是 7 个像素，依此类类推。

如果做了这些修改，我们将会看到球变得越来越快，但是，一旦球变快了，它不会再慢下来。很快，球会移动得太快而导致玩家只需在 1 秒钟内就会丢掉所有的 5 条命。

每次一场空丢掉 1 条命的时候，我们将重新设置速度，从而使游戏变得更具有可玩性（且公平）。如果速度变得很快，以至于用户无法用挡板碰到球，这可能是一个很好的时机，可以将速度重新设置为一个较慢的值，以便玩家不会很快死掉。从屏幕底部弹回球的代码，也是将玩家的命数减 1 的地方，因此，让我们在减掉了命数之后再来修改速度。

```
if picture_y >= 500:
    lives -= 1
    speed_y = -5
    speed_x = 5
```

这会使得游戏变得更加合理，因为球不再变得无法控制并保持那种状态；当玩家丢掉一条命之后，球变得足够慢，玩家可以用挡板碰到球几次，使其再次加速。

然而还有一个问题，就是球可能会移动得太快，以至于球"陷入到"离开屏幕底部边界的状态；在玩几次游戏之后，玩家可能会遇到这种情况汇报，导致只是在一次从底部边界的弹回中，就丢掉了所有剩下的命，这是因为，如果球移动得太快的话，它可能在屏幕下边之下还在移动，并且当我们重新设置了速度，也无法使球在下一帧就完全回到屏幕上。

为了解决这个问题，我们在 if 语句的末尾再添加一行代码。

```
picture_y = 499
```

在丢掉一条命之后，我们重新设置 picture_y 的值，例如设置为 499，将球完全旋转到屏幕的下边界以上，从而使球移动回屏幕之上，这有助于使球在碰撞下边界的时候不管有多快，都能够安全地回到屏幕之上。

经过这些修改之后，游戏的 2.0 版如图 13-6 所示。

图 13-6　Smiley Pong 游戏 2.0 版带有游戏运行得更快，游戏结束和重玩功能

13.2.4 实际程序

如下是 2.0 版的完整代码。只有不到 80 行代码，就可以编写一个完整游戏，我们可以向朋友和家人炫耀了，我们还可以进一步构建它以进一步锻炼编程技能。

```python
import pygame

pygame.init()
screen = pygame.display.set_mode([800,600])  # 创建一个宽800，高600的显示窗口

pygame.display.set_caption("Smiley Pong")

#mouse_down = False
game_going = True     # 创建游戏循环变量

clock = pygame.time.Clock()

picture = pygame.image.load("smile.bmp")
picture =  pygame.transform.scale(picture,(80,80))

colorkey = picture.get_at((0,0))
picture.set_colorkey(colorkey)

picture_x = 0
picture_y = 0

BLACK = (0,0,0)
WHITE = (255,255,255)

timer = pygame.time.Clock()

speed_x = 5
speed_y = 5

paddlew = 200
paddleh = 25
paddlex = 300
paddley = 550
picw = 100
pich = 100
points = 0
lives = 5
font = pygame.font.SysFont("Times",24)


while game_going:
    for event in pygame.event.get():
        if event.type == pygame.QUIT:
            game_going = False

        if event.type == pygame.KEYDOWN:
            if event.key == pygame.K_F1:
                points = 0
                lives = 5
                picture_x = 0
                picture_y = 0
                speed_x = 5
                speed_y = 5

    picture_x += speed_x
    picture_y += speed_y

    if picture_x <= 0 or picture_x >= 700:
        speed_x = -speed_x * 1.1
    if picture_y <= 0:
        speed_y = -speed_y + 1

    if picture_y >= 500:
        lives -= 1
        speed_y = -5
        speed_x = 5
        picture_y = 499
```

```
screen.fill(BLACK)
screen.blit(picture, (picture_x,picture_y))

paddlex = pygame.mouse.get_pos()[0]
paddlex -= paddlew/2
pygame.draw.rect(screen,WHITE, (paddlex,paddley,paddlew,paddleh))

if picture_y + pich >= paddley and picture_y + pich <=paddley + paddleh and speed_y >0:
    if picture_x + picw / 2 >= paddlex and picture_x + picw / 2 <= paddlex + paddlew:
        points += 1
        speed_y = -speed_y

draw_string = "Lives: " + str(lives) + " Point:" + str(points)
if lives < 1:
    speed_x = speed_y = 0
    draw_string = "Game Over.Your score was: " + str(points)
    draw_string += ". Press F1 to play again."

    text = font.render(draw_string, True,WHITE)
    text_rect = text.get_rect()
    text_rect.centerx = screen.get_rect().centerx
    text_rect.y = 10
    screen.blit(text,text_rect)
    pygame.display.update()
    timer.tick(60)

pygame.quit()
```

我们可以继续构建这个示例中的游戏要素，或者可以使用这些构建模块来开发一些新的内容。大多数游戏都具有我们在本章中所添加的一些功能，而且我们通常都遵从和本章中构建 Smiley Pong 所采用过程类似的过程。首先，我们规划好游戏的框架，然后，构建一个可工作的原型，或者说是 1.0 版；一旦完成了这些，添加功能，直到得到一个想要的完整版。我们将会发现版本迭代（iterative versioning，也就是每次添加新功能来创建一个新的版本）对于构建较为复杂的 App 很有用。

13.3
增加更多特效

我们将再次进行版本迭代的过程，添加一些新的功能。首先，当鼠标点破笑脸气球的时候，我们想要有一个声音效果。其次，我们都想要某种反馈和显示（可能性是已经创建了多少个气球以及已经点破了多少个气球），而且我们想要有一个进度标志，例如，已经点破的气球所占的百分比。这些要素会使得它更有趣。

13.3.1 增加声音

我们可能找到使游戏更加有趣并且使编程更加容易的模块类和函数。对于声音效果来说，我们所需的模块是 pygame.mixer。要使用这个混合器模块给游戏添加声音，我们首先需要一个声音文件。为了实现点破气球的音效，我们可以从网上下载自己喜欢的 Blasting sound.wav 文件。

在我们在 sprite_list=pygame.sprite.Group( ) 的下面添加如下两行代码：

```
pygame.mixer.init()
pop = pygame.mixer.Sound("Blasting sound.wav")
```

首先我们要初始化混合器［就像是用 pygame.init( ) 初始化 Pygame 一样］。然后，我们将声音效果 Blasting sound.wav 加载到一个 Sound 对象中，以便能够在程序中播放它。第 2 行代码将 Blasting sound.wav 作为一个 pygame.mixer.Sound 对象加载并且将其存储到变量 pop 中，稍后当我们想要听到点破气球的声音的时候会使用它。和图像文件一样，我们需要将 Blasting sound.wav 保存在和程序相同的文件夹之下，代码才能够找到该文件并使用它。

接下来，我们需要添加逻辑来检测是否点击了一个笑脸，如果笑脸点破的话就播放 pop 声音。我们将游戏循环的事件处理部分，在和处理示右键事件相同的 elif 语句中（elif pygame.mouse.get_pressed( )[2]）完成这一操作。当 prite_list.remove（clicked_smileys）将点中笑脸 sprite_list 中删除时候，我们应该检查看是否有任何真正的笑脸碰撞，然后再播放声音。

用户可能会在屏幕的某一个区域中点击鼠标右键，但是并不会有笑脸会被点破，或者当他们试图点击的时候可能错过一个笑脸，我们还要使用 if　len（clicked_smileys>0）来看看是否有任何笑脸真的被击中了。len( ) 函数告诉我们一个列表或集合的长度，如果长度大于 0，将会有点中的笑脸。记住，clicked_smileys 是和用户点击的碰撞或与该点绘制发生重叠的笑脸精灵的一个列表。

如果 clicked_smileys 列表中有笑脸精灵，那么，用户至少正确地点中了一个笑脸，因此，我们播放点破声音。

```
if len(clicked_smileys) > 0:
    pop.play()
```

注意，这两行代码都要和用于处理鼠标点击的 elif 语句中的其他代码缩进对齐了。

这 4 行添加的代码，就是当用户成功地用鼠标点中笑脸之后下载了 Blasting sound.wav 声音文件并且和修改后的程序放在了同一文件夹中，将扬声器的音量开到一个合适的大小并点破笑脸。

13.3.2　存储游戏进度

我们想要添加的下一项功能，是以某种方法帮助玩家感受到进度。声音效果添加了一种有趣的反馈（只有在用户真的点击了一个笑脸精灵的时候，才会听到点破的声音），但是，还是让我们记录一下用户创建了多少个笑脸以及用户点破的笑脸所占的百分比。

要构建记录用户创建的笑脸数目和点击的笑脸数目的逻辑，首先，我们在 APP 的设置部分添加一个 font 变量和两个计数变量：count_smileys 和 count_popped。

```
font = pygame.font.SysFont("Arial",24)
WHITE = (255,255,255)
count_smileys = 0
count_popped = 0
```

我们将 font 变量设置为字体，大小为 24 点。我们想要在屏幕上以白色的字绘制文本，因此，添加一个颜色变量 WHITE 并且将其设置为白色 RGB 颜色（255，255，255）。count_smileys 和 count_popped 变量将存储所创建的笑脸数目和点击的笑脸数目，当 APP 初次加载的时候，这两个值都是从 0 开始的。

（1）创建的笑脸和点击的笑脸

首先，当笑脸添加到 sprit_list 的时候，我们统计它的数目。要做到这一点，我们几乎要找到代码的最底部，在检查是否按下鼠标按钮并拖动鼠标将笑脸添加到 sprite_list 中的 if mouse_down 语句处，给该 if 语句添加最后一行代码。

```
if mouse_down:
    speed_x = random.randint(-5,5)
    speed_y = random.randint(-5,5)
    newSmiley = Smiley(pygame.mouse.get_pos(),speed_x,speed_y)
    sprite_list.add(newSmiley)
    count_smileys += 1
```

每次一个新的笑脸添加到 sprite_list 中的时候，count_smileys 都要加 1，这样会记录所绘制的笑脸的总数目。

我们点一个或多个笑脸的时候播放点破声音的语句添加类似的逻辑，但是不要给 count_popped 加 1，要加上所点击的笑脸的真实数目。记住，用户可能会点击了屏幕上某个点重合的两个以上或更多的笑脸精灵。在鼠标右键点击事件的事件处理程序中，我们将所有的这些碰撞的笑脸都悼念为一个 clicked_smileys 列表。要搞清楚给 count_popped 加上多少值，我们只需要再次使用 len( ) 函数，获得用户使用鼠标右键所点破的笑脸的正确数目就可以了。我们在针对点破声音而编写的顺序中，加上如下几行代码。

```
if len(clicked_smileys) > 0:
    pop.play()
    count_popped += len(clicked_smileys)
```

通过将 count_popped 加上 len（clicked_smileys），在任何时候，我们总是能够得到点破笑脸的正确数目。现在，我们只需要给游戏循环添加代码来显示所创建的笑脸数目、点破的笑脸数目并计算用户的进度。

我们将创建绘制到屏幕上的文本的一个字符串并且将使用 str( ) 函数将数字显示为字符串。在游戏循环之中，我们在 pygame.dislay.update( ) 之前，添加如下代码。

```
draw_string = "Bubbles created: " + str(count_smileys)
draw_string += " - Bubbles popped: " + str(count_popped)
```

这些代码行将创建 draw_string 并显示创建的笑脸数目和点破的笑脸数目。

（2）点破笑脸所占百分比

我们在两条语句的后面，添加如下 3 行代码。

```
if (count_smileys > 0):
    draw_string += " - Percent: "
    draw_string += str(round(count_popped/count_smileys*100,1))
    draw_string += " % "
```

要得到点破的笑脸占所有创建的笑脸的比，我们用 count_popped 除以值（count_popped/count_smileys*100）。但是，如果试图显示这个数字，这里还有两个问题。首先，程序开始的时候，这两个值都是 0，百分比计算将会出现"除以 0"的错误，为了修正这个问题，只有当 count_smileys 大于 0 的时候，我们才显示点破的笑脸所占的百分比。

其次，如果用户创建了 3 个笑脸并且点破了其中的一个，比率将会是 1 除以 3（或 1/3），百分比将会是 33.3333……。我们不想在每次百分比计算结果有一个不能除尽的小数位数的时候，都显示很长的一串，因此，我们使用 round( ) 函数将百分比值舍入到保留一个小数位。

最后一步是使用白色像素绘制该字符串，我们将其居中旋转到屏幕上靠近顶部的地方显示且调用 screen.blit( ) 将这些像素复制到游戏窗口的绘制屏幕。

```
text = font.render(draw_string, True, WHITE)
text_rect = text.get_rect()
text_rect.centerx = screen.get_rect().centerx
text_rect.y = 10
screen.blit(text, text_rect)
```

我们将会看到这些修改的效果如图 13-7 所示。较小的笑脸比较难捕捉并点击，特别是当它们移动得很快的时候，因此，很难达到 90% 以上的百分比，这正是我们想要的效果。

图 13-7　在添加了声音和进度 / 反馈显示之后 Smiley Po App 更像是一款游戏

点破的声音以及进度显示的反馈，使得 Smiley Pop 更像是一款移动 APP 当我们使用鼠标右键点击笑脸的时候，可以想象一下，好像是在移动设备上用手指轻轻触碰笑脸。

13.3.3　实际程序

如下是 2.0 版的完整代码，记住要把 .py 源代码文件、Smile.bmp 图像文件和 Blasting sound.wav 声音文件保存在同一目录下。

这个 App 大概有 90 行代码，可能有点太长。

```
SmileyPop2.py

import pygame
import random

BLACK = (0,0,0)
WHITE = (255,255,255)
pygame.init()
screen = pygame.display.set_mode([800,600])
pygame.display.set_caption("Pop a Smiley")
mousedown = False
keep_going = True
clock = pygame.time.Clock()
pic = pygame.image.load("CrazySmile.bmp")
```

```python
colorkey = pic.get_at((0,0))
pic.set_colorkey(colorkey)
sprite_list = pygame.sprite.Group()
pygame.mixer.init()     # Add sounds
pop = pygame.mixer.Sound("pop.wav")
font = pygame.font.SysFont("Arial", 24)
count_smileys = 0
count_popped = 0

class Smiley(pygame.sprite.Sprite):
    pos = (0,0)
    xvel = 1
    yvel = 1
    scale = 100

    def __init__(self, pos, xvel, yvel):
        pygame.sprite.Sprite.__init__(self)
        self.image = pic
        self.scale = random.randrange(10,100)
        self.image = pygame.transform.scale(self.image,
                                        (self.scale,self.scale))
        self.rect = self.image.get_rect()
        self.pos = pos
        self.rect.x = pos[0] - self.scale/2
        self.rect.y = pos[1] - self.scale/2
        self.xvel = xvel
        self.yvel = yvel

    def update(self):
        self.rect.x += self.xvel
        self.rect.y += self.yvel
        if self.rect.x <= 0 or self.rect.x > screen.get_width() - self.scale:
            self.xvel = -self.xvel
        if self.rect.y <= 0 or self.rect.y > screen.get_height() - self.scale:
            self.yvel = -self.yvel

while keep_going:
    for event in pygame.event.get():
        if event.type == pygame.QUIT:

            keep_going = False
        if event.type == pygame.MOUSEBUTTONDOWN:
            if pygame.mouse.get_pressed()[0]:     # Left mouse button, draw
                mousedown = True
            elif pygame.mouse.get_pressed()[2]:  # Right mouse button, pop
                pos = pygame.mouse.get_pos()
                clicked_smileys = [s for s in sprite_list if
                                    s.rect.collidepoint(pos)]
                sprite_list.remove(clicked_smileys)
                if len(clicked_smileys) > 0:
                    pop.play()
                    count_popped += len(clicked_smileys)
        if event.type == pygame.MOUSEBUTTONUP:
            mousedown = False
    screen.fill(BLACK)
    sprite_list.update()
    sprite_list.draw(screen)
    clock.tick(60)
    draw_string = "Bubbles created: " + str(count_smileys)
    draw_string += " - Bubbles popped: " + str(count_popped)
    if (count_smileys > 0):
        draw_string += " - Percent: "
        draw_string += str(round(count_popped/count_smileys*100, 1))
        draw_string += "%"
```

```
        text = font.render(draw_string, True, WHITE)
        text_rect = text.get_rect()
        text_rect.centerx = screen.get_rect().centerx
        text_rect.y = 10
        screen.blit (text, text_rect)

        pygame.display.update()
        if mousedown:
            speedx = random.randint(-5, 5)
            speedy = random.randint(-5, 5)
            newSmiley = Smiley(pygame.mouse.get_pos(), speedx, speedy)
            sprite_list.add(newSmiley)
            count_smileys += 1

pygame.quit()
```

编写的程序越多，我们越能够更好地编代码。通过编写游戏开始起步，我们会发现编写代码来解决自己关注的一个问题。或者为其他人开发代码，这其中充满了乐趣。继续编程，解决更多的问题，变得越来越善于编程，我们很快就能够开发出令世界震惊的产品了。

无论我们要编写多少游戏，还是编写程序来控制汽车，机器人或无人机，甚至构建下一代的社交媒体 Web 应用程序，编程都是能够改变人生的一项技能。

我们已经有了这些技能，有了这种能力，继续实践，继续编程并大胆走出去影响我们自己的生活，影响我们所关注的人们的生活，甚至影响全世界。

13.4
小结

在本章中，我们学习了有关游戏设计的要素，从目标和成就，到规则和机制。我们重新开始构建一个单玩家的 Smiley Pong 游戏并且将 SmileyPopApp 转变为可以设想在智能手机或平板电脑上玩的一款游戏。我们将动画、用户交互的游戏设计组合到一起，构建了 3 个版本，加了实现尽可能多的功能。

在 Smiley Pong 中，我们绘制了游戏板的游戏角色，添加了用户交互来移动挡板，也添加了碰撞检测和计分系统。我们将文本显示到屏幕上，为用户提供了他们的成就以及游戏状态等信息。我们学习了如何在 Pygame 中检测按键事件，添加了"游戏结束"和"再玩一次"等逻辑，而且随着游戏的进行让球加速，从而完成 2.0 版。现在，我们有了构建更复杂的游戏的框架部分。

在 Smiley Pop 中，我们从一个已经很好玩的游戏开始，使 pygame.mixer 模块添加了以点破声音为形式的用户反馈，然后，添加了逻辑和显示，随着更多的笑脸球创建和点破，记录用户的进度。

我们使用自己的编程技能所创建的一个游戏，也应该从一个简单的版本开始，可以运行这个版本并将其用作开发新版本的基础。我们可从任何程序开始，每次添加一项功能，保存新的版本，这个过程叫作版本迭代（ iterative versioning ）。这个过程将帮助我们调试新版本的功能，直到它能够正确地工作，而且当最新的代码出现问题的时候，这种做法有助于我们保存最近的较好的版本。

　　有时候，新的功能是一个很好的起点，我们可以将其当作下一个版本的基础，有时候，新的代码无法工作，或者这些功能并不像期待的那样好。不管是哪种方式，通过尝试新的事务并解决新的问题，都是构建编程技能的方法。在掌握了本章的概念之后，我们应该能够做到如下的事情：

　　☆ 识别我们所使用的游戏中常见的设计要素；

　　☆ 在我们的代码中加入游戏设计要素；

　　☆ 通过绘制游戏板和游戏部件并添加用户交互来构建一款游戏框架；

　　☆ 编写一个游戏中的游戏块之间的碰撞检测和计分系统；

　　☆ 使用 pygame.font 模块在屏幕上显示文本信息；

　　☆ 编写游戏逻辑判断游戏何时结束；

　　☆ 在 pygame 中检测和处理按键；

　　☆ 开发在游戏结束后启动一次新游戏或再玩一次的代码；

　　☆ 使用数学和逻辑使得游戏逐渐变得更难；

　　☆ 使用 pygame.mixer 模块给程序添加声音；

　　☆ 显示百分比和舍入的数字来告诉玩家他们在游戏中的进展；

　　☆ 理解版本迭代的过程，每次给程序添加一项功能并将其保存为一个新的版本（1.0、2.0 等）。

第 14 章

大战外星人

前面章节学习了很多基础知识，现在我们使用 Python 来开发一个游戏吧！Pygame 是一组功能强大并且非常有趣的模块，可以用来管理图形，动画以及声音，让你在轻松的环境中开发比较复杂的游戏。通过使用 Python 来处理在屏幕上绘制图像等任务，你不用考虑众多烦琐而艰难的编码工作，而是将重点放在程序的高级逻辑上。

在本章中，你需要使用已安装的 Pygame，然后再创建一个能够根据用户输入而左右移动和射击的飞船。在接下来的内容中，你还需要创建一群外星人，作为射杀目标，并做一些其他的改进，比如限制可供玩家使用的飞船数量以及添加记分牌。

从本章开始，你还会学习管理包含多个文件的项目。我们用重构代码的方式来提高代码的效率，并管理文件的内容，以确保项目组织有序。

创建游戏可以有趣的学习语言，通过编写简单的游戏有助于你明白专业级游戏是怎么编写出来的，是一种最理想的方式。当你看到别人玩你编写的游戏，你会有很强的满足感。在学习本章的过程中，你可以动手输入不同的值和设置，并运行代码，有助于你明白各个代码块对整个游戏所做的贡献，这样你可以更深入地认识到如何改进游戏的交互性。

⌛ **注意**：游戏中会包含很多不同的文件，为了更好地管理文件，建议在你的系统中新建一个文件夹，并将其命名为 invasion_alieninvasion_alien，请务必将这个项目的所有文件都存储到这个文件夹中，这样相关 import 的语句才能正确地工作。

14.1
规则项目

开发大型项目时，非常重要的一点就是做好规划后再动手编写项目，因为规则可以确保你尽量不偏离轨道，从而提高项目成功的可能性。

下面来学习如何编写游戏，在本章中虽然没有完全描述这款游戏的所有细节，但是足以让你清楚地知道该如何动手开发游戏。

在游戏《大战外星人》中，玩家，也就是操作者控制着一艘最早出现在屏幕底部中央的飞船。操作者不仅可以利用箭头键左右移动飞船，还可以使用空格键进行射击。当游戏开始时，一群外星人出现在天空中，他们在屏幕中向下移动。操作者的任务就是射杀这些外星人。当操作者将所有外星人都消灭干净后，又会出现一群新的外星人，他们移动的速度更快。只要有外星人撞到了操作者的飞船，或者到达了屏幕底部，操作者就损失一艘飞船。操作者损失三艘飞船以后，游戏结束。

在第一个开发阶段，我们首先创建一艘可以左右移动的飞船，将这艘飞船设置为当操作者按空格键时能够开火。设置完成后，我们再将注意力转向外星人，并提高这款游戏的可玩性。

14.2
安装 Pygame

详见第 11 章 11.1 节中的描述。

14.3
构建飞船

下面我们来开发游戏《大战外星人》。首先创建一个空的 Pygame 窗口，供后面用来绘制游戏元素，如飞船和外星人。我们还将让这个游戏响应用户输入、设置背景以及加载飞船图像。

14.3.1　开始游戏项目

14.3.1.1　创建 Pygame 窗口以及响应用户输入

首先，我们创建一个空的 Pygame 窗口。使用 Pygame 编写的游戏的基本结构如下：

invasion_alien.py

```
import sys
import pygame


def play_game():
1     pygame.init()      #初始化,创建一个屏幕对象
2     screen = pygame.display.set_mode((1100,700))#创建宽1100像素、高700像素的游戏窗口
      pygame.display.set_caption("Invasion Alien")

      #开始游戏的主循环
3     while True:

          #监视键盘和鼠标事件
4         for event in pygame.event.get():
5             if event.type == pygame.QUIT:
                  sys.exit()

          #让最近绘制的屏幕可见
6         pygame.display.flip()

play_game()
```

　　首先，我们导入了模块 sys 和 Pygame。模块 Pygame 包含了开发游戏时所需要的功能。操作者退出时，我们将使用模块来退出游戏。

　　游戏《大战外星人》的开头是函数 play_game( )。1 处的代码行 pygame.init( ) 的功能为初始化背景设置。让 Pygame 能够正确地工作。在 2 处，程序中调用 pygame.display. set_mode( ) 来创建一个名为 screen 的显示窗口，功能为绘制这个游戏的所有图形元素。实参（1100，700）是一个元组，作用是指定了游戏窗口的尺寸。通过将这些尺寸值传递给 pygame.display.set_mode( )，我们创建了一个宽 1100 像素、高 700 像素的游戏窗口（你可以根据自己的显示器尺寸调整这些值）。

　　在 Pygame 中，surface 是屏幕的一部分，代码中的对象 screen 是一个 surface，用于显示游戏元素。在这个游戏中，外星人或飞船也都是一个 surface。display.set_mode( ) 返回 surface 的表示整个游戏窗口。当激活游戏的动画循环 while 以后，每经过一次循环都将自动重新绘制这个 surface。

　　这个游戏由一个 while 循环（见 3）控制，其中包含一个事件循环以及管理屏幕更新的代码。事件是用户玩游戏时执行的操作，例如按键或移动鼠标。为了让程序响应事件，需要编写一个事件循环，以侦听事件，并根据发生的事件执行相应的任务。代码中的第 4 处的 for 循环就是一个事件循环。

　　我们使用方法 pygame.event.get( ) 来访问 Pygame 检测到的事件。所有键盘和鼠标事件都将促使 for 循环运行。在这个循环中，我们将编写一系列的 if 语句来检测并响应特定的事件。例如，操作者单击游戏窗口的关闭按钮时，将检测到 pygame.QUIT 事件，而我们调用 sys.exit( ) 来退出游戏（见 5）。

　　6 处调用 pygame.display.flip( )，命令 Pygame 让最近绘制的屏幕可见。在这里，它在每次执行 while 循环时都绘制一个空屏幕，并擦去旧屏幕，使得只有新屏幕可见。在我们移动游戏元素时，为营造平滑移动的效果，pygame.display.flip( ) 将不断更新屏幕，以显示元素的新位置，并在原来的位置隐藏元素。

　　在这个基本的游戏结构中，最后一行调用 play_game( )，这将初始化游戏并开始主循环。

　　如果此时运行这些代码，你将看到一个空的 Pygame 窗口，如图 14-1 所示。

图 14-1　空的 Pygame 窗口

14.3.1.2 设置背景色

Pygame 默认值创建一个黑色屏幕，这太乏味了，下面来将背景设置为另一种颜色：

invasion_alien.py

```
import sys
import pygame


def play_game():
    pygame.init()        #初始化,创建一个屏幕对象
    screen = pygame.display.set_mode((1100,700))#创建宽1100像素、高700像素的游戏窗口
    pygame.display.set_caption("Invasion Alien")

1   background_color = (230, 230, 230)#设置背景色

    #开始游戏的主循环
    while True:

        #监视键盘和鼠标事件
        for event in pygame.event.get():
            if event.type == pygame.QUIT:
                sys.exit()

2       screen.fill(background_color)#每次循环时都重新绘制屏幕、

        #让最近绘制的屏幕可见
        pygame.display.flip()

play_game()
```

首先，我们创建了一种背景色，并将其存储在 background_color 中（见 1）。我们在进入主循环前定义它，该颜色只需指定一次。

在 Pygame 中，颜色是以 RGB 值指定的。颜色由红色、绿色和蓝色值组成，其中每个值的可能取值范围都为 0 ~ 255。颜色值（255，0，0）表示红色，（0，255，0）表示绿色，而（0，0，255）表示蓝色。通过组合不同的 RGB 值，可创建 1600 万种颜色。在颜色值（230，230，230）中，红色、蓝色和绿色量相同，它将背景设置为一种浅灰色。

图 14-2　浅灰色的 Pygame 窗口

在 2 处，我们使用 screen.fill( ) 方法，把浅灰色作为背景色填充屏幕；这个方法只接受一个实参：一种颜色。

14.3.1.3　创建设置类

每次给游戏添加新功能时，通常也将引入一些新设置。下面来编写一个名为 game_settings 的模块，其中包含一个名为 Game_Settings 的类，用于将所有设置存储在一个地方，以免在代码中到处添加设置。这样，我们就能传递一个设置对象，而不是众多不同的设置。另外，这让函数调用更简单，且在项目增大时修改游戏的外观更容易；要修改游戏，只需要 game_settings.py 中的一些值，而无需查找散布在文件中的不同设置。

下面是最初的 Game_Settings 类：

game_settings.py

```python
class Game_Settings():
    """存储《大战外星人》的所有设置的类"""
    def __init__(self):
        """初始化游戏的设置"""
        #屏幕设置
        self.game_screen_width = 1100
        self.game_screen_height = 700
        self.background_color = (230, 230, 230)
```

为创建 Game_Settings 实例并使用它来访问设置，将 invasion_alien.py 修改成下面这样：

invasion_alien.py

```python
import sys
import pygame
from game_settings import Game_Settings

def play_game():
    pygame.init()      #初始化,创建一个屏幕对象

    #创建宽1100像素、高700像素的游戏窗口
①   ai_settings = Game_Settings()
②   screen = pygame.display.set_mode((ai_settings.game_screen_width, ai_settings.game_screen_height),0,32)
    pygame.display.set_caption("Invasion Alien")

    #开始游戏的主循环
    while True:

        #监视键盘和鼠标事件
        for event in pygame.event.get():
            if event.type == pygame.QUIT:
                sys.exit()

③       screen.fill(ai_settings.background_color)#每次循环时都重新绘制屏幕、

        #让最近绘制的屏幕可见
        pygame.display.flip()

play_game()
```

在主程序文件中，我们导入 Game_Settings 类，调用 pygame.init( )，再创建一个 Game_Settings 实例，并将其存储在变量 ai_settings 中（见 1）。创建屏幕时（见 2），使用了 ai_settings 的属性 game_screen_width 和 game_screen_height；接下来填充屏幕时，也使用了 ai_settings 来访问背景色（见 3）。

14.3.2　添加飞船图像

下面在游戏中增加飞船。为了在屏幕上绘制操作者的飞船，我们将加载一幅图像，再

使用 Pygame 方法 blit( ) 绘制它。

使用 http：//pixabay.com/ 等网站提供的图形，为游戏选择素材。这个网站提供的这些图形无需许可，你可以对其进行修改。

在游戏中几乎可以使用任何类型的图像文件，但使用位图（.bmp）文件最为简单，因为 Pygame 默认加载位图。虽然可配置 Pygame 以使用其他文件类型，但有些文件类型要求你在计算机上安装相应的图像库。大多数图像都为 .jpg、.png 或 .gif 格式，但可使用 Photosbop、GIMP 和 Paint 等工具将其转换为位图。

选择图像时，要特别注意其背景色，请尽可能选择背景透明的图像，这样可使用图像编辑器将其背景设置为任何颜色。图像的背景色与游戏的背景色相同时，游戏看起来最漂亮；你也可以将游戏的背景色设置成与图像的背景色相同。

就游戏《大战外星人》而言，你可以使用文件 ship.bmp，如图 14-3 所示。当前使用的这个文件的背景色与这个项目使用的设置是相同的。请在主项目文件夹（invasion_alien）中新建一个文件夹，将其命名为 images，并将文件 ship.bmp 保存到这个文件夹中。

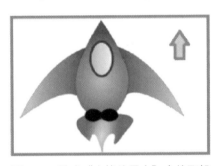

图 14-3　游戏《大战外星人》中的飞船

14.3.2.1　创建 Ship 类

在前面已经选择了用于表示飞船的图像，下面需要将其显示到屏幕上。我们将创建一个名为 game_ship 的模块，其中包含 Game_Ship 类，它负责管理飞船的大部分行为：

game_ship.py

```
import pygame

class Game_Ship():
    def __init__(self, screen):
        """初始化飞船并设置其初始位置"""
        self.screen = screen
        #self.ai_settings = ai_settings

        # 加载飞船图像并获取其外接矩形
1       self.image = pygame.image.load('ship.bmp')
2       self.rect = self.image.get_rect()
3       self.screen_rect = screen.get_rect()

        #将每艘新飞船放在屏幕底部中央
4       self.rect.centerx = self.screen_rect.centerx
        self.rect.bottom = self.screen_rect.bottom

5   def blitme(self):
        """在指定位置绘制飞船"""
        self.screen.blit(self.image, self.rect)
```

首先，我们导入了模块 Pygame。Game_ship 的方法 _init_( ) 接受两个参数：引用 self 和 screen，其中 screen 指定了要将飞船绘制到哪里。我们调用了 pygame.image.load（见 1）来加载图像。这个函数返回一个表示飞船的 surface，并将这个 surface 存储到了 self.image 中。

加载图像以后，我们使用 get_rect( ) 获取相应 surface 的属性 rect（见 2）。Pygame 的效率之所以如此高，一个原因是它让你能够像处理矩形（rect 对象）一样处理游戏元素，即便它们的形状并非矩形。像处理矩形一样处理游戏元素之所以高效是因为矩形是简单的几何形状。这种做法的效果通常很好，游戏操作者几乎注意不到我们处理的不是游戏元素的实际形状。

处理 rect 对象时，使用矩形四角和中心的 x 和 y 坐标，可通过设置这些值来指定矩形的位置。

要将游戏元素居中，可设置 rect 对象的属性 center、centerx 或 centery。可使用属性 top、bottom、left 或 right 让元素与屏幕边缘对齐；可使用属性 x 和 y 调整游戏元素的水平或垂直位置，它们分别是相应矩形左上角的 x 和 y 坐标。这些属性让你无需去做游戏开发人员原本需要手工完成的计算，你经常会用到这些属性。

❌ 注意：在 Pygame 中，原点（0，0）位于屏幕左上角，向右下方移动时，坐标值就会增大。在 1100*700 的屏幕上，原点位于左上角，而右上角的坐标为（1100，700）。

我们将把飞船放在屏幕底部中央。为此，首先将表示屏幕的矩形存储在 self.screen_rect（见 3）中，再将 self.rect.centerx（飞船中心的 x 坐标）设置为表示屏幕的矩形的属性 centerx（见 4），并将（飞船下边缘的 y 坐标）设置为表示屏幕的矩形的属性 bottom。Pygame 将使用这些属性来设置飞船图像，使其与屏幕下边缘对齐并水平居中。

在 5 处，我们定义了方法 blitme( )，它根据 self.rect 指定的位置将图像绘制到屏幕上。

14.3.2.2　在屏幕上绘制飞船

下面来更新 invasion_alien.py，使其创建一艘飞船，并调用其方法 blitme( )：

invasion_alien.py

```python
import sys
import pygame
from game_settings import Game_Settings
from game_ship import Game_Ship


def play_game():
    pygame.init()      #初始化,创建一个屏幕对象

    #创建宽1100像素、高700像素的游戏窗口
    ai_settings = Game_Settings()
    screen = pygame.display.set_mode((ai_settings.game_screen_width, ai_settings.game_screen_height), 0, 32)
    pygame.display.set_caption("Invasion Alien")

    game_ship = Game_Ship(screen)#创建一艘飞船

    #开始游戏的主循环
    while True:

        #监视键盘和鼠标事件
        for event in pygame.event.get():
            if event.type == pygame.QUIT:
                sys.exit()

        screen.fill(ai_settings.background_color)#每次循环时都重新绘制屏幕
        game_ship.blitme()

        #让最近绘制的屏幕可见
        pygame.display.flip()

play_game()
```

我们导入 Game_Ship 类，并在创建屏幕后创建一个名为 game_ship 的 Game_Ship 实例。为避免每次循环时都创建一艘飞船，必须在主循环前面创建该实例（见语句 game_ship=Game_Ship（ai_settings，screen））。填充背景后，我们调用 ship.blitme( ) 将飞船绘制到屏幕上，确保它出现在背景前面（见语句 game_ship.blitme）。

现在如果运行 invasion_alien.py，将看到飞船位于空游戏屏幕底部中央，如图 14-4 所示。

图 14-4　游戏《大战外星人》屏幕底部中央有一艘飞船

14.3.3　重构：模块 game_functions

在大型项目中，经常需要在添加新代码前重构既有代码。重构旨在简化既有代码的结构，使其更容易扩展。在本节中，我们将创建一个名为 game_functions 的新模块，它将存储大量让游戏《大战外星人》运行的函数。通过创建模块 game_functions，可以避免 invasion_alien.py 太长，并使其逻辑更容易理解。

14.3.3.1　函数 check_events( )

为简化 play_game( ) 并隔离事件管理循环，首先我们将管理事件的代码移至一个名为 check_events( ) 的函数中。通过隔离事件循环，可将事件管理与游戏的其他方面（如更新屏幕）分离。

将 check_events( ) 放在一个名为 game_functions 的模块中：

game_functions.py

```
import sys

import pygame

def check_events():
    """响应按键和鼠标事件"""
    for event in pygame.event.get():
        if event.type == pygame.QUIT:
            sys.exit()
```

这个模块中导入了事件检查循环要使用的 sys 和 pygame。函数 check_events( ) 函数体复制了 invasion_alien.py 的事件循环，当前不需要任何形参。

下面来修改 invasion_alien.py，使其导入模块 game_functions，并将事件循环替换为对函数 check_events( ) 的调用：

invasion_alien.py

```
#import sys
import pygame
from game_settings import Game_Settings
from game_ship import Game_Ship
import game_functions as gf

def play_game():
    pygame.init()    #初始化,创建一个屏幕对象

    #创建宽1100像素、高700像素的游戏窗口
    ai_settings = Game_Settings()
    screen = pygame.display.set_mode((ai_settings.game_screen_width,ai_settings.game_screen_height),0,32)
    pygame.display.set_caption("Invasion Alien")

    game_ship = Game_Ship(screen)#创建一艘飞船

    #开始游戏的主循环
    while True:

        #监视键盘和鼠标事件
        gf.check_events()

        screen.fill(ai_settings.background_color)#每次循环时都重新绘制屏幕
        game_ship.blitme()

        #让最近绘制的屏幕可见
        pygame.display.flip()

play_game()
```

在主程序文件中，不再需要直接导入 sys，因为当前只在模块 game_functions 中使用了它。出于简化的目的，我们给导入的模块 game_functions 指定了别名 gf。

14.3.3.2　函数 screen_ update ( )

为进一步简化 play_game( )，下面将更新屏幕的代码移到一个名为 screen_update( ) 的函数中，并将这个函数放在模块 game_functions.py 中：

game_functions.py

```
import sys
import pygame

def check_events():
    """响应按键和鼠标事件"""
    for event in pygame.event.get():
        if event.type == pygame.QUIT:
            sys.exit()

def screen_update(ai_settings,screen,game_ship):
    """更新屏幕上的图像,并切换到新屏幕"""
    # 每次循环时都重绘屏幕
    screen.fill(ai_settings.background_color)
    game_ship.blitme()

    # 让最近绘制的屏幕可见
    pygame.display.flip()
```

新函数 screen_update( ) 包含三个形参：ai_settings、screen 和 game_ship。现在需要将 invasion_alien.py 的 while 循环中更新屏幕的代码替换为对函数 screen_update( ) 的调用：

invasion_alien.py

```
#import sys
import pygame
from game_settings import Game_Settings
from game_ship import Game_Ship
import game_functions as gf

def play_game():
    pygame.init()          #初始化,创建一个屏幕对象

    #创建宽1100像素、高700像素的游戏窗口
    ai_settings = Game_Settings()
    screen = pygame.display.set_mode((ai_settings.game_screen_width, ai_settings.game_screen_height), 0, 32)
    pygame.display.set_caption("Invasion Alien")

    game_ship = Game_Ship(screen)#创建一艘飞船

    #开始游戏的主循环
    while True:

        gf.check_events()   #监视键盘和鼠标事件
        gf.screen_update(ai_settings, screen, game_ship)#更新屏幕上的图像,并切换到新屏幕


play_game()
```

gf.check_events( )、gf.screen_update( )这两个函数让 while 循环变得更简单,同时让后续开发变得更容易。在模块 game_funtions 完成大部分工作,而不是 play_game( )中完成。

一开始我们只是想使用一个文件,因此并没有立刻引入模块 game_functions。这让你能够了解实际的开发过程:一开始将代码编写得尽可能简单,并在项目越来越复杂时进行重构。

对代码进行重构使其更容易扩展后,可以开始处理游戏的动态方面了!

动手试一试

[14-1] 蓝色天空:创建一个背景为蓝色的 Pygame 窗口。

[14-2] 游戏角色:找一幅你喜欢的游戏角色色位图图像或将一副图像转换为位图。建一个类,将该角色绘制到屏幕中央,并将该图像的背景设置为屏幕景色,或将屏幕景色设置为该图像的背景色。

14.4 驾驶飞船

下面我们来编写代码让操作者尝试左右移动飞船。在用户按左或右箭头键时作出响应。首先我们将专注于向右移动,再使用同样的原理来控制向左移动。通过这样做,你将学会如何控制屏幕图像的移动。

14.4.1 响应按键

每当用户按键时,都将在 Pygame 中注册一个事件,即每次按键都被注册为一个 KEYDOWN 事件。事件都是通过方法 pygame.event.get( )获取的,因此在函数 check_events( )中,我们需要指定要检查哪些类型的事件。

当检测到 KEYDOEN 事件时，我们需要检查按下的是否是特定的键。例如，如果按下的是右箭头键，我们就增大飞船的 rect.centerx 值，将飞船向右移动。

game_functions.py

```
import sys
import pygame

def check_events(game_ship):
    """响应按键和鼠标事件"""
    for event in pygame.event.get():
        if event.type == pygame.QUIT:
            sys.exit()
        elif event.type == pygame.KEYDOWN:
            if event.key == pygame.K_RIGHT:# 向右移动飞船
                game_ship.rect.centerx += 1

def screen_update(ai_settings, screen, game_ship):
    """更新屏幕上的图像，并切换到新屏幕"""
    # 每次循环时都重绘屏幕
    screen.fill(ai_settings.background_color)
    game_ship.blitme()

    # 让最近绘制的屏幕可见
    pygame.display.flip()
```

我们在函数 check_events( ) 中包含形参 game_ship，因为操作者按右箭头键时，需要将飞船向右移动。在函数 check_events( ) 内部，我们在事件循环中添加了一个 elif 条件判断，以便在 Pygame 检查到 KEYDOWN 事件时作出响应（见 1），我们读取属性 event.key，以检查按下的是否是右箭头键（pygame.K_RIGHT）（见 2）。如果按下的是右箭头键，就将 game_ship.rect.centerx 的值加 1，从而将飞船向右移动（见 3）。

在 invasion_alien.py 中，我们需要更新调用的 check_events( ) 代码，将 game_ship 作为实参传递给它：

invasion_alien.py

```
#import sys
import pygame
from game_settings import Game_Settings
from game_ship import Game_Ship
import game_functions as gf

def play_game():
    pygame.init()       #初始化,创建一个屏幕对象

    #创建宽1100像素、高700像素的游戏窗口
    ai_settings = Game_Settings()
    screen = pygame.display.set_mode((ai_settings.game_screen_width, ai_settings.game_screen_height),0,32)
    pygame.display.set_caption("Invasion Alien")

    game_ship = Game_Ship(screen)#创建一艘飞船

    #开始游戏的主循环
    while True:

        gf.check_events(game_ship)   #监视键盘和鼠标事件
        gf.screen_update(ai_settings,screen,game_ship)#更新屏幕上的图像，并切换到新屏幕

play_game()
```

如果现在运行 invasion_alien.py，则每按右箭头键一次，飞船都将向右移动 1 像素，这是一个开端，但并不是控制飞船的最有效的方式。下面来改进控制方式，允许持续移动。

14.4.2 允许不断移动

操作者按住右箭头键不放时，我们希望飞船不断地向右移动，直到操作者松开为止。我们将让游戏检测 pygame.KEYUP 事件，以便操作者松开右键时我们能够知道这一点；然后，我们将结合使用 KEYDOWN 和 KEYUP，以及一个名为 right_moving 的标志来实现飞船的持续移动。

飞船不动时，标志 right_moving 将为 False。操作者按下右箭头键时，我们将这个标志设置为 True；而操作者松开时，我们将这个标志重新设置为 False。

飞船的属性都由 Game_Ship 类控制，因此我们将给这个类添加一个名为 right_moving 属性和一个名为 update_position( ) 的方法，方法 update_position( ) 检查标志 right_moving 的状态，如果这个标志为 True，就调整飞船的位置。每当需要调整飞船的位置时，我们都调用这个方法。

下面是对 Game_Ship 类所做的修改：

game_ship.py

```
import pygame

class Game_Ship():
    def __init__(self,screen):
        """初始化飞船并设置其初始位置"""
        self.screen = screen
        #self.ai_settings = ai_settings

        # 加载飞船图像并获取其外接矩形
        self.image = pygame.image.load('ship.bmp')
        self.rect = self.image.get_rect()
        self.screen_rect = screen.get_rect()

        #将每艘新飞船放在屏幕底部中央
        self.rect.centerx = self.screen_rect.centerx
        self.rect.bottom = self.screen_rect.bottom

        #增加移动标志变量
        self.right_moving = False

        #判断移动标志变量
    def update_position(self):
        if self.right_moving:
            self.rect.centerx += 1

    def blitme(self):
        """在指定位置绘制飞船"""
        self.screen.blit(self.image,self.rect)
```

在方法 _init_( ) 中，我们添加了属性 self.right_moving，并将其初始值设置为 False（见 1）。接下来，我们添加了方法 update_position( )，它在前述标志为 True 时向右移动飞船（见 2）。

下面来修改 check_events( )，使其在操作者下右箭头键时将 right_moving 设置为 True，并在操作者松开时将 right_moving 设置为 False：

game_functions.py

```
import sys
import pygame
```

```
def check_events(game_ship):
    """响应按键和鼠标事件"""
    for event in pygame.event.get():
        if event.type == pygame.QUIT:
            sys.exit()
1       elif event.type == pygame.KEYDOWN:
            if event.key == pygame.K_RIGHT:# 向右移动飞船
                game_ship.right_moving = True
2       elif event.type == pygame.KEYUP:
            if event.key == pygame.K_RIGHT:
                game_ship.right_moving = False


def screen_update(ai_settings, screen, game_ship):
    """更新屏幕上的图像，并切换到新屏幕"""
    # 每次循环时都重绘屏幕
    screen.fill(ai_settings.background_color)
    game_ship.blitme()

    # 让最近绘制的屏幕可见
    pygame.display.flip()
```

在 1 处，我们修改了操作者按下右箭头键时响应的方式：不直接调整飞船的位置，而只是将 right_moving 设置为 True。在 2 处，我们添加了一个新的 elif 代码块，用于响应 KEYUP 事件：操作者松开右箭头键（K_RIGHT）时，我们将 right_moving 设置为 False。

最后，我们需要修改 invasion_alien.py 中的 while 循环，以便每次执行循环时都调用飞船的方法 update_position( )：

invasion_alien.py

```
def check_events(game_ship):
    """响应按键和鼠标事件"""
    for event in pygame.event.get():
        if event.type == pygame.QUIT:
            sys.exit()
1       elif event.type == pygame.KEYDOWN:
            if event.key == pygame.K_RIGHT:# 向右移动飞船
                game_ship.right_moving = True
2       elif event.type == pygame.KEYUP:
            if event.key == pygame.K_RIGHT:
                game_ship.right_moving = False


def screen_update(ai_settings, screen, game_ship):
    """更新屏幕上的图像，并切换到新屏幕"""
    # 每次循环时都重绘屏幕
    screen.fill(ai_settings.background_color)
    game_ship.blitme()

    # 让最近绘制的屏幕可见
    pygame.display.flip()
```

飞船的位置将在检测到键盘事件后（但在更新屏幕前）更新。这样，操作者输入时，飞船的位置将更新，从而确保使用更新后的位置将飞船绘制到屏幕上。

如果你现在运行 invasion_alien.py 机制并按住右箭头键，飞船将不断地向右移动，直到你松开为止。

14.4.3 左右移动

飞船能够不断地向右移动后，添加向左移动的逻辑很容易。我们将再次修改 Game_Ship

类和函数 check_events( )。下面显示了对 ship 类的方法 _init_( ) 和 update_position( ) 所做的相关修改：

Game_ship.py

```python
import pygame

class Game_Ship():
    def __init__(self, screen):
        """初始化飞船并设置其初始位置"""
        self.screen = screen
        #self.ai_settings = ai_settings

        # 加载飞船图像并获取其外接矩形
        self.image = pygame.image.load('ship.bmp')
        self.rect = self.image.get_rect()
        self.screen_rect = screen.get_rect()

        #将每艘新飞船放在屏幕底部中央
        self.rect.centerx = self.screen_rect.centerx
        self.rect.bottom = self.screen_rect.bottom

        #增加移动标志变量

        self.right_moving = False
        self.left_moving = False

        #判断移动标志变量
    def update_position(self):
        if self.right_moving:
            self.rect.centerx += 1
        if self.left_moving:
            self.rect.centerx -= 1

    def blitme(self):
        """在指定位置绘制飞船"""
        self.screen.blit(self.image, self.rect)
```

在方法 _init_( ) 中，我们添加了标志 self.left_moving，在方法 update_position( ) 中，我们添加了一个 if 代码块而不是 elif 代码块，这样如果操作者同时按下了左右箭头键，将无增大飞船的 rect.centerx 值，再降低这个值，即飞船的位置保持不变。如果使用一个 elif 代码块是向左移动的情况汇报，右箭头键将始终处于优先地位。从向左移动切换到向右移动时，操作者可能同时按住左右箭头键，在这种情况下，前面的做法让移动更准确。

我们还需对 check_events( ) 作两方面的调整：

game_functions.py

```python
import sys
import pygame

def check_events(game_ship):
    """响应按键和鼠标事件"""
    for event in pygame.event.get():
        if event.type == pygame.QUIT:
            sys.exit()
        elif event.type == pygame.KEYDOWN:
            if event.key == pygame.K_RIGHT:# 向右移动飞船
                game_ship.right_moving = True
            elif event.key == pygame.K_LEFT:
                game_ship.left_moving = True
        elif event.type == pygame.KEYUP:
            if event.key == pygame.K_RIGHT:
                game_ship.right_moving = False
```

```
                  elif event.key == pygame.K_LEFT:
                      game_ship.left_moving = False

def screen_update(ai_settings,screen,game_ship):
    """更新屏幕上的图像，并切换到新屏幕"""
    # 每次循环时都重绘屏幕
    screen.fill(ai_settings.background_color)
    game_ship.blitme()

    # 让最近绘制的屏幕可见
    pygame.display.flip()
```

如果因操作者按下 K_LEFT 键而触发了 KEYDOWN 事件，我们就将 left_moving 设置为 True；如果因为操作者松开 K_LEFT 而触发了 KEYUP 事件，我们就将 left_moving 设置为 False。这里之所以可以使用 elif 代码块，是因为每个事件都只与一个键相关联；如果操作者同时按下了左右箭头键，将检测到两个不同的事件。

如果此时运行 invasion_alien.py，操作者就能够不断地左右移动飞船；如果你同时按左右箭头键，飞船将纹丝不动。

下面进一步优化飞船的移动方式：调整飞船的速度；限制飞船的移动距离，避免它移到屏幕的外面去。

14.4.4 调整飞船的速度

前面的设计中，每次执行 while 循环时，飞船最多移动 1 像素，如果我们想控制飞船的速度，那么我们可以在 Game_Settings 类中添加属性 ship_speed，根据这个属性决定飞船在每次循环时最多移动多少像素。下面演示了如何在 game_sttings.py 中添加这个新属性：

game_settings.py

```
class Game_Settings():
    """存储《大战外星人》的所有设置的类"""
    def __init__(self):
        """初始化游戏的设置"""
        #屏幕设置
        self.game_screen_width = 1100
        self.game_screen_height = 700
        self.background_color = (230, 230, 230)

        self.ship_speed = 1.5 #飞船速度的设置
```

我们将 ship_speed 的初始值设置成了 1.5。需要移动飞船时，我们将移动 1.5 像素而不是 1 像素。

通过将速度设置指定为小数值，可在后面加快游戏的节奏时更细致地控制飞船的速度。但是 rect 的 centerx 等属性只能存储整数值，因此我们需要对 Game_Ship 类做些修改。

Game_ship.py

```
import pygame

class Game_Ship():
1   def __init__(self,ai_settings,screen):
        """初始化飞船并设置其初始位置"""
        self.screen = screen
2       self.ai_settings = ai_settings
```

```
         # 加载飞船图像并获取其外接矩形
         self.image = pygame.image.load('ship.bmp')
         self.rect = self.image.get_rect()
         self.screen_rect = screen.get_rect()

         #将每艘新飞船放在屏幕底部中央
         self.rect.centerx = self.screen_rect.centerx
         self.rect.bottom = self.screen_rect.bottom

         #将飞船的属性变为float型，可以存储小数
3        self.center = float(self.rect.centerx)

         #增加移动标志变量
         self.right_moving = False
         self.left_moving = False

         #判断移动标志变量
      def update_position(self):
         if self.right_moving:
4            self.center += self.ai_settings.ship_speed
         if self.left_moving:
             self.center -= self.ai_settings.ship_speed

         #更新rect对象
5        self.rect.centerx = self.center

      def blitme(self):
         """在指定位置绘制飞船"""
         self.screen.blit(self.image, self.rect)
```

在 1 处，我们在 _init_( ) 的形参列表中添加了 ai_settings，让飞船能够获取其速度设置。接下来，我们将形参 ai_settings 的值存储在一个属性中，以便能够在 update_position( ) 中使用它（见 2）。鉴于现在调整飞船的位置时，将增加或减去一个单位为像素的小数值，因此需要将位置存储在一个能够存储小数值的变量中。可以使用小数来设置 rect 属性，但 rect 将只存储这个值的和部分，为准确地存储飞船的位置，我们定义了一个可存储小数值的新属性 self.center（见 3）。我们使用函数 float( ) 将 self.rect.centerx 的值转换为小数，并将结果存储到 self.center 中。

现在在 update_position( ) 中调整飞船的位置时，将 self.center 的值增加或减去 ai_settings. ship_speed 的值（见 4）。更新 self.center 后，我们再根据它来更新控制飞船位置的 self.rect.centerx（见 5）。self.rect.centerx 将只存储 self.center 的整数部分，但对显示飞船而言，这问题不大。

在 invasion_alien.py 中创建 ship 实例时，需要传入实参 ai.settings：

invasion_alien.py

```
#import sys
import pygame
from game_settings import Game_Settings
from game_ship import Game_Ship
import game_functions as gf

def play_game():
    pygame.init()        #初始化，创建一个屏幕对象

    #创建宽1100像素、高700像素的游戏窗口
    ai_settings = Game_Settings()
    screen = pygame.display.set_mode((ai_settings.game_screen_width, ai_settings.game_screen_height), 0, 32)
    pygame.display.set_caption("Invasion Alien")

    game_ship = Game_Ship(ai_settings, screen)#创建一艘飞船

    #开始游戏的主循环
    while True:
```

```
        gf.check_events(game_ship)    #监视键盘和鼠标事件
        game_ship.update_position()
        gf.screen_update(ai_settings, screen, game_ship)#更新屏幕上的图像，并切换到新屏幕

play_game()
```

现在，只要 ship_speed 的值大小 1，飞船的移动速度就会比以前更快。这有助于让飞船的反应速度足够快，能够将外星人射击下来，还让我们能够随着游戏的进行加快游戏的节奏。

14.4.5　限制飞船的活动范围

根据现有设计，如果操作者按住箭头键的时间足够长，飞船就会移到屏幕外面，消失得无影无踪。如何来修复这种问题呢？下面我们将通过修改 Game_Ship 类的方法 update_position( ) 让飞船到达屏幕边缘后停止移动：

game_ship.py

```
import pygame

class Game_Ship():
    def __init__(self, ai_settings, screen):
        """初始化飞船并设置其初始位置"""
        self.screen = screen
        self.ai_settings = ai_settings

        # 加载飞船图像并获取其外接矩形
        self.image = pygame.image.load('ship.bmp')
        self.rect = self.image.get_rect()
        self.screen_rect = screen.get_rect()

        #将每艘新飞船放在屏幕底部中央
        self.rect.centerx = self.screen_rect.centerx
        self.rect.bottom = self.screen_rect.bottom

        #将飞船的属性变为float型，可以存储小数
        self.center = float(self.rect.centerx)

        #增加移动标志变量
        self.right_moving = False
        self.left_moving = False

        #判断移动标志变量
    def update_position(self):
 1      if self.right_moving and self.rect.right < self.screen_rect.right:
            self.center += self.ai_settings.ship_speed
 2      if self.left_moving and self.rect.left > 0:
            self.center -= self.ai_settings.ship_speed

        #更新rect对象
        self.rect.centerx = self.center

    def blitme(self):
        """在指定位置绘制飞船"""
        self.screen.blit(self.image, self.rect)
```

通过上述代码可知，在修改 self.center 的值之前首先检查飞船的位置。self.rect.right 返回飞船外接矩形的右边缘的 x 坐标，如果这个值小于 self.screen_rect.right 的值，就

说明飞船未触及屏幕右边缘（见1）。左边缘的情况与此类似：如果 rect 的左边缘的 x 坐标大于零，就说明飞船未触及屏幕左边缘（见2）。这确保仅当飞船在屏幕内时，才调整 self.center 的值。

如果此时运行 invasion_alien.py，飞船将在触及屏蔽左边缘或右边缘后停止移动。

14.4.6　重构 check_events( )

随着游戏开发的进行，函数 check_events( ) 的代码会越来越长，下面我们来重构函数 check_events( )，将其部分代码放在两个函数中：一个处理 KEYDOWN 事件，另一个处理 KEYUP 事件：

game_functions.py

```
import sys
import pygame

def check_events(game_ship):
    """响应按键和鼠标事件"""
    for event in pygame.event.get():
        if event.type == pygame.QUIT:
            sys.exit()
        elif event.type == pygame.KEYDOWN:
            check_keydown_events(event, game_ship)
        elif event.type == pygame.KEYUP:
            check_keyup_events(event, game_ship)


def screen_update(ai_settings, screen, game_ship):
    """更新屏幕上的图像，并切换到新屏幕"""
    # 每次循环时都重绘屏幕
    screen.fill(ai_settings.background_color)
    game_ship.blitme()

    # 让最近绘制的屏幕可见
    pygame.display.flip()


def check_keydown_events(event, game_ship):
    #响应按键按下
    if event.key == pygame.K_RIGHT:# 向右移动飞船
        game_ship.right_moving = True
    elif event.key == pygame.K_LEFT:
        game_ship.left_moving = True

def check_keyup_events(event, game_ship):
    # 响应按键松开
    if event.key == pygame.K_RIGHT:
        game_ship.right_moving = False
    elif event.key == pygame.K_LEFT:
        game_ship.left_moving = False
```

check_keydown_events( ) 和 check_keyup_events( ) 是我们创建的两个新函数，函数 check_events 中相应的代码替换成了对这两个函数的调用。这两个新函数都包含形参 event 和 game_ship。这两个函数的代码都是从 check_events( ) 函数中复制而来的。现在，函数 check_events( ) 更简单，代码结构更清晰。这样，在其中响应其他操作者输入时将更容易。

14.5

开炮射击

下面来编写射击功能。操作者按空格键时发射子弹（小矩形）的代码。子弹将在屏蔽中向上穿行，抵达屏幕上边缘后消失。

14.5.1　添加子弹设置

首先，更新 game_settings.py，在其方法 _init_() 末尾存储新类 Bullet_shoot 所需的值：

game_settings.py

```
class Game_Settings():
    """存储《大战外星人》的所有设置的类"""
    def __init__(self):
        """初始化游戏的设置"""
        #屏幕设置
        self.game_screen_width = 1100
        self.game_screen_height = 700
        self.background_color = (230, 230, 230)

        self.ship_speed = 1.5 #飞船速度的设置


        #设置发射子弹
        self.bullet_speed_factor = 1
        self.bullet_width = 3
        self.bullet_height = 15
        self.bullet_color = 60,60,60
```

子弹设置为宽 3 个像素、高 15 个像素的深灰色子弹。子弹的速度比飞船稍低。

14.5.2　创建 Bullet_shoot 类

下面来创建存储 Bullet 类的文件 bullet.py，其前半部分如下：

bullet.py

```
import pygame
from pygame.sprite import Sprite

class Bullet(Sprite):
    """一个对飞船发射的子弹进行管理的类"""

    def __init__(self, ai_settings, screen, game_ship):
        """在飞船所处的位置创建一个子弹对象"""
        super(Bullet, self).__init__()
        self.screen = screen

        # 在（0,0）处创建一个表示子弹的矩形，再设置正确的位置
1       self.rect = pygame.Rect(0, 0, ai_settings.bullet_width, ai_settings.bullet_height)
2       self.rect.centerx = game_ship.rect.centerx
3       self.rect.top = game_ship.rect.top

        #存储用小数表示的子弹位置
4       self.y = float(self.rect.y)

5       self.color = ai_settings.bullet_color
        self.speed_factor = ai_settings.bullet_speed_factor
```

Bullet 类继承了从模块 pygame.sprite 中导入的 Sprite 类。我们通过使用精灵，可以将游戏中相关的元素编组，进而同时操作编组中的所有元素。为创建子弹实例，需要向方法 _init_( ) 传递 ai_settings、screen 和 game_ship 实例，还调用了 super( ) 来继承 Sprite。

⏳ **注意：** 代码 super（Buller，self），_init_( ) 使用了 Python2.7 语法。这种语法也适用于 Python3，但你也可以将这行代码简写为 super( )，_init_( )。

在 1 处，我们创建了子弹的属性 rect。子弹并不是基于图像的，因此我们必须使用 pygame.rect( ) 类从空白开始创建一个矩形。创建这个类的实例的时候，必须提供矩形左上角的 x 坐标和 y 坐标，还有矩形的宽度和高度。我们在（0，0）处创建这个矩形，但接下来的两行代码是将其移到了正确的位置，因为子弹的初始位置取决于飞船当前的位置。子弹的宽度和高度是从 ai_settings 中获取的。

在 2 处，我们将子弹的 centerx 设置为飞船的 rect.centerx。子弹应该从飞船顶部射出，所以我们将表示子弹的 rect 的 top 属性设置为飞船的 rect 的 top 属性，让子弹看起来像是从飞船中射出的（见 3）。

我们将子弹的 y 坐标存储为小数值，这样方便能够微调子弹的速度（见 4）。在 5 处，我们将子弹的颜色和速度设置分别存储到 self.color 和 self.speed_factor 中。

下面是 bullet.py 的第二部分——方法 update( ) 和 draw_bullet( )：

bullet.py

```
   def update(self):
       """向上移动子弹"""
       # 更新表示子弹位置的小数值
1      self.y -= self.speed_factor
       # 更新表示子弹的rect的位置
2      self.rect.y = self.y

   def draw_bullet(self):
       """在屏幕上绘制子弹"""
3      pygame.draw.rect(self.screen, self.color, self.rect)
```

方法 update( ) 管理子弹的位置。子弹发射出去以后，在屏幕中向上移动，即 y 坐标将会不断减小，因此为了更新子弹的位置，我们从 self.y 中减去 self.speed_factor 的值（见 1）。接下来，我们将 self.y 赋值给 self.rect.y（见 2）。属性 speed_factor 可以让我们能够随着游戏的进行或根据需要提高子弹的速度，以调整游戏的行为。子弹发射后，其 x 坐标始终不变，因此子弹将沿直线垂直地往上穿行。

需要绘制子弹时，我们调用 draw_bullet( )。函数 draw.rect( ) 使用存储在 self.color 中的颜色填充表示子弹的 rect 占据的屏幕部分（见 3）。

14.5.3 将子弹存储到编组中

定义 Bullet 类，并进行必要的设置后，就可以编写代码了，在操作者每次按空格键时都会发射出一发子弹。首先，我们将在 invasion_alien.py 中创建一个编组（group），用于存储所有有效的子弹，以便能够管理发射出去的所有子弹。这个编组将是 pygame.sprite.Group 类的一个实例；pygame.sprite.Group 类与列表相似，不同的是它提供了有助于开发游戏的额外功能。在主循环中，我们将使用这个在屏幕上绘制子弹，以及更新每颗子弹的位置：

invasion_alien.py

```
#import sys
import pygame
from pygame.sprite import Group
from game_settings import Game_Settings
from game_ship import Game_Ship
import game_functions as gf

def play_game():
    pygame.init()      #初始化,创建一个屏幕对象

    #创建宽1100像素、高700像素的游戏窗口
    ai_settings = Game_Settings()
    screen = pygame.display.set_mode((ai_settings.game_screen_width, ai_settings.game_screen_height),0,32)
    pygame.display.set_caption("Invasion Alien")

    game_ship = Game_Ship(ai_settings, screen)#创建一艘飞船
    bullets = Group()#创建一个用于存储子弹的编组

    #开始游戏的主循环
    while True:

        gf.check_events(ai_settings, screen, game_ship, bullets)  #监视键盘和鼠标事件
        game_ship.update_position()
        bullets.update()
        gf.screen_update(ai_settings, screen, game_ship, bullets)#更新屏幕上的图像,并切换到新屏幕

play_game()
```

代码中首先导入了 pygame.sprite 中的 Group 类。在 1 处,我们创建了一个 Group 实例,并将其赋值给 bullets。为避免每次运行该循环时都创建一个新的子弹编组,这个编组是在 while 循环外面创建的。

　　✕ 注意:如果在循环内部创建这样的编组,游戏运行时将创建无数个子弹编组,导致游戏慢得像蜗牛一样。如果游戏停滞不前,主 while 循环中很可能发生了情况。

　　我们将 bullets 传递给了 check_events( ) 和 screen_update( )。在 check_events( ) 中,需要在操作者按空格键时处理 bullets;而在 screen_update( ) 中,需要更新要绘制到屏幕上的 bullets。

　　当你对编组调用 update( ) 时,编组将自动对其中的每个精灵调用 update( ),因此代码行 bullets.update( ) 将为编组 bullerts 中的每颗子弹调用 bullet.update( )。

14.5.4　开火

　　为保证操作者按空格键时发射一颗子弹,需要修改 game.functions.py 中的 check_keydown_events( ),但我们无需修改 check_keyup_events( ),因为操作者松开空格键时什么都不会发生。我们还需修改 screen_update( ),确保在调用 flip( ) 前在屏幕上重新绘制每颗子弹。下面是对 game_functions.py 所做的相关修改:

game_functions.py

```
3   def check_events(ai_settings, screen, game_ship, bullets):
        """响应按键和鼠标事件"""
        for event in pygame.event.get():
            if event.type == pygame.QUIT:
                sys.exit()
            elif event.type == pygame.KEYDOWN:
                check_keydown_events(event, ai_settings, screen, game_ship, bullets)
            elif event.type == pygame.KEYUP:
                check_keyup_events(event, game_ship)
```

```
4    def screen_update(ai_settings, screen, game_ship, bullets):
         """更新屏幕上的图像，并切换到新屏幕"""
         # 每次循环时都重绘屏幕
         screen.fill(ai_settings.background_color)
5        for bullet in bullets.sprites():
             bullet.draw_bullet()
         game_ship.blitme()

         # 让最近绘制的屏幕可见
         pygame.display.flip()

1    def check_keydown_events(event, ai_settings, screen, game_ship, bullets):
         #响应按键按下
         if event.key == pygame.K_RIGHT:# 向右移动飞船
             game_ship.right_moving = True
         elif event.key == pygame.K_LEFT:
             game_ship.left_moving = True

         # 创建子弹
2        elif event.key == pygame.K_SPACE:
             new_bullet = Bullet(ai_settings, screen, game_ship)
             bullets.add(new_bullet)

     def check_keyup_events(event, game_ship):
         # 响应按键松开
         if event.key == pygame.K_RIGHT:
             game_ship.right_moving = False
         elif event.key == pygame.K_LEFT:
             game_ship.left_moving = False
```

　　编组 bullets 传递给了 check_keydown_events( )（见 1）。操作者按空格键时，创建一颗新子弹（一个名为 new_bullet 的 Bullet 实例），并使用方法 add( ) 将其加入编组 bullets 中（见 2）；代码 bullets.add（new_bullet）将新子弹存储到编组 bullets 中。

　　在 check_events( ) 的定义中，我们需要添加形参 bullets（见 3）；调用 check_keydown_events( ) 时，我们也需要将 bullets 作为实参传递给它。

　　在 4 处，我们给在屏幕上绘制子弹的 screen_update( ) 添加了形参 bullets。方法 bullets.sprites( ) 返回一个列表，其中包含编组 bullets 中的所有精灵。为在屏幕上绘制发射的所有子弹，我们遍历编组 bullets 中的精灵，并对每个精灵都调用 draw_bullet( )（见 5）。

　　如果此时运行 invasion_alien.py，将能够左右移动飞船，并发射任意数量的子弹。子弹在屏幕上向上穿行，抵达屏幕顶部后消失，如图 14-5 所示，可在 settings.py 中修改子弹的尺寸、颜色和速度。

图 14-5　飞船发射一系列子弹后的游戏

14.5.5　删除已消失的子弹

在上面的操作中，子弹抵达屏幕顶部后就消失，但是这些子弹实际上是存在的，之所以消失是因为 Pygame 无法在屏幕外面绘制它们。在操作中子弹的 y 坐标为负数，且越来越小，这是个问题，因为它们将继续消耗内存和处理能力。

我们需要将这些已消失的子弹删除，否则游戏所做的无谓工作将越来越多，进而变得越来越慢。为此，我们需要检测这样的条件，即表示子弹的 rectbuttom 属性为零，它表明子弹已穿过屏幕顶部：

invasion_alien.py

```
#import sys
import pygame
from pygame.sprite import Group
from game_settings import Game_Settings
from game_ship import Game_Ship
import game_functions as gf

def play_game():
    pygame.init()        #初始化,创建一个屏幕对象

    #创建宽1100像素、高700像素的游戏窗口
    ai_settings = Game_Settings()
    screen = pygame.display.set_mode((ai_settings.game_screen_width, ai_settings.game_screen_height),0,32)
    pygame.display.set_caption("Invasion Alien")

    game_ship = Game_Ship(ai_settings,screen)#创建一艘飞船
    bullets = Group()#创建一个用于存储子弹的编组

    #开始游戏的主循环
    while True:

        gf.check_events(ai_settings,screen,game_ship,bullets)  #监视键盘和鼠标事件
        game_ship.update_position()
        bullets.update()

        #检测已消失的子弹并进行删除
1       for bullet in bullets.copy():
2           if bullet.rect.bottom <= 0:
3               bullets.remove(bullet)
4       print(len(bullets))

        gf.screen_update(ai_settings,screen,game_ship,bullets)#更新屏幕上的图像，并切换到新屏幕


play_game()
```

在 for 循环中，不应从列表或编组中删除条目，因此必须遍历的编组的副本。我们使用了方法 copy() 来设置循环（见 1），这让我们能够在循环中修改 bullets。我们检查每颗子弹，看看它是否已从屏幕顶部消失（见 2）。如果到达顶部，就将其从 bullets 中删除（见 3）。我们使用了一条 print 语句，以显示当前还有多少颗子弹，从而核实已消失的子弹确实删除了（见 4）。

如果这些代码没有问题，我们发射子弹后查看终端窗口时，将发现随着子弹一颗颗地在屏幕顶端消失，子弹数将逐渐降为零。运行这个游戏将并确认子弹已被删除后，将这条 print 语句删除。如果你留下这条语句，游戏的速度将大大降低，因为将输出写入到终端而花费的时间比将图形绘制到游戏窗口花费的时间还多。

14.5.6　限制子弹数量

为鼓励操作者有目标地射击，很多射击游戏都对可同时出现在屏幕上的子弹数量进行限制。下面在游戏《大战外星人》中作这样的限制。

首先，在 game_settings.py 中存储所允许的最大子弹数：

game_settings.py

```
class Game_Settings():
    """存储《大战外星人》的所有设置的类"""
    def __init__(self):
        """初始化游戏的设置"""
        #屏幕设置
        self.game_screen_width = 1100
        self.game_screen_height = 700
        self.background_color = (230, 230, 230)

        self.ship_speed = 1.5 #飞船速度的设置


        #设置发射子弹
        self.bullet_speed_factor = 1
        self.bullet_width = 3
        self.bullet_height = 15
        self.bullet_color = 60,60,60
        self.bullets_allowed = 3 #将未消失的子弹数限制为3颗
```

在上面的代码中将未消失的子弹数限制为 3 颗。在 game_functions.py 的 check_keydown_events( ) 中，我们在创建新子弹前检查未消失的子弹数是否小于该设置：

game_functions.py

```
import sys
import pygame
from bullet import Bullet

def check_events(ai_settings, screen, game_ship, bullets):
    #响应按键和鼠标事件
    for event in pygame.event.get():
        if event.type == pygame.QUIT:
            sys.exit()
        elif event.type == pygame.KEYDOWN:
            check_keydown_events(event, ai_settings, screen, game_ship, bullets)
        elif event.type == pygame.KEYUP:
            check_keyup_events(event, game_ship)


def screen_update(ai_settings, screen, game_ship, bullets):
    #更新屏幕上的图像，并切换到新屏幕
    # 每次循环时都重绘屏幕
    screen.fill(ai_settings.background_color)
    for bullet in bullets.sprites():
        bullet.draw_bullet()
    game_ship.blitme()

    # 让最近绘制的屏幕可见
    pygame.display.flip()


def check_keydown_events(event, ai_settings, screen, game_ship, bullets):
    #响应按键按下
    if event.key == pygame.K_RIGHT:# 向右移动飞船
        game_ship.right_moving = True
    elif event.key == pygame.K_LEFT:
        game_ship.left_moving = True

    # 创建子弹
    elif event.key == pygame.K_SPACE:
        if len(bullets) < ai_settings.bullets_allowed:
            new_bullet = Bullet(ai_settings, screen, game_ship)
            bullets.add(new_bullet)
```

```
def check_keyup_events(event, game_ship):
    # 响应按键松开
    if event.key == pygame.K_RIGHT:
        game_ship.right_moving = False
    elif event.key == pygame.K_LEFT:
        game_ship.left_moving = False
```

操作者按空格键时，我们检查 bullets 的长度。如果 len（bullets）小于 3，我们就创建一颗子弹。如果已有 3 颗未消失的子弹，则操作者按空格键时什么都不会发生。当你运行现在这个游戏，屏幕上最多只能有 3 颗子弹。

14.5.7　创建函数 update_bullets( )

为了让主程序文件 invasion_alien.py 尽可能简单，编写并检查子弹管理代码后，可将其移到模块 game_functions 中。我们创建一个名为 bullets_update ( ) 的新函数，并将其添加到 game_functions.py 的末尾：

game_functions.py

```
def bullets_update(bullets):
    bullets.update()
    #检测已消失的子弹并进行删除
    for bullet in bullets.copy():
        if bullet.rect.bottom <= 0:
            bullets.remove(bullet)
```

bullets_ update( ) 的代码是从 invasion_alien.py 剪切并粘贴而来的，它只需要一个参数，即编组 bullets：

invasion_alien.py 中的 while 循环又变得很简单了：

invasion_alien.py

```
#import sys
import pygame
from pygame.sprite import Group
from game_settings import Game_Settings
from game_ship import Game_Ship
import game_functions as gf

def play_game():
    pygame.init()       #初始化,创建一个屏幕对象

    #创建宽1100像素、高700像素的游戏窗口
    ai_settings = Game_Settings()
    screen = pygame.display.set_mode((ai_settings.game_screen_width, ai_settings.game_screen_height), 0, 32)
    pygame.display.set_caption("Invasion Alien")

    game_ship = Game_Ship(ai_settings, screen)#创建一艘飞船
    bullets = Group()#创建一个用于存储子弹的编组

    #开始游戏的主循环
    while True:
1       gf.check_events(ai_settings, screen, game_ship, bullets)   #监视键盘和鼠标事件
2       game_ship.update_position()
3       gf.bullets_update(bullets)
4       gf.screen_update(ai_settings, screen, game_ship, bullets)#更新屏幕上的图像，并切换到新屏幕

play_game()
```

我们让主循环包含尽可能少的代码，这样只要看函数名就能迅速知道游戏中发生的

情况汇报。现在主循环的运行流程为首先检查操作者的输入（见 1），然后更新飞船的位置（见 2）和所有未消失的子弹的位置（见 3）。接下来，我们使用更新后的位置来绘制新屏幕（见 4）。

14.5.8 创建函数 fire_bullet( )

下面将发射子弹的代码移到一个独立的函数中，这样可以简化 check_keydown_events( ) 函数，在 check_keydown_events( ) 中只需使用一行代码来发射子弹，让 elif 代码块变得非常简单。

game_functions.py

```
def check_keydown_events(event, ai_settings, screen, game_ship, bullets):
    #响应按键按下
    if event.key == pygame.K_RIGHT:# 向右移动飞船
        game_ship.right_moving = True
    elif event.key == pygame.K_LEFT:
        game_ship.left_moving = True

    # 创建子弹
    elif event.key == pygame.K_SPACE:
1       fire_bullet(ai_settings, screen, game_ship, bullets)

def check_keyup_events(event, game_ship):

    # 响应按键松开
    if event.key == pygame.K_RIGHT:
        game_ship.right_moving = False
    elif event.key == pygame.K_LEFT:
        game_ship.left_moving = False

def bullets_update(bullets):
    bullets.update()
    #检测已消失的子弹并进行删除
    for bullet in bullets.copy():
        if bullet.rect.bottom <= 0:
            bullets.remove(bullet)

def fire_bullet(ai_settings, screen, game_ship, bullets):
    # 发射子弹
    if len(bullets) < ai_settings.bullets_allowed:
        new_bullet = Bullet(ai_settings, screen, game_ship)
        bullets.add(new_bullet)
```

函数 fire_bullet( ) 只包含操作者按空格键时用于发射子弹的代码：在 check_keydown_events( ) 中，我们在操作者按空格键时调用 fire_bullet( )（见 1）。

请再次运行 invasion_alien.py，确认发射子弹时依然没有错误。

动手试一试

侧面射击：编写一个游戏，将一艘飞船放在屏幕左边，并允许玩家上下移动飞船。在玩家按空格键时，让飞船发射一颗在屏幕中向右穿行的子弹，并在子弹离开屏幕而消失后将其删除。

14.6
创建一个外星人

根据项目流程，开发较大的项目时，进入每个开发阶段前首先回顾一下开发计划，搞清楚接下来要完成哪些任务，对应编写哪些代码。本章涉及以下内容。

- 研究既有代码，确定是否需要进行重构便于新功能的实现。
- 在屏幕左上角指定合适的边距添加一个外星人。
- 根据第一个外星人的边距和屏幕尺寸计算屏幕上可容纳多少个外星人。我们编写一个循环来创建一系列外星人，这些外星人填满屏幕的上半部分。
- 让外星人群向两边和下方移动，直到外星人被全部击落。如果整群外星人都被击落，我们将再创建一群外星人。有外星人撞到飞船，或有外星人抵达屏幕底端，我们将销毁飞船并再创建一群外星人。
- 限制操作者可用的飞船数量，配给的飞船用完后，游戏结束。

我们将在实现功能的同时完善这个计划，但就目前而言，该计划已经非常详尽了。

每进入一个新阶段，通常项目都会更复杂，因此在给项目添加新功能前，首先审核既有代码，对混乱或低效的代码进行清理。

既有代码在编写过程中一直不断地重构，因此当前需要做的清理工作不多，但每次为测试新功能需要运行这个游戏时，都必须使用鼠标来关闭它，这非常麻烦，下面来添加一个结束游戏的快捷键 Q：

game_functions.py

```
def check_keydown_events(event, ai_settings, screen, game_ship, bullets):
    #响应按键按下
    if event.key == pygame.K_RIGHT:# 向右移动飞船
        game_ship.right_moving = True
    elif event.key == pygame.K_LEFT:
        game_ship.left_moving = True

    # 创建子弹
    elif event.key == pygame.K_SPACE:
        fire_bullet(ai_settings, screen, game_ship, bullets)
    elif event.key == pygame.K_q:
        sys.exit()
```
1

在 check_keydown_events( ) 中，我们添加了一个代码块，以便在操作者按 Q 时结束游戏（见 1）。这样的修改很安全，因为 Q 键离箭头键和空格键很远，操作者不小心按 Q 键而导致游戏结束的可能性不大。现在测试时可按 Q 关闭游戏，而无需使用鼠标来关闭窗口了。

在屏幕上旋转外星人与旋转飞船类似。每个外星人的行为都由 Alien 类控制，我们将像创建 Game_

图 14-6　用来创建外星人群的外星人图像

Ship 类那样创建这个类。出于简化考虑，我们也使用位图来表示外星人。你可以自己录找表示外星人的图像，也可使用图 14-6 所示的图像。这幅图像的背景为灰色，与屏幕背景色一致。请务必将你选择的图像文件保存到文件夹 images 中。

14.6.1 创建 Alien 类

下面来编写 Game_Alien 类：

game_alien.py

```
import pygame
from pygame.sprite import Sprite


class Game_Alien(Sprite): #表示单个外星人的类

    def __init__(self,ai_settings,screen):
        #初始化外星人并设置其起始位置
        super(Game_Alien,self).__init__()
        self.screen = screen
        self.ai_settings = ai_settings

        # 加载外星人图像，并设置其rect属性
        self.image = pygame.image.load('alien.bmp')
        self.image = pygame.transform.scale(self.image,(60,40))
        self.rect = self.image.get_rect()

        # 每个外星人最初都在屏幕左上角附近
1       self.rect.x = self.rect.width
        self.rect.y = self.rect.height

        # 存储外星人的准确位置
        self.x = float(self.rect.x)

    def blitme(self):
        #在指定位置绘制外星人
        self.screen.blit(self.image,self.rect)
```

这个类的大部分代码都与 Game_Ship 类相似，除位置设定不同以外。每个外星人最初都位于屏幕左上角附近，我们将每个外星人的左边距都设置为外星人宽度，并将上边距设置为外星人的高度（见 1）。

14.6.2 创建 Alien 实例

下面在 invasion_alien.py 中创建一个实例：

invasion_alien.py

```
#import sys
import pygame
from pygame.sprite import Group
from game_settings import Game_Settings
from game_ship import Game_Ship
from game_alien import Game_Alien
import game_functions as gf

def play_game():
    pygame.init()        #初始化,创建一个屏幕对象
```

```
#创建宽1100像素、高700像素的游戏窗口
ai_settings = Game_Settings()
screen = pygame.display.set_mode((ai_settings.game_screen_width, ai_settings.game_screen_height), 0, 32)
pygame.display.set_caption("Invasion Alien")

game_ship = Game_Ship(ai_settings, screen)#创建一艘飞船
bullets = Group()#创建一个用于存储子弹的编组
1   game_alien = Game_Alien(ai_settings, screen)# 创建一个外星人

#开始游戏的主循环
while True:

        gf.check_events(ai_settings, screen, game_ship, bullets)   #监视键盘和鼠标事件
        game_ship.update_position()
        gf.bullets_update(bullets)
2       gf.screen_update(ai_settings, screen, game_ship, game_alien, bullets)#更新屏幕上的图像, 并切换到新屏幕


play_game()
```

在这里，我们导入新创建的 Game_Alien 类，并在进入 while 循环前创建了一个 Game_Alien 实例（见 1）。while 循环没有增加任何新的功能。但我们修改了对 screen_update( ) 的调用（见 2），传递了一个外星人实例 game_alien。

14.6.3　让外星人出现在屏幕上

为让外星人出现在屏幕上，我们在 screen_update( ) 中调用其方法 blitme( )（见 1）：

game_functions.py

```
def screen_update(ai_settings, screen, game_ship, game_alien, bullets):
    #更新屏幕上的图像, 并切换到新屏幕
    # 每次循环时都重绘屏幕
    screen.fill(ai_settings.background_color)
    for bullet in bullets.sprites():
        bullet.draw_bullet()
    game_ship.blitme()
1   game_alien.blitme()

    # 让最近绘制的屏幕可见
    pygame.display.flip()
```

在前面章节的设计中绘制了飞船和子弹，现在绘制外星人，让外星人在屏幕上位于最前面。图 14-7 显示了屏幕上的第一个外星人。第一个外星人正确地现身后，下面章节来编写绘制一群外星人的代码。

图 14-7　第一个外星人现身

14.7
创建一群外星人

如果要绘制一群外星人，需要确定一行能容纳多少个外星人以及要绘制多少行外星人。我们将首先计算外星人之间的水平间距，并创建一行外星人，再确定可用的垂直空间，最后创建整群外星人。

14.7.1　确定一行可容纳多少个外星人

屏幕宽度存储在 ai_settings.screen_width 中，为确定一行可容纳多少个外星人，我们需要根据水平空间的大小来决定。但是在设计过程中需要在屏幕两边都留下一定的边距，把它设置为外星人的宽度。考虑有两个边距，因此可用于放置处星人的水平空间为屏幕宽度减去外星人宽度的两倍：

```
available_space_x = ai_settings.screen_width - (2 * alien_width)
```

我们还需要在外星人之间留出一定的空间，设定为一个外星人宽度。因此，显示一个外星人的所需的水平空间为外星人宽度的两倍：一个宽度用于旋转外星人，另一个宽度为外星人右边的空白区域。为确定一行可容纳多少个外星人，我们将可用空间除以外星人宽度的两倍：

```
number_aliens_x = available_space_x / (2 * alien_width)
```

我们将在创建外星人群时使用这些公式。

⏳ **注意**：令人欣慰的是，在程序中执行计算时，一开始你无需确定公式是正确的，而可以尝试直接运行程序，看看结果是否符合预期。即使是在最糟糕的情况下，也只是屏幕上显示的外星人太多或太少。你可以根据在上看到的情况调整计算公式。

14.7.2　创建多行外星人

为创建一行外星人，首先在 invasion_alien.py 中创建一个名为 aliens 的空编组，用于存储全部外星人，再调用 game_functions.py 中创建外星人群的函数：

invasion_alien.py

```
#import sys
import pygame
from pygame.sprite import Group
from game_settings import Game_Settings
from game_ship import Game_Ship
from game_alien import Game_Alien
import game_functions as gf

def play_game():
    pygame.init()          #初始化，创建一个屏幕对象

    #创建宽1100像素、高700像素的游戏窗口
    ai_settings = Game_Settings()
    screen = pygame.display.set_mode((ai_settings.game_screen_width, ai_settings.game_screen_height), 0, 32)
    pygame.display.set_caption("Invasion Alien")
```

```
        game_ship = Game_Ship(ai_settings, screen)#创建一艘飞船
        bullets = Group()#创建一个用于存储子弹的编组
1      aliens = Group()#创建一个用于存储外星人的编组
2      gf.create_fleet(ai_settings, screen, aliens)

        #开始游戏的主循环
        while True:

            gf.check_events(ai_settings, screen, game_ship, bullets)    #监视键盘和鼠标事件
            game_ship.update_position()
            gf.bullets_update(bullets)
3          gf.screen_update(ai_settings, screen, game_ship, aliens, bullets)#更新屏幕上的图像，并切换到新屏幕

play_game()
```

由于我们不在 invasion_alien.py 中直接创建外星人，因此无需在这个文件中导入 Game_Alien 类。

首先创建了一个空编组（见1），用于存储所有的外星人。接下来，调用稍后将编写的函数 create_fleet( )（见2），并将 ai_settings、对象 screen 和空编组 aliens 传递给它。然后，修改 screen_update( ) 的调用，让它能够访问外星人编组（见3）。

我们还需要修改 screen_update( )：

game_functions.py

```
def screen_update(ai_settings, screen, game_ship, aliens, bullets):
    #更新屏幕上的图像，并切换到新屏幕
    # 每次循环时都重绘屏幕
    screen.fill(ai_settings.background_color)
    for bullet in bullets.sprites():
        bullet.draw_bullet()
    game_ship.blitme()
1  aliens.draw(screen)

    # 让最近绘制的屏幕可见
    pygame.display.flip()
```

对编组调用 draw( ) 时，Pygame 自动绘制编组的每个元素，绘制位置由元素的属性 rect 决定。在这里，aliens.draw（screen）在屏幕上绘制编组中的每个外星人（见1）。

14.7.3　创建外星人群

编写新函数来创建外星人群。定义新函数名为 create_fleet( )，我们将它放在 game_functions.py 的末尾。我们还需要导入 Game_Alien 类，请注意，一定要在文件 game_functions.py 开头添加相应的 import 语句：

game_functions.py

```
import sys
import pygame
from bullet import Bullet
from game_alien import Game_Alien

def check_events(ai_settings, screen, game_ship, bullets):
    #响应按键和鼠标事件
    for event in pygame.event.get():
        if event.type == pygame.QUIT:
            sys.exit()
        elif event.type == pygame.KEYDOWN:
            check_keydown_events(event, ai_settings, screen, game_ship, bullets)
        elif event.type == pygame.KEYUP:
            check_keyup_events(event, game_ship)
```

```python
def screen_update(ai_settings, screen, game_ship, aliens, bullets):
    #更新屏幕上的图像，并切换到新屏幕
    # 每次循环时都重绘屏幕
    screen.fill(ai_settings.background_color)
    for bullet in bullets.sprites():
        bullet.draw_bullet()
    game_ship.blitme()
    aliens.draw(screen)

    # 让最近绘制的屏幕可见
    pygame.display.flip()

def check_keydown_events(event, ai_settings, screen, game_ship, bullets):
    #响应按键按下
    if event.key == pygame.K_RIGHT:# 向右移动飞船
        game_ship.right_moving = True
    elif event.key == pygame.K_LEFT:
        game_ship.left_moving = True

    # 创建子弹
    elif event.key == pygame.K_SPACE:
        fire_bullet(ai_settings, screen, game_ship, bullets)
    elif event.key == pygame.K_q:
        sys.exit()

def check_keyup_events(event, game_ship):

    # 响应按键松开
    if event.key == pygame.K_RIGHT:
        game_ship.right_moving = False
    elif event.key == pygame.K_LEFT:
        game_ship.left_moving = False

def bullets_update(bullets):
    bullets.update()
    #检测已消失的子弹并进行删除
    for bullet in bullets.copy():
        if bullet.rect.bottom <= 0:
            bullets.remove(bullet)

def fire_bullet(ai_settings, screen, game_ship, bullets):
    # 发射子弹
    if len(bullets) < ai_settings.bullets_allowed:
        new_bullet = Bullet(ai_settings, screen, game_ship)
        bullets.add(new_bullet)


def create_fleet(ai_settings, screen, aliens):
    #创建外星人群
    # 创建一个外星人，并计算一行可容纳多少个外星人
    # 外星人间距为外星人宽度
1   alien = Game_Alien(ai_settings, screen)
2   alien_width = alien.rect.width
3   available_space_x = ai_settings.game_screen_width - 2 * alien_width
4   number_alien_x = int(available_space_x / (2 * alien_width))

5   for alien_number in range(number_alien_x):# 创建第一行外星人
        # 创建一个外星人并将其加入当前行
6       alien = Game_Alien(ai_settings, screen)
        alien_x = alien_width + 2 * alien_width * alien_number
        alien.rect.x = alien_x
        aliens.add(alien)
```

　　在前面编写代码的过程中已经对这些代码详细介绍过。首先我们来计算外星人的宽度和高度，在执行计算前，我们先创建一个外星人（见 1）。这个外星人不是外星人群的成员，

因此没有将它加入编组 aliens 中。在 2 处，我们从外星人的 rect 属性中获取外星人宽度，并将这个值存储到 alien_width 中，以免反复访问属性 rect。在 3 处。我们计算可用于旋转外星人的水平空间，以及其中可容纳多少个外星人。

在程序中使用了 int( )，目的为确保计算得到的外星人数量为整数（见 4），不仅仅因为函数 range( ) 也需要一个整数，最重要的是避免了某个外星人只显示一部分的情况。函数 int( ) 将小数部分丢弃，相当于向下调整，不会导致每行的外星人之间过于拥挤。接下来，我们编写了一个循环，它从零数到要创建的外星人数（见 5）。在这个循环的主体中，我们创建一个新的外星人，并通过设置 x 坐标将其加入当前行（见 6）。将每个外星人都往右推一个外星人的宽度。接下来，我们将外星人宽度乘以 2，得到每个外星人占据的空间（其中包括其右边的空白区域），再根据此计算当前外星人在当前行的位置，最后，我们将每个新创建的外星人都添加到编组 aliens 中。

如果你现在运行这个游戏，将看到第一行外星人，如图 14-8 所示。

图 14-8　第一行外星人

这行外星人在屏幕上稍微偏向了左边，这实际上是有好处的，因为我们将让外星人群往右移，触及屏幕边缘后稍微往下移，然后往左移，以此类推。相比于只往下移，这种移动方式更有趣。我们将让外形人群不断这样移动，直到所有外星人都被击落或有外星人撞上飞船或抵达屏幕底端。

⧗ **注意**：根据你选择的屏幕宽度，在你的系统中，第一行外星人的位置可能稍有不同。

14.7.4 重构

现在创建外星人的工作还没有完成，我们来稍微调整一下代码结构，对 create_fleet( ) 进行简单的重构。我们将函数 create_fleet( ) 拆分出来两个新的函数。下面是 create_fleet( ) 和两个新函数：get_number_aliens_x( ) 和 create_alien( )。

game_functions.py

```
def create_fleet(ai_settings,screen,aliens):
    #创建外星人群
    # 创建一个外星人，并计算一行可容纳多少个外星人
    # 外星人间距为外星人宽度
    alien = Game_Alien(ai_settings,screen)
3   number_aliens_x = get_number_aliens_x(ai_settings,alien.rect.width)

    for  alien_number in range(number_alien_x):# 创建第一行外星人
        # 创建一个外星人并将其加入当前行
4       create_alien(ai_settings,screen,aliens,alien_number)
1
def get_number_aliens_x(ai_settings, alien_width):
    #计算每行容纳外星人的数量
    available_space_x = ai_settings.screen_width - 2 * alien_width
    number_aliens_x = int(available_space_x / (2 * alien_width))
    return number_aliens_x

2
def create_alien(ai_settings,screen,aliens,alien_number):
    alien = Alien(ai_settings,screen)#创建一个外星人并将其放在当前行
    alien_width = alien.rect.width
    alien.x = alien_width + 2 * alien_width * alien_number
    alien.rect.x = alien.x
    aliens.add(alien)
```

通过重构，我们可以看到在 3 处，我们将计算可用水平空间的代码替换为对 get_number_aliens_x( ) 的调用，并删除了引用 alien_width 的代码行，因为现在这是在 create_alien( ) 中处理的。在 4 处，我们调用 create_alien( )。函数 get_number_aliens_x( ) 的代码都来自 create_fleet( )，且未能做任何修改（见 1）。函数 create_alien( ) 的代码也都来自 create_fleet( )，且未做任何修改，只是使用刚刚创建的外星人来获取外星人宽度（见 2）。重构后添加新行进而创建整群外星人将更容易。

14.7.5 添加行

前面章节进行了创建单行外星人群的操作，如果要创建多行外星人群需要计算屏幕可容纳多少行，并对创建一行外星人的循环重复相应的次数。为计算可容纳的行数，可用垂直空间的计算方式为：将屏幕高度减去第一行外星人的上边距（外星人高度）、飞船的高度以及最初外星人群与飞船的距离（外星人高度的两倍）：

```
available_space_y = ai_settings.screen_height - 3 * alien_height - ship_height
```

这将在飞船上方留出一定的空白区域，给操作者留出射杀外星人的时间。

每行下方都要留出一定的空白区域，并将其设置为外星人的高度。为计算可容纳的

行数，我们将可用垂直空间除以外星人高度的两倍（根据自身电脑屏幕将间距调整为合理的值）。

```
number_rows = int(available_space_y / (2 * alien_height))
```

知道可容纳多少行后，便可重复执行创建一行外星人的代码：

game_functions.py

```
    def create_fleet(ai_settings, screen, game_ship, aliens):
        #创建外星人群
        # 创建一个外星人，并计算一行可容纳多少个外星人
        # 外星人间距为外星人宽度
        alien = Game_Alien(ai_settings, screen)
        number_aliens_x = get_number_aliens_x(ai_settings, alien.rect.width)
        number_rows = get_number_rows(ai_settings, game_ship.rect.height, alien.rect.height)

4       for row_number in range(number_rows):
            for  alien_number in range(number_aliens_x):# 创建第一行外星人
                # 创建一个外星人并将其加入当前行
                create_alien(ai_settings, screen, aliens, alien_number, row_number)

    def get_number_aliens_x(ai_settings, alien_width):
        #计算每行容纳外星人的数量
        available_space_x = ai_settings.game_screen_width - 2 * alien_width
        number_aliens_x = int(available_space_x / (2 * alien_width))
        return number_aliens_x

    def create_alien(ai_settings, screen, aliens, alien_number, row_number):
        alien = Game_Alien(ai_settings, screen)#创建一个外星人并将其放在当前行
        alien_width = alien.rect.width
        alien.x = alien_width + 2 * alien_width * alien_number
        alien.rect.x = alien.x
3       alien.rect.y = alien.rect.height + 2 * alien.rect.height * row_number
        aliens.add(alien)

1   def get_number_rows(ai_settings, game_ship_height, alien_height):
        #计算屏幕可容纳多少行外星人
2       available_space_y = (ai_settings.game_screen_height -(3 * alien_height) - game_ship_height)
        number_rows = int(available_space_y / (2 * alien_height))
        return number_rows
```

在函数 get_number_rows( ) 中实现了前面计算 available_space_y 和 number_rows 的公式（见 1），目的为计算屏幕可容纳多少行外星人，这个函数与 get_number_aliens_x 类似，计算公式用括号括起来了，建议将代码分成两行，以遵循每行不超过 79 字符的建议（见 2）。这里使用了 int( )，因为我们不想创建不完整的外星人行。

我们使用两个嵌套在一起的循环来实现创建多行的目的：一个外部循环和一个内部循环（见 4）。其中的内部循环创建一行外星人，而外部循环从零数到要创建的外星人行数。Python 将重复执行创建单行外星人的代码，重复次数为 number_rows。

为嵌套循环，我们编写了一个新的 for 循环，并缩进了要重复执行的代码。我们调用 create_alien 时，传递了一个表示行号的实参，将每行都沿屏幕依次向下放置。

create_alien( ) 的定义需要一个用于存储行号的形参。在 create_alien( ) 中，我们修改外星人的 y 坐标（见 3），并在第一行外星人上方留出与外星人等高的空白区域。相邻外星人行的 y 坐标和相差外星人高度的两倍。因此我们将外星人高度乘以 2，再乘以行号。第一行的行号为 0，因此第一行的垂直位置不变，而其他行都沿屏幕依次向下放置。

在 create_fleet( ) 的定义中，还新增了一个用于存储 ship 对象的形参，因此在 invasion_

alien.py 中调用 create_fleet( ) 时，需要传递实参 ship（见 1 ）：

invasion_alien.py

```
#import sys
import pygame
from pygame.sprite import Group
from game_settings import Game_Settings
from game_ship import Game_Ship
from game_alien import Game_Alien
import game_functions as gf

def play_game():
    pygame.init()        #初始化,创建一个屏幕对象

    #创建宽1100像素、高700像素的游戏窗口
    ai_settings = Game_Settings()
    screen = pygame.display.set_mode((ai_settings.game_screen_width, ai_settings.game_screen_height),0,32)
    pygame.display.set_caption("Invasion Alien")

    game_ship = Game_Ship(ai_settings,screen)#创建一艘飞船
    bullets = Group()#创建一个用于存储子弹的编组
    aliens = Group()#创建一个用于存储外星人的编组
  1 gf.create_fleet(ai_settings,screen,game_ship,aliens)

    #开始游戏的主循环
    while True:

        gf.check_events(ai_settings,screen,game_ship,bullets)   #监视键盘和鼠标事件
        game_ship.update_position()
        gf.bullets_update(bullets)
        gf.screen_update(ai_settings,screen,game_ship,aliens,bullets)#更新屏幕上的图像,并切换到新屏幕

play_game()
```

如果你现在运行这个游戏，将看到一个群外星人，如图 14-9 所示。

图 14-9　外星人群

在下一节，我们将让外星人群动起来！

14.8
移动外星人群

下面来让外星人群在屏幕上向右移动，撞到屏幕边缘后下移一定的距离，再沿相反的方向移动。我们让外星人不断的移动，直到所有外星人都被消灭，或有外星人撞上飞船，或有外星人抵达屏幕底端。下面先来让外星人向右移动。

14.8.1 向右移动外星人

首先，添加一个控制外星人速度的设置（见 1）：

game_settings.py

```
class Game_Settings():
    """存储《大战外星人》的所有设置的类"""
    def __init__(self):
        """初始化游戏的设置"""
        #屏幕设置
        self.game_screen_width = 1100
        self.game_screen_height = 700
        self.background_color = (230, 230, 230)

        self.ship_speed = 1.5 #飞船速度的设置


        #设置发射子弹
        self.bullet_speed_factor = 1
        self.bullet_width = 3
        self.bullet_height = 15
        self.bullet_color = 60,60,60
        self.bullets_allowed = 3 #将未消失的子弹数限制为3颗

        #设置外星人
   1    self.alien_speed_factor = 1
```

为移动外星人，我们将使用 game_alien.py 中的方法 update( )，且对外星人群中的每个外星人都调用它，最后，使用控制外星人速度的设置来实现 update( )：

game_alien.py

```
import pygame
from pygame.sprite import Sprite

class Game_Alien(Sprite): #表示单个外星人的类

    def __init__(self,ai_settings,screen):
        #初始化外星人并设置其起始位置
        super(Game_Alien,self).__init__()
        self.screen = screen
        self.ai_settings = ai_settings
```

```
            # 加载外星人图像，并设置其rect属性
            self.image = pygame.image.load('images/alien.bmp')
            self.image = pygame.transform.scale(self.image, (60, 40))
            self.rect = self.image.get_rect()

            # 每个外星人最初都在屏幕左上角附近
            self.rect.x = self.rect.width
            self.rect.y = self.rect.height

            # 存储外星人的准确位置
            self.x = float(self.rect.x)

        def blitme(self):
            #在指定位置绘制外星人
            self.screen.blit(self.image, self.rect)

        def update(self):
            # 让外星人向右移动
    1       self.x += self.ai_settings.alien_speed_factor
    2       self.rect.x = self.x
```

我们使用属性 self.x 跟踪每个外星人的准确位置，这个属性可存储小数值（见1）。然后，我们使用 self.x 的值来更新外星人的 rect 的位置（见2）。每次更新外星人位置时，都将它向右移动，移动量为 alien_speed_factor 的值。

在主循环中已调用了更新飞船和子弹的方法，现在增加更新外星人位置的方法（见1），稍后要检查是否有子弹撞到了外星人。

invasion_alien.py

```
#import sys
import pygame
from pygame.sprite import Group
from game_settings import Game_Settings
from game_ship import Game_Ship
from game_alien import Game_Alien
import game_functions as gf

def play_game():
    pygame.init()        #初始化,创建一个屏幕对象

    #创建宽1100像素、高700像素的游戏窗口
    ai_settings = Game_Settings()
    screen = pygame.display.set_mode((ai_settings.game_screen_width, ai_settings.game_screen_height), 0, 32)
    pygame.display.set_caption("Invasion Alien")

    game_ship = Game_Ship(ai_settings, screen)#创建一艘飞船
    bullets = Group()#创建一个用于存储子弹的编组
    aliens = Group()#创建一个用于存储外星人的编组
    gf.create_fleet(ai_settings, screen, game_ship, aliens)

    #开始游戏的主循环
    while True:
        gf.check_events(ai_settings, screen, game_ship, bullets)    #监视键盘和鼠标事件
        game_ship.update_position()
        gf.bullets_update(bullets)
    1   gf.aliens_update(aliens)
        gf.screen_update(ai_settings, screen, game_ship, aliens, bullets)#更新屏幕上的图像，并切换到新屏幕

play_game()
```

在文件 game_functions.py 末尾添加新函数 aliens_update( )：

game_functions.py

```
def aliens_update(aliens):
    aliens.update()# 更新所有外星人的位置
```

运行代码，在界面中你会看到所有外星人群向右移，并逐渐在屏幕右边缘消失，如图 14-10 所示。因为我们对编组 aliens 调用方法 update( )，这将自动对每个外星人调用方法 update( )。

图 14-10　外星人向右移动并逐渐在屏幕右边缘消失

14.8.2　创建表示外星人移动方向的设置

现有代码已经实现了让所有外星人向右移动，并逐渐在屏幕右边缘消失的功能，下面来创建外星人撞到屏幕右边缘后向下移动，再向左移动的设置。实现这种行为的代码如下：

game_settings.py

```
class Game_Settings():
    """存储《大战外星人》的所有设置的类"""
    def __init__(self):
        """初始化游戏的设置"""
        #屏幕设置
        self.game_screen_width = 1100
        self.game_screen_height = 700
        self.background_color = (230, 230, 230)

        self.ship_speed = 1.5 #飞船速度的设置
```

```
#设置发射子弹
self.bullet_speed_factor = 1
self.bullet_width = 3
self.bullet_height = 15
self.bullet_color = 60,60,60
self.bullets_allowed = 3 #将未消失的子弹数限制为3颗


#设置外星人移动
self.alien_speed_factor = 1
1    self.fleet_drop_speed = 10
2    self.fleet_direction = 1 # 为1表示像右移动，为-1表示像左移动
```

首先外星人撞到屏幕边缘时向下移动的速度，设置为 fleet_drop_speed（见 1）。将这个速度与水平速度分开是有好处的，这样你就可以分别调整这两种速度了。

然后设置外星人移动的方向，设置为 fleet_driection（见 2），我们使用值 1 和 -1 来表示它们，因为只有两个可能的方向，在外星人群改变方向时在这两个值之间切换就可以了。也可以将其设置为文本值，如 left 或 right，但这样就必须编写 if-elif 语句来检查外星人群的移动方向。另外，鉴于向左移动时需要增大每个外星人的 x 坐标，而向左移动时需要减小每个外星人的 x 坐标，使用数字来表示方向更合理。

14.8.3　屏幕边缘判断

那么如何判断外星人是否撞到了屏幕边缘呢？现在完善 update( ) 方法，让每个外星人都沿正确的方向移动：

game_alien.py

```
def update(self):
    # 让外星人向右移动
3    self.x += (self.ai_settings.alien_speed_factor * self.ai_settings.fleet_direction)
    self.rect.x = self.x

def edges_check(self):
    screen_rect = self.screen.get_rect()
1    if self.rect.right >= screen_rect.right:#如果外星人位于屏幕边缘，就返回True
        return True
2    elif self.rect.left <= 0:
        return True
```

判断外星人是否位于边缘，采用对任何外星人调用新方法 edges_check ( )，看看它是否位于屏幕左边缘或右边缘。如果外星人的 rect 的 right 属性大于或等于屏幕 rect 的 right 属性，就说明外星人位于屏幕左边缘（见 1）。如果外星人的 rect 的 left 属性小于或等于 0，就说明外星人位于屏幕左边缘（见 2）。

另外我们完善了方法 update( )，将移动量设置为外星人速度和 fleet_direction 的乘积，让外星人向左或向右移。如果 fleet_direction 为 1，就将外星人当前的 x 坐标增大 ailen_speed_factor，从而将外星人向左移；如果 fleet_direction 为 -1，就将外星人当前的 x 坐标减去 ailen_speed_factor，从而将外星人向左移。

14.8.4 向下移动外星人群并改变移动方向

现在我们对 game_functions.py 做重大修改，以实现检查是否有外星人到达了左边缘或右边缘，当有外星人到达屏幕边缘时，需要将整群外星人下移，并改变它们的移动方向。为此，我们编写函数 check_fleet_edges( ) 和 change_fleet_direction( )，并对 aliens_update( ) 进行修改：

game_functions.py

```
   def aliens_update(ai_settings, aliens):
 3     check_fleet_edges(ai_settings, aliens)# 根据外星人位置进行调整运行方向
       aliens.update()# 更新所有外星人的位置

   def check_fleet_edges(ai_settings, aliens):
       #检查是否有外星人到达边缘并采取相应的措施
 1     for alien in aliens.sprites():
           if alien.edges_check():
               change_fleet_direction(ai_settings, aliens)
               break

   def change_fleet_direction(ai_settings, aliens):
       # 外形人到达边缘后下移并改变方向
       for alien in aliens.sprites():
 2         alien.rect.y += ai_settings.fleet_drop_speed
       ai_settings.fleet_direction *= -1
```

在 check_fleet_edges( ) 中，我们遍历外星人群，并对其中的每个外星人调用 edges_check ( )（见 1）。如果 edges_check( ) 返回 True，我们就知道相应的外星人位于屏幕边缘，需要改变外星人群的方向，因此我们调用 change_fleet_direction( ) 并退出循环。在这里，我们遍历所有外星人，将每个外星人下移 fleet_drop_speed 设置的值（见 2）；然后，将 fleet_direction 的值修改为其当前值与 -1 的乘积。

我们修改了函数 aliens_update ( )，在其中通过调用 check_fleet_edges( ) 来确定是否有外星人位于屏幕边缘。现在，函数 aliens_update ( ) 包含形参 ai_settings，因此我们调用它时指定了与 ai_settings 对应的实参（见 1）：

invasion_ ailen.py

```
#import sys
import pygame
from pygame.sprite import Group
from game_settings import Game_Settings
from game_ship import Game_Ship
from game_alien import Game_Alien
import game_functions as gf

def play_game():
    pygame.init()        #初始化,创建一个屏幕对象

    #创建宽1100像素、高700像素的游戏窗口
    ai_settings = Game_Settings()
    screen = pygame.display.set_mode((ai_settings.game_screen_width, ai_settings.game_screen_height), 0, 32)
    pygame.display.set_caption("Invasion Alien")

    game_ship = Game_Ship(ai_settings, screen)#创建一艘飞船
    bullets = Group()#创建一个用于存储子弹的编组
    aliens = Group()#创建一个用于存储外星人的编组
    gf.create_fleet(ai_settings, screen, game_ship, aliens)

    #开始游戏的主循环
    while True:
```

```
        gf.check_events(ai_settings,screen,game_ship,bullets)   #监视键盘和鼠标事件
        game_ship.update_position()
        gf.bullets_update(bullets)
    1   gf.aliens_update(ai_settings,aliens)
        gf.screen_update(ai_settings,screen,game_ship,aliens,bullets)#更新屏幕上的图像,并切换到新屏幕

play_game()
```

如果你现在运行这个游戏，外星人群将在屏幕上来回移动，并在抵达屏幕边缘后向下移动，如图 14-11 所示。现在可以开始射杀外星人，检查是否有外星人撞到飞船，或抵达了屏幕底端。

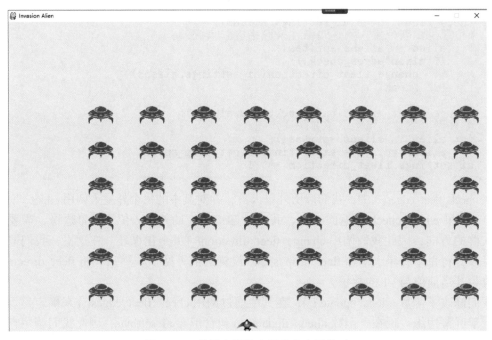

图 14-11　外星人群将在屏幕上来回移动

14.9
击落外星人

现在我已经创建了飞船和外星人群，当运行代码时，你会发现子弹击中外星人时，将穿过外星人，并不能击中外星人，如图 14-12 所示。为什么呢？因为我们还没有检查碰撞。那如何才能击中外星人呢？下面我们来编写子弹和外星人碰撞的部分。在游戏编程中，碰撞指的是游戏元素重叠在一起，要让子弹能够击落外星人，我们将使用 sprite.groupcollied( ) 检测两个编组的成员之间的碰撞。

图 14-12 子弹穿过外星人

14.9.1 检测子弹与外星人的碰撞

子弹击中外星人时，程序需要立刻知道，以便碰撞发生后让外星人立即消失。为此，我们将在更新子弹的位置后立即检测碰撞。

方法 sprite.groupcollide( ) 将每颗子弹的 rect 同每个外星人的 rect 进行比较，并返回一个字典，其中包含发生了碰撞的子弹和外星人。在这个字典中，每个键都是一颗子弹，而相应的值都是被击中的外星人。

在函数 bullets _update( ) 中，使用下面的代码来检查碰撞：

game_functions.py

```
def bullets_update(aliens, bullets):
    bullets.update()
    #检测已消失的子弹并进行删除
    for bullet in bullets.copy():
        if bullet.rect.bottom <= 0:
            bullets.remove(bullet)
    # 检测是否击中，击中后删除相应的外星人
    collisions = pygame.sprite.groupcollide(bullets, aliens, True, True)    ❶
```

新增的这行代码遍历编组 bullets 中的每颗子弹，再遍历编组 ailens 中的每个外星人。每当有子弹和外星人的 rect 重叠时，groupcollide( ) 就在它返回的字典中添加一个键 - 值时，两个实参 True 告诉 Pygame 删除发生碰撞的子弹和外星人（见 ❶）（在模拟能够穿行到屏幕顶端的高能子弹——消灭它击中的每个外星人，可将每一个布尔实参设置 False，并让第二个布尔实参为 True。这样被击中的外星人将消失，但所有的子弹都始终有效，直到抵达屏幕顶端后消失）。

我们调用 bullets _update ( ) 时，传递了实参 aliens（见 ❶）：

invasion_alien.py

```
#import sys
import pygame
from pygame.sprite import Group
from game_settings import Game_Settings
from game_ship import Game_Ship
from game_alien import Game_Alien
import game_functions as gf

def play_game():
    pygame.init()      #初始化,创建一个屏幕对象

    #创建宽1100像素、高700像素的游戏窗口
    ai_settings = Game_Settings()
    screen = pygame.display.set_mode((ai_settings.game_screen_width, ai_settings.game_screen_height), 0, 32)
    pygame.display.set_caption("Invasion Alien")

    game_ship = Game_Ship(ai_settings, screen)#创建一艘飞船
    bullets = Group()#创建一个用于存储子弹的编组
    aliens = Group()#创建一个用于存储外星人的编组
    gf.create_fleet(ai_settings, screen, game_ship, aliens)

    #开始游戏的主循环
    while True:

        gf.check_events(ai_settings, screen, game_ship, bullets)    #监视键盘和鼠标事件
        game_ship.update_position()
      1 gf.bullets_update(aliens, bullets)
        gf.aliens_update(ai_settings, aliens)
        gf.screen_update(ai_settings, screen, game_ship, aliens, bullets)#更新屏幕上的图像，并切换到新屏幕

play_game()
```

如果你此时运行这个游戏，可以看到被击中的外星人将消失。如图 14-13 所示，其中有一部分外星人被击落。

图 14-13　射杀外星人

14.9.2　为测试创建大子弹

只需通过运行这个游戏就可以测试其很多功能，但有些功能在正常情况下测试起来比较烦琐。例如，要测试代码能否正确地处理外星人编组为空的情形，需要花很长时间将屏幕

上的外星人都击落。

测试有些功能时，可以修改游戏的某些设置，以便专注于游戏的特定方面。例如，可以缩小屏幕以减少需要击落的外星人数量，也可以提高子弹的速度，以便能够在单位时间内发射大量子弹。

测试这个游戏时，我喜欢做的一项修改是增大子弹的尺寸，使其在击中外星人后依然有效，如图 14-14 所示。请尝试将 bullet_width 设置为 200（见 1），看看将所有外星人都射杀有多快！当然，尝试过后记得要恢复正常哦！

game_settings.py

```
class Game_Settings():
    """存储《大战外星人》的所有设置的类"""
    def __init__(self):
        """初始化游戏的设置"""
        #屏幕设置
        self.game_screen_width = 1100
        self.game_screen_height = 700
        self.background_color = (230, 230, 230)

        self.ship_speed = 1.5 #飞船速度的设置


        #设置发射子弹
        self.bullet_speed_factor = 1
  1     self.bullet_width = 200
        self.bullet_height = 15
        self.bullet_color = 60,60,60
        self.bullets_allowed = 3 #将未消失的子弹数限制为3颗


        #设置外星人移动
        self.alien_speed_factor = 1
        self.fleet_drop_speed = 10
        self.fleet_direction = 1 # 为1表示像右移动，为-1表示像左移动
```

类似这样的修改可提高测试效率，还可能激发出如何赋予操作者更大威力的思想火花。

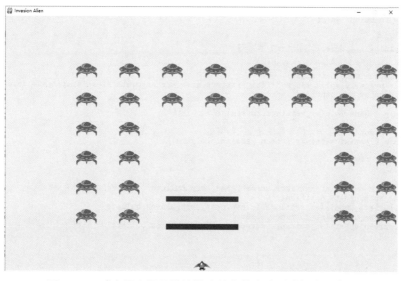

图 14-14　威力更大的子弹让游戏的有些方法测试起来更容易

14.9.3　生成新的外星人群

这个游戏的一个重要特点是外星人无穷无尽，一个外星人群被消灭后，又会出现一群外星人。

要在外星人群被消灭后又显示一群外星人，首先需要检查编组是否为空。如果为空，就调用 create_fleet( )。我们将在 bullets_update( ) 中执行这种检查，因为外星人都是在这里被消灭的：

game_fum ctions.py

```python
def bullets_update(ai_settings, screen, game_ship, aliens, bullets):
    bullets.update()
    #检测已消失的子弹并进行删除
    for bullet in bullets.copy():
        if bullet.rect.bottom <= 0:
            bullets.remove(bullet)
    # 检测是否击中，击中后删除相应的外星人
    collisions = pygame.sprite.groupcollide(bullets, aliens, True, True)

    # 创建无穷无尽的外星人
1   if len(aliens) == 0:
2       bullets.empty()
        create_fleet(ai_settings, screen, game_ship, aliens)
```

在 1 处，我们检查编组 aliens 是否为空，如果是，就使用方法 empty( ) 删除编组中余下的所有精灵，从而删除现有的所有子弹。我们还调用了 create_fleet( )，再次在屏幕上显示一群外星人。

现在，bullets_update( ) 的定义包含额外的形参 ai_settings、screen 和 game_ship，因此我们需要更新 invasion_ailen.py 中对 bullets_update ( ) 的调用（见 1）：

invasion_ailen.py

```python
#import sys
import pygame
from pygame.sprite import Group
from game_settings import Game_Settings
from game_ship import Game_Ship
from game_alien import Game_Alien
import game_functions as gf

def play_game():
    pygame.init()       #初始化,创建一个屏幕对象

    #创建宽1100像素、高700像素的游戏窗口
    ai_settings = Game_Settings()
    screen = pygame.display.set_mode((ai_settings.game_screen_width, ai_settings.game_screen_height), 0, 32)
    pygame.display.set_caption("Invasion Alien")

    game_ship = Game_Ship(ai_settings, screen)#创建一艘飞船
    bullets = Group()#创建一个用于存储子弹的编组
    aliens = Group()#创建一个用于存储外星人的编组
    gf.create_fleet(ai_settings, screen, game_ship, aliens)

    #开始游戏的主循环
    while True:

        gf.check_events(ai_settings, screen, game_ship, bullets)    #监视键盘和鼠标事件
        game_ship.update_position()
1       gf.bullets_update(ai_settings, screen, game_ship, aliens, bullets)
        gf.aliens_update(ai_settings, aliens)
        gf.screen_update(ai_settings, screen, game_ship, aliens, bullets)#更新屏幕上的图像，并切换到新屏幕

play_game()
```

现在，当前外星人群消灭干净后，将立刻出现一个新的外星人群。当运行这个游戏时，

你会发现射杀外星人集中率较低，子弹的速度比较慢，这是因为在每次循环中，Pygame 需要做的工作更多了。

14.9.4　提高子弹的速度

为提高子弹的速度，可调整 settings 中 bullet_speed_factor 的值。例如，如果将这个值增大到 3（见 1），子弹在屏幕上向上穿行的速度将变得相当快：

game_settings.py

```
class Game_Settings():
    """存储《大战外星人》的所有设置的类"""
    def __init__(self):
        """初始化游戏的设置"""
        #屏幕设置
        self.game_screen_width = 1100
        self.game_screen_height = 700
        self.background_color = (230, 230, 230)

        self.ship_speed = 1.5 #飞船速度的设置


        #设置发射子弹
1       self.bullet_speed_factor = 3
        self.bullet_width = 3
        self.bullet_height = 15
        self.bullet_color = 60,60,60
        self.bullets_allowed = 3 #将未消失的子弹数限制为3颗


        #设置外星人移动
        self.alien_speed_factor = 1
        self.fleet_drop_speed = 10
        self.fleet_direction = 1 # 为1表示像右移动，为-1表示像左移动
```

这项设置的最佳值取决于你的系统速度，请找出适合你的值吧。

14.9.5　重构 update_bullets( )

下面来重构 bullets_update( )。把检测是否击中外星人及创建无穷无尽的外星人的代码移到一个独立的函数 check_bullet_alien_collisions( ) 中（见 1），然后对新创建的函数进行调用（见 2）。

game_functions.py

```
def bullets_update(ai_settings,screen,game_ship,aliens,bullets):
    bullets.update()
    #检测已消失的子弹并进行删除
    for bullet in bullets.copy():
        if bullet.rect.bottom <= 0:
            bullets.remove(bullet)
2   check_bullet_alien_collisions(ai_settings,screen,game_ship,aliens, bullets)
```

```
1  def check_bullet_alien_collisions(ai_settings, screen, game_ship, aliens, bullets):
       # 检测是否击中，击中后删除相应的外星人
       collisions = pygame.sprite.groupcollide(bullets, aliens, True, True)
       # 创建无穷无尽的外星人
       if len(aliens) == 0:
           bullets.empty()
           create_fleet(ai_settings, screen, ship, aliens)
```

新函数：check_bullet_alien_collisions( ) 的功能是检测子弹和外星人之间的碰撞，以及在整群外星人都被消灭干净时创建新的一批外星人。这避免了 bullets_update ( ) 太长，简化了后续的开发工作。

14.10
游戏结束

如果你运行了现在的代码，会发现你根本不会输，那么对于操作者而言游戏还有什么趣味和挑战性？下面我们来增加游戏的挑战性：如果操作者没能在足够短的时间内将整群外星人都消灭干净，有外星人撞到飞船，飞船将被摧毁。与此同时，我们还限制了可供操作者使用的飞船数，而有外星人抵达屏幕底端，飞船也将被摧。操作者用光了飞船后，游戏便结束。

14.10.1　检测外星人和飞船碰撞

我们首先检查外星人和飞船之间的碰撞，以便外星人撞上飞船时我们能够作出合适的响应。我们在更新每个外星人的位置后立即检测外星人和飞船之间的碰撞。

game_functions.py

```
   def aliens_update(ai_settings, game_ship, aliens):
       check_fleet_edges(ai_settings, aliens)# 根据外星人位置进行调整运行方向
       aliens.update()# 更新所有外星人的位置

       # 检测外星人是否撞击了飞船
1  if pygame.sprite.spritecollideany(game_ship, aliens):
2      print("Aliens Hit Spacecraft!!!")
```

方法 spritecollideany( ) 接受两个实参：一个飞船和一个外星人。它检查外星人是否与飞船发生了碰撞，并在找到与飞船发生了碰撞的成员后就停止遍历编组。在这里，它遍历编组 aliens，并返回它找到的第一个与飞船发生了碰撞的外星人。

如果没有发生碰撞，spritecollideany( ) 将返回 None，因此 1 处的代码块不会执行。如果找到了与飞船发生碰撞的外星人，它就返回这个外星人，因此代码块将执行：打印 "Aliens Hit Spacecraft!!!"（见 2）。

现在，我们需要将 game_ship 传递给 aliens _update( )（见 1）：

invasion_alien.py

```
#import sys
import pygame
from pygame.sprite import Group
from game_settings import Game_Settings
from game_ship import Game_Ship
from game_alien import Game_Alien
import game_functions as gf

def play_game():
    pygame.init()        #初始化,创建一个屏幕对象

    #创建宽1100像素、高700像素的游戏窗口
    ai_settings = Game_Settings()
    screen = pygame.display.set_mode((ai_settings.game_screen_width, ai_settings.game_screen_height), 0, 32)
    pygame.display.set_caption("Invasion Alien")

    game_ship = Game_Ship(ai_settings, screen)#创建一艘飞船
    bullets = Group()#创建一个用于存储子弹的编组
    aliens = Group()#创建一个用于存储外星人的编组
    gf.create_fleet(ai_settings, screen, game_ship, aliens)

    #开始游戏的主循环
    while True:

        gf.check_events(ai_settings, screen, game_ship, bullets)   #监视键盘和鼠标事件
        game_ship.update_position()
        gf.bullets_update(ai_settings, screen, game_ship, aliens, bullets)
     1  gf.aliens_update(ai_settings, game_ship, aliens)
        gf.screen_update(ai_settings, screen, game_ship, aliens, bullets)#更新屏幕上的图像,并切换到新屏幕

play_game()
```

　　现在如果你运行这个游戏，则每当有外星人撞到飞船时，终端窗口都将显示"Aliens Hit Spacecraft!!!"如图 14-15 所示。测试这项功能时，请将 alien_drop_speed 设置为较大的值，如 50 或 100，这样外星人将更快地撞到飞船。

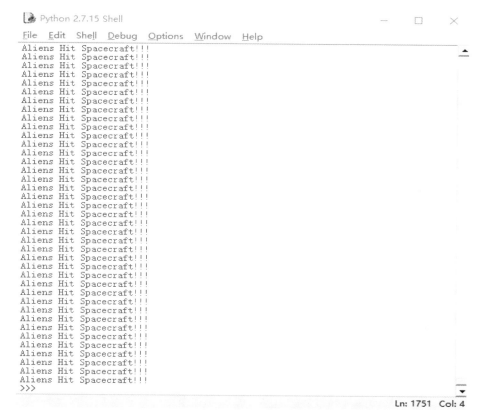

图 14-15　Aliens Hit Spacecraft!!!

14.10.2　响应碰撞

当外星人与飞船发生碰撞时，我们该做些什么？我们不销毁 game_ship 实例并创建一个新的 game_ship 实例，而是通过跟踪游戏的统计信息来记录飞船被撞了多少次（跟踪统计信息还有助于记分）。

下面来编写一个用于跟踪游戏统计信息的新类：GameStats，并将其保存为文件 game_stats.py：

game_stats.py

```
class GameStats():
     #跟踪游戏的统计信息

     def __init__(self,ai_settings):
          #初始化统计信息
          self.ai_settings = ai_settings
      ① self.reset_stats()

     def reset_stats(self):
          #初始化在游戏运行期间可能变化的统计信息
          self.ships_left = self.ai_settings.ship_limit
```

在这个游戏运行期间，我们只创建一个 GameStats 实例，但每当操作者开始新游戏时，需要重置一些统计信息。为此，我们在方法 reset_stats( ) 中初始化大部分统计信息，而不是在 __init__( ) 中直接初始化它们。我们在 __init__( ) 中调用这个方法，这样创建 GameStats 实例时将妥善地设置这些统计信息（见 ①），同时在操作者开始新游戏时也能调用 reset_stats( )。

当前只有一项统计信息——ships_left，其值在游戏运行期间将不断变化，一开始操作者拥有的飞船数存储在 game_settings.py 的 ship_limit 中：

game_settings.py

```
class Game_Settings():
     """"存储《大战外星人》的所有设置的类"""
     def __init__(self):
          """"初始化游戏的设置"""
          #屏幕设置
          self.game_screen_width = 1100
          self.game_screen_height = 700
          self.background_color = (230, 230, 230)

          self.ship_speed = 1.5 #飞船速度的设置
      ① self.ship_limit = 3

          #设置发射子弹
          self.bullet_speed_factor = 3
          self.bullet_width = 3
          self.bullet_height = 15
          self.bullet_color = 60,60,60
          self.bullets_allowed = 3 #将未消失的子弹数限制为3颗


          #设置外星人移动
          self.alien_speed_factor = 1
          self.fleet_drop_speed = 10
          self.fleet_direction = 1 # 为1表示像右移动，为-1表示像左移动
```

我们还需对 invasion_alien.py 做些修改，以创建一个 GameStats 实例：

`invasion_alien.py`

```
#import sys
import pygame
from pygame.sprite import Group
from game_settings import Game_Settings
from game_stats import GameStats            1
from game_ship import Game_Ship
from game_alien import Game_Alien
import game_functions as gf

def play_game():
    pygame.init()        #初始化,创建一个屏幕对象

    #创建宽1100像素、高700像素的游戏窗口
    ai_settings = Game_Settings()
    screen = pygame.display.set_mode((ai_settings.game_screen_width, ai_settings.game_screen_height), 0, 32)
    pygame.display.set_caption("Invasion Alien")

2   stats = GameStats(ai_settings)
    game_ship = Game_Ship(ai_settings, screen)#创建一艘飞船
    bullets = Group()#创建一个用于存储子弹的编组
    aliens = Group()#创建一个用于存储外星人的编组
    gf.create_fleet(ai_settings, screen, game_ship, aliens)

    #开始游戏的主循环
    while True:

        gf.check_events(ai_settings, screen, game_ship, bullets)   #监视键盘和鼠标事件
        if stats.game_active:
            game_ship.update_position()
            gf.bullets_update(ai_settings, screen, game_ship, aliens, bullets)
        3   gf.aliens_update(ai_settings, stats, screen, game_ship, aliens, bullets)
        gf.screen_update(ai_settings, screen, game_ship, aliens, bullets)#更新屏幕上的图像,并切换到新屏幕

play_game()
```

我们导入了新类 GameStats（见 1），创建了一个名为 stats 的实例（见 2），再调用 aliens_ update( ) 并添加了实参和 stats、screen、game_ship（见 3）。当有外星人撞到飞船时，我们将使用这些实参来跟踪操作者还有多少艘飞船，并创建一群新的外星人。

有外星人撞飞船时，我们将剩余的飞船数减掉 1，创建一群新的外星人，并将飞船重新放置到屏幕底端中央（我们还将让游戏暂停一段时间，让操作者在新外星人群出现前注意到发生了碰撞，并将重新创建外星人群）。

下面将实现这些功能的大部分代码放到函数 ship_hit( ) 中：

`game_functions.py`

```
    import sys
    import pygame
1   from time import sleep

    --ship--


6   def aliens_update(ai_settings, stats, screen, game_ship, aliens, bullets):
        check_fleet_edges(ai_settings, aliens)# 根据外星人位置进行调整运行方向
        aliens.update()# 更新所有外星人的位置

        # 检测外星人是否撞击了飞船
        if pygame.sprite.spritecollideany(game_ship, aliens):
            print("Aliens Hit Spacecraft!!!")
            ship_hit(ai_settings, stats, screen, game_ship, aliens, bullets)

        # 检查是否有外星人到达了屏幕底端
        check_aliens_bottom(ai_settings, stats, screen, game_ship, aliens, bullets)
```

```
        def check_fleet_edges(ai_settings, aliens):
            #检查是否有外星人到达边缘并采取相应的措施
            for alien in aliens.sprites():
                if alien.edges_check():
                    change_fleet_direction(ai_settings, aliens)
                    break

        def change_fleet_direction(ai_settings, aliens):
            # 外形人到达边缘后下移并改变方向
            for alien in aliens.sprites():
                alien.rect.y += ai_settings.fleet_drop_speed
            ai_settings.fleet_direction *= -1

        def ship_hit(ai_settings, stats, screen, game_ship, aliens, bullets):
            """响应被外星人撞到的飞船"""
            # 将ships_left减1
2           stats.ships_left -= 1

            # 清空外星人列表和子弹列表
3           aliens.empty()
            bullets.empty()

            # 创建一群新的外星人，并将飞船放到屏幕底端中央
4           create_fleet(ai_settings, screen, game_ship, aliens)
            game_ship.center_ship()

            # 暂停
5           sleep(0.5)
            stats.game_active = False
```

为了让游戏暂停，我们首先从模块 time 中导入了函数 sleep( )（见 1）。新函数 ship_hit( ) 在飞船被外星人撞到时作出响应。在这个函数内部，将余下的飞船数减 1（见 2），然后清空编组 aliens 和 bullets（见 3）。

接下来，我们创建一群新的外星人，并将飞船居中（见 4），稍后将在 ship 类中添加方法 center_ship( )。最后，我们更新所有元素后（但在将修改显示到屏幕前）暂停，让操作者知道其飞船被撞到了（见 5）。屏幕将暂停止变化，让操作者能够看到外星人撞到了飞船。函数 sleep( ) 执行完毕后，将接着执行函数 screen_update( )，将新的外星人群绘制到屏幕上。

我们还更新了 aliens_update( ) 的定义，使其包含形参 stats、screen 和 bullets（见 6），让它能够在调用 ship_hit( ) 时传递这些值。

下面在 game_ship.py 的末尾添加新方法 center_ship( )：

game_ship.py

```
import pygame

class Game_Ship():
    def __init__(self, ai_settings, screen):
        """初始化飞船并设置其初始位置"""
        self.screen = screen
        self.ai_settings = ai_settings

        # 加载飞船图像并获取其外接矩形
        self.image = pygame.image.load('images/ship.bmp')
        self.image = pygame.transform.scale(self.image, (50, 30))
        self.rect = self.image.get_rect()
        self.screen_rect = screen.get_rect()
```

```
              #将每艘新飞船放在屏幕底部中央
              self.rect.centerx = self.screen_rect.centerx
              self.rect.bottom = self.screen_rect.bottom

              #将飞船的属性变为float型，可以存储小数
              self.center = float(self.rect.centerx)

              #增加移动标志变量
              self.right_moving = False
              self.left_moving = False

              #判断移动标志变量
      def update_position(self):
              if self.right_moving and self.rect.right < self.screen_rect.right:
                  self.center += self.ai_settings.ship_speed
              if self.left_moving and self.rect.left > 0:
                  self.center -= self.ai_settings.ship_speed

              #更新rect对象
              self.rect.centerx = self.center

      def blitme(self):
          """在指定位置绘制飞船"""
              self.screen.blit(self.image, self.rect)

  1   def center_ship(self):
              #让飞船在屏幕上居中
              self.center = self.screen_rect.centerx
```

　　我们将飞船的属性 center 设置为屏幕中心的 x 坐标，而该坐标是通过属性 screen_rect
获得的，这样可以让飞船居中。

　　⧗ 注意：在整个游戏运行期间，我们都只创建了一个飞船实例，根本没有创建多艘飞船，
并在该飞船被撞到时将其居中。统计信息 ships_left 让我们知道飞船是否用完。

　　运行这个游戏，射杀几个外星人，并让一个外星人撞到飞船。游戏暂停后，将创建出
一群新的外星人，而飞船将在屏幕底端居中。

14.10.3　有外星人到达屏幕底端

　　添加一个执行这项任务的新函数，并将其命名为 aliens_update( )。如果有外星人到达屏
幕底端，我们将像有外星人撞到飞船那样作出响应。

game_functions.py

```
  def aliens_update(ai_settings, stats, screen, game_ship, aliens, bullets):
      check_fleet_edges(ai_settings, aliens)# 根据外星人位置进行调整运行方向
      aliens.update()# 更新所有外星人的位置

      # 检测外星人是否撞击了飞船
      if pygame.sprite.spritecollideany(game_ship, aliens):
          print("Aliens Hit Spacecraft!!!")
          ship_hit(ai_settings, stats, screen, game_ship, aliens, bullets)

      # 检查是否有外星人到达了屏幕底端
  2   check_aliens_bottom(ai_settings, stats, screen, game_ship, aliens, bullets)
```

```
--ship--
def check_aliens_bottom(ai_settings,stats,screen,game_ship,aliens, bullets):
    #检查是否有外星人到达了屏幕底端"""
    screen_rect = screen.get_rect()
    for alien in aliens.sprites():
        if alien.rect.bottom >= screen_rect.bottom:
            # 像飞船被撞到一样进行处理
            ship_hit(ai_settings,stats,screen,game_ship,aliens, bullets)
            break
```

　　函数 check_aliens_buttom( ) 检查是否有外星人到达了屏幕底端，到达屏幕底端后，外星人的属性 rect.bottom 的值大于或等于屏幕的属性 rect.bottom 的值（见 1）。如果有外星人到达屏幕底端，我们就调用 ship_hit( )；只要检测到一个外星人到达屏幕底端，就无需要检查其他外星人，因此我们在调用 ship_hit( ) 后退出循环。

　　我们在更新所有外星人的位置并检测是否有外星人和飞船发生碰撞后调用 check_aliens_buttom( )（见 2）。现在，每当有外星人撞到飞船或抵达屏幕底端时，都将出现一群新的外星人。

14.10.4　游戏结束

　　现在这个游戏看起来更完整了，但它永远都不会结束，只是 ships_left 不断变成更小的负数。下面在 GameStats 中添加一个作为标志的属性 game_active，以便在操作者的飞船用完后结束游戏：

game_stats.py

```
class GameStats():
    #跟踪游戏的统计信息

    def __init__(self,ai_settings):
        #初始化统计信息
        self.ai_settings = ai_settings
        self.reset_stats()

        # 游戏刚启动时处于活动状态
        self.game_active = True

    def reset_stats(self):
        #初始化在游戏运行期间可能变化的统计信息
        self.ships_left = self.ai_settings.ship_limit
```

　　现在在 ship_hit( ) 中添加代码，在操作者的飞船都用完后将 game_active 设置为 False：

game_functions.py

```
def ship_hit(ai_settings,stats,screen,game_ship,aliens, bullets):
    """响应被外星人撞到的飞船"""
    if stats.ships_left > 0:
        # 将ships_left减1
        stats.ships_left -= 1

        # 清空外星人列表和子弹列表
        aliens.empty()
        bullets.empty()
```

```
        # 创建一群新的外星人，并将飞船放到屏幕底端中央
        create_fleet(ai_settings, screen, game_ship, aliens)
        game_ship.center_ship()

        # 暂停

        sleep(0.5)
    else:
        stats.game_active = False
```

ship_hit( ) 的大部分代码都没变。我们将原来的所有代码都移到了一个 if 语句块中，这条 if 语句检查操作者是否至少还有一艘飞船。如果是这样，就创建一群新的外星人，暂停一会儿，再接着往下执行。如果操作者没有飞船了，就将 game_active 设置为 False。

14.11
确定应运行的部分

在 invasion_alien.py 中，我们需要确定游戏的哪些部分在任何情况下都应运行，哪些部分仅在游戏处于活动状态时才运行：

invasion_alien.py

```
#import sys
import pygame
from pygame.sprite import Group
from game_settings import Game_Settings
from game_stats import GameStats
from game_ship import Game_Ship
from game_alien import Game_Alien
import game_functions as gf

def play_game():
    pygame.init()          #初始化，创建一个屏幕对象

    #创建宽1100像素、高700像素的游戏窗口
    ai_settings = Game_Settings()
    screen = pygame.display.set_mode((ai_settings.game_screen_width, ai_settings.game_screen_height), 0, 32)
    pygame.display.set_caption("Invasion Alien")

    stats = GameStats(ai_settings)
    game_ship = Game_Ship(ai_settings, screen)#创建一艘飞船
    bullets = Group()#创建一个用于存储子弹的编组
    aliens = Group()#创建一个用于存储外星人的编组
    gf.create_fleet(ai_settings, screen, game_ship, aliens)

    #开始游戏的主循环
    while True:

        gf.check_events(ai_settings, screen, game_ship, bullets)   #监视键盘和鼠标事件
        if stats.game_active:
            game_ship.update_position()
            gf.bullets_update(ai_settings, screen, game_ship, aliens, bullets)
            gf.aliens_update(ai_settings, stats, screen, game_ship, aliens, bullets)
        gf.screen_update(ai_settings, screen, game_ship, aliens, bullets)#更新屏幕上的图像，并切换到新屏幕

play_game()
```

在主循环中，在任何情况下都需要调用 check_events( )，即便游戏处于非活动时亦如此。例如，我们需要知道操作者是否按了 Q 键以退出游戏，或单击关闭窗口的按钮，我们还需要不断更新屏幕，以便在等待操作者是否选择开始新游戏时能够修改屏幕。其他

的函数仅在游戏处于活动状态时才需要调用，因为游戏处于非活动状态时，我们不用更新游戏元素的位置。

现在，你运行这个游戏时，它将在飞船用完后停止不动，如图 14-16 所示。

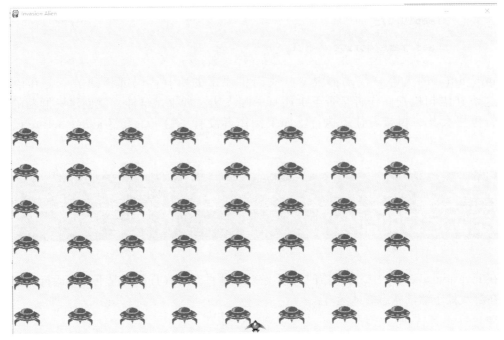

图 14-16　飞船用完后停止不动

14.12
最终的游戏

下面是游戏的完整代码。如果你运行游戏时遇到了麻烦的话，把你的每个函数（还有每个类）和下面的代码比较一下，看看是哪里错了。

14.12.1　invasion_alien.py

```python
import pygame
from pygame.sprite import Group
from game_settings import Game_Settings
from game_stats import GameStats
from game_ship import Game_Ship
from game_alien import Game_Alien
import game_functions as gf

def play_game():
    pygame.init()        #初始化,创建一个屏幕对象

    #创建宽1100像素、高700像素的游戏窗口
    ai_settings = Game_Settings()
    screen = pygame.display.set_mode((ai_settings.game_screen_width, ai_settings.game_screen_height),0,32)
    pygame.display.set_caption("Invasion Alien")
```

```
        stats = GameStats(ai_settings)
        game_ship = Game_Ship(ai_settings, screen)#创建一艘飞船
        bullets = Group()#创建一个用于存储子弹的编组
        aliens = Group()#创建一个用于存储外星人的编组
        gf.create_fleet(ai_settings, screen, game_ship, aliens)

        #开始游戏的主循环
        while True:

            gf.check_events(ai_settings, screen, game_ship, bullets)  #监视键盘和鼠标事件
            if stats.game_active:
                game_ship.update_position()
                gf.bullets_update(ai_settings, screen, game_ship, aliens, bullets)
                gf.aliens_update(ai_settings, stats, screen, game_ship, aliens, bullets)
            gf.screen_update(ai_settings, screen, game_ship, aliens, bullets)#更新屏幕上的图像，并切换到新屏幕


    play_game()
```

14.12.2 game_functions.py

```python
import sys
import pygame
from bullet import Bullet
from game_alien import Game_Alien
from game_ship import Game_Ship
from time import sleep

def check_events(ai_settings, screen, game_ship, bullets):
    #响应按键和鼠标事件
    for event in pygame.event.get():
        if event.type == pygame.QUIT:
            sys.exit()
        elif event.type == pygame.KEYDOWN:
            check_keydown_events(event, ai_settings, screen, game_ship, bullets)
        elif event.type == pygame.KEYUP:
            check_keyup_events(event, game_ship)


def screen_update(ai_settings, screen, game_ship, aliens, bullets):
    #更新屏幕上的图像，并切换到新屏幕
    # 每次循环时都重绘屏幕
    screen.fill(ai_settings.background_color)
    for bullet in bullets.sprites():
        bullet.draw_bullet()
    game_ship.blitme()
    aliens.draw(screen)

    # 让最近绘制的屏幕可见
    pygame.display.flip()


def check_keydown_events(event, ai_settings, screen, game_ship, bullets):
    #响应按键按下
    if event.key == pygame.K_RIGHT:# 向右移动飞船
        game_ship.right_moving = True
    elif event.key == pygame.K_LEFT:
        game_ship.left_moving = True

    # 创建子弹
    elif event.key == pygame.K_SPACE:
        fire_bullet(ai_settings, screen, game_ship, bullets)
    elif event.key == pygame.K_q:
        sys.exit()

def check_keyup_events(event, game_ship):

    # 响应按键松开
    if event.key == pygame.K_RIGHT:
        game_ship.right_moving = False
    elif event.key == pygame.K_LEFT:
        game_ship.left_moving = False

def bullets_update(ai_settings, screen, game_ship, aliens, bullets):
    bullets.update()
    #检测已消失的子弹并进行删除
```

```
        for bullet in bullets.copy():
            if bullet.rect.bottom <= 0:
                bullets.remove(bullet)

        check_bullet_alien_collisions(ai_settings, screen, game_ship, aliens, bullets)

def check_bullet_alien_collisions(ai_settings, screen, game_ship, aliens, bullets):
    # 检测是否击中，击中后删除相应的外星人
    collisions = pygame.sprite.groupcollide(bullets, aliens, True, True)
    # 创建无穷无尽的外星人
    if len(aliens) == 0:
        bullets.empty()
        create_fleet(ai_settings, screen, ship, aliens)

def fire_bullet(ai_settings, screen, game_ship, bullets):
    # 发射子弹
    if len(bullets) < ai_settings.bullets_allowed:
        new_bullet = Bullet(ai_settings, screen, game_ship)
        bullets.add(new_bullet)

def create_fleet(ai_settings, screen, game_ship, aliens):
    #创建外星人群
    # 创建一个外星人，并计算一行可容纳多少个外星人
    # 外星人间距为外星人宽度
    alien = Game_Alien(ai_settings, screen)
    number_aliens_x = get_number_aliens_x(ai_settings, alien.rect.width)
    number_rows = get_number_rows(ai_settings, game_ship.rect.height, alien.rect.height)

    for row_number in range(number_rows):
        for alien_number in range(number_aliens_x):# 创建第一行外星人
            # 创建一个外星人并将其加入当前行
            create_alien(ai_settings, screen, aliens, alien_number, row_number)

def get_number_aliens_x(ai_settings, alien_width):
    #计算每行容纳外星人的数量
    available_space_x = ai_settings.game_screen_width - 2 * alien_width
    number_aliens_x = int(available_space_x / (2 * alien_width))
    return number_aliens_x


def create_alien(ai_settings, screen, aliens, alien_number, row_number):
    alien = Game_Alien(ai_settings, screen)#创建一个外星人并将其放在当前行
    alien_width = alien.rect.width
    alien.x = alien_width + 2 * alien_width * alien_number
    alien.rect.x = alien.x
    alien.rect.y = alien.rect.height + 2 * alien.rect.height * row_number
    aliens.add(alien)

def get_number_rows(ai_settings, game_ship_height, alien_height):
    #计算屏幕可容纳多少行外星人
    available_space_y = (ai_settings.game_screen_height -(3 * alien_height) - game_ship_height)
    number_rows = int(available_space_y / (2 * alien_height))
    return number_rows

def aliens_update(ai_settings, stats, screen, game_ship, aliens, bullets):
    check_fleet_edges(ai_settings, aliens)# 根据外星人位置进行调整运行方向
    aliens.update()# 更新所有外星人的位置

    # 检测外星人是否撞击了飞船
    if pygame.sprite.spritecollideany(game_ship, aliens):
        print("Aliens Hit Spacecraft!!!")
        ship_hit(ai_settings, stats, screen, game_ship, aliens, bullets)

    # 检查是否有外星人到达了屏幕底端
    check_aliens_bottom(ai_settings, stats, screen, game_ship, aliens, bullets)

def check_fleet_edges(ai_settings, aliens):
    #检查是否有外星人到达边缘并采取相应的措施
    for alien in aliens.sprites():
        if alien.edges_check():
            change_fleet_direction(ai_settings, aliens)
            break

def change_fleet_direction(ai_settings, aliens):
    # 外形入到达边缘后下移并改变方向
    for alien in aliens.sprites():
        alien.rect.y += ai_settings.fleet_drop_speed
    ai_settings.fleet_direction *= -1
```

```
def ship_hit(ai_settings, stats, screen, game_ship, aliens, bullets):
    """响应被外星人撞到的飞船"""
    if stats.ships_left > 0:
        # 将ships_left减1
        stats.ships_left -= 1

        # 清空外星人列表和子弹列表
        aliens.empty()
        bullets.empty()

        # 创建一群新的外星人，并将飞船放到屏幕底端中央
        create_fleet(ai_settings, screen, game_ship, aliens)
        game_ship.center_ship()

        # 暂停

        sleep(0.5)
    else:
        stats.game_active = False

def check_aliens_bottom(ai_settings, stats, screen, game_ship, aliens, bullets):
    #检查是否有外星人到达了屏幕底端"""
    screen_rect = screen.get_rect()
    for alien in aliens.sprites():
        if alien.rect.bottom >= screen_rect.bottom:
            # 像飞船被撞到一样进行处理
            ship_hit(ai_settings, stats, screen, game_ship, aliens, bullets)
            break
```

14.12.3　game_settings.py

```
class Game_Settings():
    """存储《大战外星人》的所有设置的类"""
    def __init__(self):
        """初始化游戏的设置"""
        #屏幕设置
        self.game_screen_width = 1100
        self.game_screen_height = 700
        self.background_color = (230, 230, 230)

        self.ship_speed = 1.5 #飞船速度的设置
        self.ship_limit = 3

        #设置发射子弹
        self.bullet_speed_factor = 3
        self.bullet_width = 3
        self.bullet_height = 15
        self.bullet_color = 60, 60, 60
        self.bullets_allowed = 3 #将未消失的子弹数限制为3颗


        #设置外星人移动
        self.alien_speed_factor = 1
        self.fleet_drop_speed = 10
        self.fleet_direction = 1 # 为1表示像右移动，为-1表示像左移动
```

14.12.4　game_ship.py

```
import pygame

class Game_Ship():
    def __init__(self, ai_settings, screen):
        """初始化飞船并设置其初始位置"""
        self.screen = screen
        self.ai_settings = ai_settings
```

```python
        # 加载飞船图像并获取其外接矩形
        self.image = pygame.image.load('images/ship.bmp')
        self.image =  pygame.transform.scale(self.image, (50, 30))
        self.rect = self.image.get_rect()
        self.screen_rect = screen.get_rect()


        #将每艘新飞船放在屏幕底部中央
        self.rect.centerx = self.screen_rect.centerx
        self.rect.bottom = self.screen_rect.bottom

        #将飞船的属性变为float型，可以存储小数
        self.center = float(self.rect.centerx)

        #增加移动标志变量
        self.right_moving = False
        self.left_moving = False

        #判断移动标志变量
    def update_position(self):
        if self.right_moving and self.rect.right < self.screen_rect.right:
            self.center += self.ai_settings.ship_speed
        if self.left_moving and self.rect.left > 0:
            self.center -= self.ai_settings.ship_speed

        #更新rect对象
        self.rect.centerx = self.center

    def blitme(self):
        """在指定位置绘制飞船"""
        self.screen.blit(self.image, self.rect)

    def center_ship(self):
        #让飞船在屏幕上居中
        self.center = self.screen_rect.centerx
```

14.12.5 game_alien.py

```python
import pygame
from pygame.sprite import Sprite

class Game_Alien(Sprite): #表示单个外星人的类

    def __init__(self, ai_settings, screen):
        #初始化外星人并设置其起始位置
        super(Game_Alien, self).__init__()
        self.screen = screen
        self.ai_settings = ai_settings

        # 加载外星人图像，并设置其rect属性
        self.image = pygame.image.load('images/alien.bmp')
        self.image = pygame.transform.scale(self.image, (60, 40))
        self.rect = self.image.get_rect()

        # 每个外星人最初都在屏幕左上角附近
        self.rect.x = self.rect.width
        self.rect.y = self.rect.height

        # 存储外星人的准确位置
        self.x = float(self.rect.x)

    def blitme(self):
        #在指定位置绘制外星人
        self.screen.blit(self.image, self.rect)
```

```
    def update(self):
        # 让外星人向右移动
        self.x += (self.ai_settings.alien_speed_factor * self.ai_settings.fleet_direction)
        self.rect.x = self.x

    def edges_check(self):
        screen_rect = self.screen.get_rect()
        if self.rect.right >= screen_rect.right:#如果外星人位于屏幕边缘，就返回True
            return True
        elif self.rect.left <= 0:
            return True
```

14.12.6　game_stats.py

```
import pygame

class GameStats():
    #跟踪游戏的统计信息

    def __init__(self, ai_settings):
        #初始化统计信息
        self.ai_settings = ai_settings
        self.reset_stats()

        # 游戏刚启动时处于活动状态
        self.game_active = True

    def reset_stats(self):
        #初始化在游戏运行期间可能变化的统计信息
        self.ships_left = self.ai_settings.ship_limit
```

14.12.7　bullet.py

```
import pygame
from pygame.sprite import Sprite

class Bullet(Sprite):
    """一个对飞船发射的子弹进行管理的类"""

    def __init__(self, ai_settings, screen, game_ship):
        """在飞船所处的位置创建一个子弹对象"""
        super(Bullet, self).__init__()
        self.screen = screen

        # 在（0,0）处创建一个表示子弹的矩形，再设置正确的位置
        self.rect = pygame.Rect(0, 0, ai_settings.bullet_width, ai_settings.bullet_height)
        self.rect.centerx = game_ship.rect.centerx
        self.rect.top = game_ship.rect.top

        #存储用小数表示的子弹位置
        self.y = float(self.rect.y)

        self.color = ai_settings.bullet_color
        self.speed_factor = ai_settings.bullet_speed_factor

    def update(self):
        """向上移动子弹"""
        # 更新表示子弹位置的小数值
        self.y -= self.speed_factor
        # 更新表示子弹的rect的位置
        self.rect.y = self.y

    def draw_bullet(self):
        """在屏幕上绘制子弹"""
        pygame.draw.rect(self.screen, self.color, self.rect)
```

第 **15** 章

火柴人游戏

在写游戏程序（或者说任何程序）之前最好先做个计划。计划里应该包含这是什么游戏以及游戏中主要元素和角色等的描述。在开始编程时，这些描述会帮助关注想要开发的东西。游戏最后可能和原来描述的不一样，这也没有问题。

在这一章里，我们开发一个好玩的游戏，叫做"火柴人游戏"。

15.1
游戏所需图形

下面是对我们新游戏的描述。

① 秘密特工火柴小人被困在了呆头博士的老巢，你想帮助他从顶层的出口逃出去。

② 游戏中有一个火柴小人，他可以左右跑动，还可以跳跃，在每个楼层都有平台，他必须跳上去。

③ 游戏的目的是尽快达出口，否则游戏结束。

根据描述，我们知道我们需要几个图形，包括火柴人的几个图形，平台和门。我们显然需要有代码把它们放在一起，但是在开始之前，我们先要在这一章里把游戏的图形都做好。

我们怎样在游戏里画出这些元素？这一次我们要用"图片精灵"。

图片精灵就是游戏中的物体，一般来讲是某种角色，图片精灵通常是"已经渲染好"的，就是说它们是在程序运行前就已画好了的，而不是像在弹球游戏中那样由程序自己用多边形画出的。火柴人将是一个精灵，平台也是一个精灵。要创建这些图形，需要安装一个图形程序。

有好几个图片程序可以选择，但对于这个游戏来讲，我们需要一个支持"透明化"（有时称为通道）的程序，它可以让图片的一部分在屏幕上是没有颜色的。我们需要有透明部分的图形，因为当我们的一个图形与另一个图形交叉或者接近时，我们不想让其中一个的背景盖住另一个图形。例如，在图 15-1 中，背景上的格子图案表示透明的区域。

这样的话，如果我们把整个图形复制粘贴到另一个图形上，它的背影不会盖住任何东西。如图 15-2 所示。

图 15-1　格子图案的区域

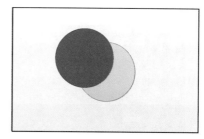

图 15-2　一个图形粘贴到另一个图形上

GIMP 是 GNU Image Manipulation Program（GNU 图形操作程序）的缩写，它是 Linux、Mac OS X 和 Windows 上支持透明图形的免费图形程序，按如下方式下载和安装。

① 如果用的是 Windows，可以在 GIMP-WIN 项目页面上找到 Windows 安装程序：http：//gimp-win-sourceforge.net/stable.html。

② 如果用的是 Ubuntu，打开 Ubuntu 软件中心，在搜索框中输入 gimp，在结果中选择 GIMP 图形编辑器的"安装"按钮。

③ 如果用的是苹果 Mac OS X，在这里下载软件包：

http：//gimp.lisanet.de/Website/Download.html。

当把图形程序安装好后，就可以画图了。我们要创建下面这些游戏元素。

① 一个简笔画小人：他可以向左跑、向右跑和跳跃。

② 平台：有三种不同大小。

③ 门：一个开启，一个关闭。

④ 游戏背景（因为只有简单的白色或者灰色背景的游戏会很无聊）。

在开始画图之前，我们需要从透明背景开始。

15.1.1　准备图形

用以下步骤来准备一个透明（或者说有 Alpha 通道）的图形，打开 GIMP，然后按以下步骤操作。

① 选择"文件→新建"。

② 在对话框中，输入 27 像素作为图形的宽度，30 像素作为高度。

③ 选择"图层→透明→增加 Alpha 通道"。

④ 选择"选择→全部"。

⑤ 选择"编辑→剪切"。

这样得到的结果应该就是一个画满深浅间隔的灰色格子的图形，如图 15-3 所示（放大以后）。

图 15-3　放大以后

现在可以创建火柴人了。

15.1.2　画火柴人

现在画我们的第一个火柴人图形，点击在 GIMP 的工具箱里的刷子工具，然后在刷子工具条中选择看上去像一个小点的那个刷子（通常会在屏幕的右下角），如图 15-4 所示。

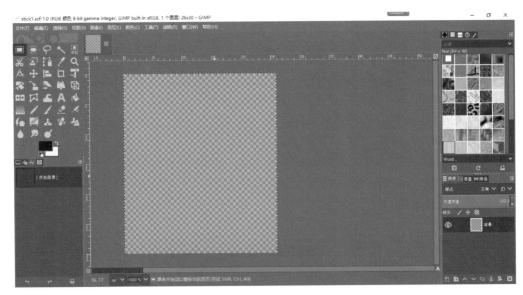

图 15-4　点击刷子工具

如果放大来看这些图形，它们看起来如图 15-5 所示。

图 15-5　火柴人向右跑和跳

图形不一定完全一样，不过它们起码要有一个火柴人的三个不同动作，还要记得每一张都是 27 像素宽，30 像素高。

● 火柴人向右跑

首先，我们要画一连串火柴人向右跑的帧。这样创建第一个图形：

① 画第一张图形（图 15-5 中最左边的图形）。

② 选择"文件→另存为"。

③ 在对话框中输入 stick_R1.gif 作为名字。然后点击带有"选择文件类型"标签的加号（+）按钮。

④ 在出现的列表中选择"GIF 图形"。

⑤ 把文件保存到之前创建的 stickman 目录中（选择"浏览其他目录"来找到正确的路径）。

用同样的步骤创建一个新的 27×30 像素的图形，然后画出下一个火柴小人，把它保存为 stick_R2.gif。重复这个过程来画出最后一个图形，保存为 stick_R3.gif。

● 火柴人向左跑

我们不用重新画出火柴人向左跑，只要用 GIMP 来把火柴人向右跑的图形翻转过来。

在 GIMP 中，依次打开每个图形，然后选择"工具→转换工具→水平翻转"。当选中图形时，应该会看到它水平翻转了，把这些图形保存为 stick_L1.gif、stick_L2.gif 还有 stick_L3.gif，如图 15-6 所示。

图 15-6　火柴人向左跑

现在我们画了 6 个火柴人的图形，但我们还需要平台的图形和出口的图形。

15.1.3 画平台

我们要画三个不同大小的平台，一个 100 像素宽 10 像素高，一个 60 像素宽 10 像素高，还有一个 30 像素宽 10 像素高。可以把平台画成任何喜欢的样子，不过要确保它们的背景是透明的，和火柴人一样。

它三个平台的图形放大来看，如图 15-7 所示。

图 15-7　三个平台

和火柴人的图形一样，把它们保存到 stickman 目录下。把最小的那个平台叫 platforml.gif，中间的那个叫 platform2.gif，最大的那个叫 platform3.gif。

15.1.4 画门

门的大小应该能装得下火柴人（27 像素宽，30 像素高），而且我们需要两个图形——一扇关上的门和一扇打开的门，如图 15-8 所示（也是放大过的）。

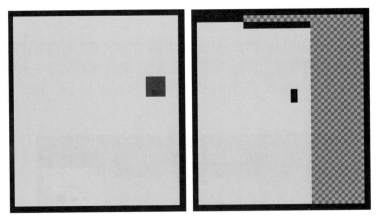

图 15-8　关上的门和打开的门

用如下步骤创建这两个图形。

① 点击前景色的方法（在 GIMP 工具箱的底部）来打开颜色选择器，选择想要的门的颜色。我们在图 15-9 中选择了黄色。

② 选择"倒桶工具"，用选中的颜色填满画面。

③ 把前景色选为黑色。

④ 选择铅笔或者画笔工具（在倒桶工具的右边），然后画出门的黑色轮廓和把手。

⑤ 把它们保存到 stickman 目录中，起名为 door1.gif 和 door2.gif。

图 15-9　选择黄色

15.1.5　画背景

最后我们要画出的图形是背景。我们要画一个 100 像素宽 100 像素高的图形。它不需要有透明的背景，因为我们要用同一颜色把它填满，而它将成为游戏中所有元素后面的墙纸。

要创建背景，选择"文件→新建"，把图形的大小设置为 100 像素宽 100 像素高。选择一个适合作为坏蛋藏身处的墙纸颜色。这里选择的是暗粉色。

可以用小花、条纹、星星或者任何在游戏中合适的东西来装点墙纸。例如，如果要给墙纸加上方块的话，选择另一种颜色，选择钢笔工具，画出第一个方块。然后，用选择工具来选定方块范围的方格，把它在图形上复制粘贴上去的图形。图 15-10 所示是一个有几个方块的例子，还有选择工具。

图 15-10　用选择工具选定方块并复制

如果对画已经满意了，把它保存为 stickman 目录下的 backgroud.gif。

15.1.6　透明

通过我们创建的这些图形，会更容易理解为什么这些图形（除了背景以外）需要是透明的。如果火柴人的背景不是透明的，那么把他放到我们的背景墙纸前是什么样子的呢？就是如图 15-11 所示的样子。

火柴人的白色背景擦掉了一部分墙纸。但如果我们用透明图形的话，就是如图 15-12 所示的样子。

图 **15-11**　火柴人的背景不透明

图 **15-12**　火柴人的背景透明

除了小人本身，背景没有被小人的图形挡住。

15.2
开始开发游戏

现在我们已经创建了火柴人逃生游戏的图形，可以开发代码了。在前一章对游戏的描述里我们大体了解了所需要的东西：一个能跑能跳的火柴小人，还有一些他能跳上去的平台。

我们需要写代码来显示火柴小人以及让他在屏幕上移动，同时也要画出平台来。但是在写代码之前，我们先要创建画布来显示背景图形。

还要给游戏建一个目录。在桌面空白的地方点击右键，选择"新建→文件夹"（在 Ubuntu 上，操作应为"创建新文件夹"，在 Mac OS X 上是"新建文件夹"），在对话框中输入 stickman 作为文件夹的名字。

15.2.1　创建 Game 类

首先，我们要创建一个叫 Stickman_Game 的类，它将是我们程序的主控者。Stickman_Game 类将有一个 __init__ 函数来初始化游戏，还有一个 main_loop（主循环）函数来做动画。

15.2.1.1 设置窗口标题以及创建画布

在函数的第一部分，我们要设置窗口标题和创建画布。打开编辑器输入下面的代码，然后保存到文件 stickman_game.py 中。

```
from tkinter import *
import random
import time

class Stickman_Game:

    def __init__(self):
        self.tk = Tk()
        self.tk.title("Stickman Escape") #创建tk对象
        self.tk.resizable(0, 0) #创建窗口标题
        self.tk.wm_attributes("-topmost", 1)
        #创建画布
        self.canvas = Canvas(self.tk, width=500, height=500,highlightthickness=0)
        self.canvas.pack()
        self.tk.update()
        self.canvas_width = 500
        self.canvas_height = 500
```

在程序中首先我们创建了 tk 对象，将窗口标题 self.tk.title 设置为 "Stickman Escape"。然后调用 resizable 函数让窗口的大小固定（不能改变大小），用 wm_attributes 函数把窗口移到所有其他窗口之前。

接下来创建了画布，我们采用的语句为：

self.canvas=Canvas（self.tk,width=500, height=500, highlightthickness=0）

然后调用了画布对象 tk 上的 pack 和 update 函数。最后，我们给 Stickman_Game 类创建了两个变量 height 和 width，用来保存画布的高和宽。

在 self.canvas=Canvas 那一行里的反斜杠（\）只是用来把一行很长的代码拆开，这不是必需的，我把它放在这儿是出于可读性考虑，否则这一行在书页里装不下。

15.2.1.2 完成 init 函数

现在在 stickman_game.py 中将 _init_ 函数的剩余部分创建进来。这些代码会载入背景图形并把它显示在画布上。如果在装载过程中遇到无法显示图片的情况，尝试确定是否安装了 PIL，安装插件，直接使用 "pip install PILLOW" 命令安装即可，生成 PhotoImage 对象。

```
7   from PIL import Image
    from PIL import ImageTk

    from tkinter import *
    import random
    import time

    class Stickman_Game:

        def __init__(self):
            self.tk = Tk()
            self.tk.title("Stickman Escape") #创建tk对象
            self.tk.resizable(0, 0) #创建窗口标题
            self.tk.wm_attributes("-topmost", 1)
            #创建画布
            self.canvas = Canvas(self.tk, width=500, height=500,highlightthickness=0)
            self.canvas.pack()
            self.tk.update()
            self.canvas_width = 500
            self.canvas_height = 500
```

```
1   self.bg = ImageTk.PhotoImage(file="backgroud.gif")
2   w = self.bg.width()
    h = self.bg.height()
3   for x in range(5):
4       for y in range(5):
5           self.canvas.create_image(w*x, h*y, image=self.bg, anchor="nw")
6   self.sprites = []
    self.running = True
```

在 1 处，我们创建了变量，它装载着一个 PhotoImage 对象。接下来，从 2 处开始，我们把图形的高和宽保存到变量 h 和 w 中。PhotoImage 类的函数 width 和 height 分别返回装入的图形的宽和高。

接下来在函数中有两个循环，让我们来理解一下它们是做什么的。想象有一个方形的小橡皮章、印泥和一大张纸，怎样才能用你的小印章把整张纸印满带颜色的方块呢？当然可以随意地在纸上印直到印满。其结果看上去会是乱七八糟的，而且也要印很久才行。还可以从上到下先印第一列，然后回来下一列的开头再印，就像图 15-13 所示。

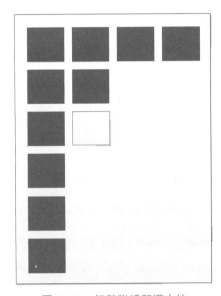

图 15-13　把整张纸印满方块

我们在前一章创建的背景图形就是我们的印章。我们知道画布是 500 像素宽，500 像素高。我们的背景图形是 100 像素的方块。如果要填满屏幕我们需要 5 行 5 列。我们用 3 处的循环来计算列，用 4 处的循环来计算行。

从 5 处，我们把这第一个循环变量 x 和图形的宽度相乘（x*w）来得到绘图的水平位置，然后用第二个循环变量 y 剩以图形的高度（y*h）来得到绘图的垂直位置。我们用画布对象上的 create_image 函数（self.canvas.create_image）来把图形画在这些坐标上。

最后，从 6 处开始，我们创建变量 sprites，它是一个空列表，还有 running，它的值是布尔值 True。我们以后会在游戏代码中用到这些变量。

15.2.1.3　创建主循环

我们要用主循环 Stickman_Game 类中的 main_loop 函数来做出游戏的动画来。下面是它的代码：

```
class Stickman_Game:
    def __init__(self):
        self.tk = Tk()
        self.tk.title("Stickman Escape")    #创建tk对象
        self.tk.resizable(0,0)              #创建窗口标题
        self.tk.wm_attributes("-topmost",1)
        # 创建画布
        self.canvas = Canvas(self.tk,width=500,height=500,highlightthickness=0)
        self.canvas.pack()
        self.tk.update()
        self.canvas_heiht = 500
        self.canvas_width = 500


        self.bg = ImageTk.PhotoImage(file="backgroud.gif")
        w = self.bg.width()
        h = self.bg.height()
        for x in range(0,5):
            for y in range(0,5):
                self.canvas.create_image(x * w, y * h,image=self.bg,anchor="nw")
        self.sprites = []
        self.running = True


    def main_loop(self):
1       while 1:
2           if self.running == True:
3               for sprite in self.sprites:
4                   sprite.move()
5           self.tk.update_idletasks()
            self.tk.update()
            time.sleep(0.01)


g = Stickman_Game()
g.main_loop()
```

首先编写了一个 while 循环（见 1），它会一直运行直到游戏窗口关闭。然后，我们判断变量 running 是否为 True（见 2）。如果是，在 3 处我们循环遍历所有精灵列表（self.sprites）中的精灵（目前我们还没有创建任何精灵，在运行这段代码它不会做任何事，但是以后它会有用处。），在 4 处调用它们的 move 函数。

函数中从 5 处开始的最后三行强行让对象重绘屏幕并休息百分之一秒。

现在你可以运行代码了。这段代码创建一个 Stickman_Game 的对象并把它保存到变量 g 中。然后调用新对象上的 main_loop 函数开始在屏幕上画图。

保存好程序后，在 IDLE 中选择"运行——运行模块"来运行它。你会看到画布了出现了背景图案，如图 15-14 所示。

我们已经给游戏加上了漂亮的背景，还创建了一个动画循环，后续等我们把精灵创建出来以后，就可以画出精灵。

图 15-14　画布上的背景图案

15.2.2　创建坐标类

现在我们要创建一个用来指定物体在游戏上位置的类，给这个新的类起名为 Game_Coords，这个类会保存游戏中某一物体的左上角（x1 和 y1）以及右下角（x2 和 y2）的坐标。图 15-15 所示能帮助理解这些坐标是什么。

图 15-15　物体左上角和右下角的坐标

它只有一个 __init__ 函数，有 4 个参数（x1、y1、x2 和 y2），下面是要添加的代码（把它加到 stickman_game.py 文件的开头）：

```
class Game_Coords:
    def __init__(self,x1=0,y1=0,x2=0,y2=0):
        self.x1 = x1
        self.y1 = y1
        self.x2 = x2
        self.y2 = y2
```

注意每个参数都被保存为一个同名的对象变量（x1、y1、x2 和 y2）。我们稍后会使用这个类的对象。

15.2.3　冲突检测

当我们知道如何保存游戏中精灵的位置后，我们需要判断一个精灵是否与另一个精灵的位置冲突。比方说火柴人在屏幕上跳来跳去时是否撞到了平台上。为了让问题简化一些，我们可以把它拆成两个小一点的问题：检测两精灵是否在垂直方向上冲突和检测精灵是否在水平位置上冲突。然后我们可以把两个解决方案合在一起，很容易地看出两个精灵是否在每个方向上都冲突。

15.2.3.1　精灵在水平方向上冲突

首先，我们会创建 conflict_x 函数来判断一组 x 坐标（x1 和 x2）是否与另一组 x 坐标交叉。有多种方法可以解决这个问题，下面是一种简单的方式，可把它加在 Game_Coords 类的后面：

```
class Game_Coords:

    def __init__(self, x1=0, y1=0, x2=0, y2=0):
        self.x1 = x1
        self.y1 = y1
        self.x2 = x2
        self.y2 = y2

    def conflict_x(self, co2):
1       if (co2.x1 < self.x1 < co2.x2)\
2           or (co2.x1 < self.x2 < co2.x2)\
3           or (self.x1 < co2.x1 < self.x2)\
4           or (self.x1 < co2.x2 < self.x2):
5           return True
        else:
            return False
```

conflict_x 函数的参数是 self 和 co2，都是 Game_Coords 类的对象。上述代码的判断条件依次为：

● 首先判断第一个坐标对象（self.x1）是否在（co2.x1）和（co2.x2）之间。如果是，在 2 处返回 True（见 1）。

● 如果 1 处条件不满足，然后判断（self.x2）是否在（co2.x1）和（co2.x2）之间。如果是，在 1 处返回真（见 2）。

● 如果 1 处和 2 处条件不满足，然后判断第二条线（co2）的最左和最右是否在第一个中间（见 3 和 4）。

● 如果以上条件语句都不成立，我们就来到 else 语句，返回 False。

可以用图 15-16 来帮助我们理解这个问题，看看两条 x 坐标上有重复部分的直线是什么样子的。每条线从 x1 开始到 x2 结束，如图 15-16 所示。

图 15-16 中第一条线（self）从像素位置 50（x1）开始，到 100（x2）结束。第二条线（co2）从位置 40 开始到 150 结束。在这种情况下，因为第一条线的位置 x1 在第二条线的 x1 和 x2 之间，那么我们函数中的第一个语句对于这两组坐标来讲就为真。

图 15-16　在 x 坐标有重复部分的直线

15.2.3.2　精灵在垂直方向上冲突

我们也需要知道精灵是否在纵向冲突。conflict_y 函数和 conflict_x 函数相似。我们判断第一个坐标的 y1 位置是否在第二个位置的 y1 和 y2 之间，反之亦然。下面给出了这个函数（把它放在 conflict_x 函数的后面），这次我们直接写出较短版本的代码（而不是很多if 语句）：

```
def conflict_y(self, co2):
    if (co2.y1 < self.y1 < co2.y2)\
            or (co2.y1 < self.y2 < co2.y2)\
            or (self.y1 < co2.y1 < self.y2)\
            or (self.y1 < co2.y2 < self.y2):
        return True
    else:
        return False
```

15.2.3.3　最终的冲突检测代码

现在我们可以判断一组 x 坐标是否有重叠，还有 y 坐标是否有重叠，那么就可以写一个函数来判断一个精灵是否与另一个相撞，以及是哪一侧相撞。我们可以用函数 conflict_left（左侧相撞）、conflict_right（右侧相撞）、conflict_top（顶部相撞）和 conflict_bottom（底部相撞）。

● conflict_left 函数

下面是 conflict_left 函数，可以把它加在 conflict_y 函数的后面：

```
1  def conflict_left(self, co2):
2      if self.conflict_y(co2):
3          if co2.x1 <= self col1.x1 <= co2.x2:
4              return True
5  return False
```

这个函数告诉我们第一坐标对象的左侧（x1 的值）是否撞到了另一个坐标对象。

如第 1 行所示，这个函数有两个参数 col（第一个坐标对象）和 co2（第二个坐标对象）。在第 2 行我们用 within_y 函数来判断两个坐标在纵向是否有重叠。因为如果火柴小人在远离平台的上方时没必要去判断它们是否相撞，如图 15-17 所示。

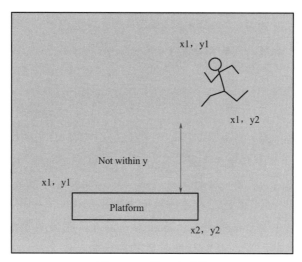

图 15-17　纵向未重叠

在第 3 行，我们判断第一个坐标对象（co1.x1）的最左侧是否撞到了第二个坐标对象（co2.x2）的 x2 位置，也就是是否小于等于 x2 位置，我们还可以判断它是否超出了 x1 位置。如果它撞到了边上，我们在 4 处返回 True。如果这些 if 语句都不为真，我们在 5 处返回 False。

● conflict_right 函数

conflict_right 函数和 conflict_left 看起来差不多：

```
def conflict_right(self, co2):
1    if self.conflict_y(co2):
2        if co1.x1 <= self.x2 <= co2.x2:
3            return True
4    return False
```

和 conflict_left 一样，我们在 1 处用 conflict_y 函数来判断 y 坐标是否重叠。然后在 2 处判断 x2 的值是否在第二个坐标对象的 x1 和 x2 之间，是的话在 3 处返回 True，否则在 4 处返回 False。

● conflict_top 函数

conflict_top 函数和前面的两个函数差不多。

```
def conflict_top(self, co2):
1    if self.conflict_x(self, co2):
2        if co2.y1 <= self.y1 <= co2.y1:
            return True
    return False
```

这次的不同点在于，我们在 1 处用 conflict_x 函数来判断坐标是否在水平方向有重叠。接下来，我们在 2 处判断第一个坐标的顶部位置（self.y1）是否与第二个坐标的 y2 位置重叠，而不是 y1 的位置。如果是，我们返回 True（意味着第一个坐标的顶部撞到了第二个坐标）。

● conflict_bottom 函数

这四个函数中的其中一个会难一点。下面是 conflict_bottom 函数：

```
    def conflict_bottom(self, delta_y, co2):
1     if self.conflict_x(co2):
2         y_calc = self.y2 + delta_y
3         if co2.y1 <= y_calc <= co2.y2:
4             return True
5     return False
```

这个函数多了一个参数 y，它是给第一个坐标的 y 方向位置增加的值，在 1 处，我们判断两个坐标是否在水平方向上有重叠（这和 conflict_top 一样）。接下来，在 2 处把参数加上第一个坐标 y2 的位置，并把结果保存在 y_calc 中。如果在 3 处这个新计算出来的值在第二个坐标的 y1 和 y2 之间的话，则在 4 处返回 True，因为坐标 co1 的底部撞上了 co2 的顶部。然而，如果这些语句都不为真的话，在 5 处返回 False。

我们之所以需要这个额外的参数 y，是因为火柴人可能会从平台上掉下来，与其他的 conflict 碰撞函数不同，我们要能够判断他是否会掉到底，而不是他是否已经掉到底了。如果他从一个平台上走下来后一直停在半空中的话，我们的游戏就太不真实了。所以，在他走路时，我们检查他的左右两侧是否撞上了什么东西。然而，当我们检查他的下面时，判断他是否会撞上平台，如果不会，那他就要摔死了。

15.2.4 创建精灵类

我们把游戏中精灵的父类叫做 Sprite。这会提供两个函数：move 用来移动精灵，还有 get_coordinates 来返回精灵当前在屏幕上的位置。下面是 Sprite 类的代码：

```
  class Sprite:
1     def __init__(self, game):
2         self.game = game
3         self.endgame = False
4         self.coordinates = None
5     def move(self):
6         pass
7     def get_coordinates(self):
8         pass
```

Sprite 类中在 1 处定义的 __init__ 函数只有一个参数 game。这个参数将是游戏 game 的对象。我们加上这个参数是想让我们创建的每个精灵都能访问游戏中其他精灵的列表。我们在 2 处把 game 参数保存在一个对象变量中。

在 3 处我们设置对象变量 endgame，我们会用来表示游戏是否已经结束（在此时此刻，它是 False）。在 4 处的最后一个对象变量 coordinates 被设置为空值（None）。

在 5 处定义的 move 函数在父类里什么也不做，所以我们在 6 处函数体中只用了 pass 关键字。在 7 处的 get_coordinates 函数在父类里什么也不做。

因此我们的 Sprite 类有一个 move 函数，它什么不做，还有一个 get_coordinates 函数，它也不会返回任何坐标，这听起来都没什么用处。然而我们知道，任何以 Sprite 为父类的类都会有 move 和 get_coordinates 函数。所以，在游戏的主循环中，当我们依次访问一个精灵的列表时，我们可以调用它们的 move 函数，而且不会产生任何错误。为什么呢？因为每个精灵都有这个函数。

有些类中的函数什么也不做，这其实在编程中很常见，某种意义上来讲，这是一种共识或者说合同，确保一个类的所有子类都提供同样的功能（尽管有时子类中的函数什么也不做）。

15.2.5　添加平台类

现在我们要做平台了。我们把平台对象的类叫作 PlatformSprite，它是 Sprite 类的子类。其中的 __init__ 函数有一个 game 做参数（和父类 Sprite 一样），还有一个图形，以及 x 和 y 坐标，外加图形的宽度和高度。下面是 PlatformSprite 类的代码：

```
1  class PlatformSprite(Sprite):
2      def __init__(self, game, photo_image, x, y, width, height):
3          super().__init__(game)
4          self.photo_image = photo_image
5          self.image = game.canvas.create_image(x, y, image=self.photo_image, anchor="nw")
6          self.coordinates = Game_Coords(x, y, x + width, y + height)
```

当我们在 1 处定义 PlatformSprite 类时，我们给它的唯一的参数是它的父类（Sprite）。行 2 的 __init__ 函数有 7 个参数，分别为 self、game、photo_image、x、y、width 和 height。

在行 3，我们调用父类 Sprite 的 __init__ 函数，用 self 和 game 作为参数的值，因为除了 self 关键字以外，Sprite 类的 __init__ 函数只有一个参数 game。

此时此刻，如果我们创建一个 PlatformSprite 对象的话，它会有父类中的所有对象变量（game、endgame 和 coordinates），这些就是因为我们调用了 Sprite 中的 __init__ 函数。

在行 4，我们把 photo_image 参数保存到对象变量中，并且在行 5 我们用 game 对象中的 canvas 变量上 creat_image 来在屏幕上画出图形来。

最后，在行 6 我们创建一个 Coords 对象，把参数 x 和 y 作为它的前两个参数。然后我们把后面两个参数加上 width 和 height 参数。

尽管 coordinates 变量在父类 Sprite 中被设置为 None，我们在 PlatformSprite 子类中它变成了一个真正的 Coords 对象，它的值是平台图形在屏幕上的真实位置。

15.2.5.1　加入平台对象

让我们给游戏加个平台对象来看看它是什么样子的，把游戏文件（stickman_game.py）的最后两行改成这样：

```
1  g = Stickman_Game()
2  platform1 = PlatformSprite(g, ImageTk.PhotoImage(file="platform1.gif"), 0, 480, 100, 10)
3  g.sprites.append(platform1)
4  g.main_loop()
```

可以看到，行 1 和行 4 没有变化，但是在行 2 我们创建了一个 PlatformSprite 类的对象，把代表我们游戏的变量（g）传给它，还有一个 PhotoImage 对象（它使用了我们的平台图形 platform1.gif）。我们还给它传入了我们想让平台出现的位置（横向为 0 像素，纵向为 480 像素，接近画布的底部），还有高和宽（100 像素宽，100 像素高），我们在行 3 把它加到游戏 game 对象中的精灵列表里。

如果现在运行游戏，应该会看到在屏幕的左下角画着一个平台，如图 15-18 所示。

图 15-18　加入平台

15.2.5.2　添加很多平台

让我们来加入更多的平台。每个平台的 x 和 y 位置都不一样，这样它们就会分布在屏幕上不同的位置，下面是我们用到的代码：

```
g = Stickman_Game()
platform1 = PlatformSprite(g, ImageTk.PhotoImage(file="platform1.gif"),0,480,100,10)
platform2 = PlatformSprite(g, ImageTk.PhotoImage(file="platform1.gif"),150,440,100,10)
platform3 = PlatformSprite(g, ImageTk.PhotoImage(file="platform1.gif"),300,400,100,10)
platform4 = PlatformSprite(g, ImageTk.PhotoImage(file="platform1.gif"),300,160,100,10)
platform5 = PlatformSprite(g, ImageTk.PhotoImage(file="platform2.gif"),175,350,66,10)
platform6 = PlatformSprite(g, ImageTk.PhotoImage(file="platform2.gif"),50,300,66,10)
platform7 = PlatformSprite(g, ImageTk.PhotoImage(file="platform2.gif"),170,120,66,10)
platform8 = PlatformSprite(g, ImageTk.PhotoImage(file="platform2.gif"),45,60,66,10)
platform9 = PlatformSprite(g, ImageTk.PhotoImage(file="platform3.gif"),170,250,32,10)
platform10 = PlatformSprite(g, ImageTk.PhotoImage(file="platform3.gif"),230,200,32,10)
g.sprites.append(platform1)
g.sprites.append(platform2)
g.sprites.append(platform3)
g.sprites.append(platform4)
g.sprites.append(platform5)
g.sprites.append(platform6)
g.sprites.append(platform7)
g.sprites.append(platform8)
g.sprites.append(platform9)
g.sprites.append(platform10)
g.main_loop()
```

我们创建了很多 PlatformSprite 对象，把它们保存到 platform1 ～ platform10 这些变量中。然后把每个平台都加入 sprties 变量中，sprites 变量是在 Game 类中创建的。如果现在运行游戏的话，它看起来如图 15-19 所示。

我们已经打好了游戏的基础！现在，我们可以加入游戏的主角火柴人了。

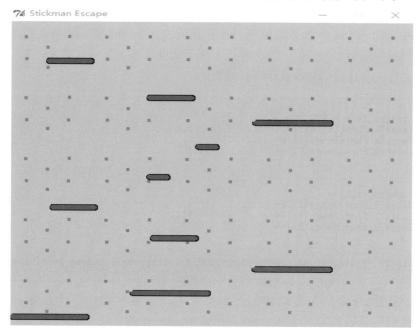

图 15-19　加入更多平台

15.3
创建火柴人

这一章节里，我们要创建火柴人，也就是火柴人逃脱游戏的主角。在这个代码中要实现火柴人左右跑动、跳跃，在撞到平台时要停止，在跑出平台边缘时还会跌落。我们要用左右键的事件绑定来让火柴人左右跑动，在玩家按下空格键时我们还要让他跳起来。

15.3.1　初始化火柴人

首先创建一个火柴人类：StrickFig ureSprite。新的火柴人类的 __init__ 函数和目前为止我们的其他类的同一函数很相似。这个类的父类也是 Sprite。

```
class StickFigureSprite(Sprite):
    def __init__(self, game):
        super().__init__(game)
```

这段代码和我们在第 15.2 节为 PlatformSprite 类写的差不多，只是这里没有任何额外的参数（除了 self 和 game）。这是因为，和 PlatformSprite 类不同，在游戏中只用到一个 StickFigureSprite 对象。

15.3.1.1　载入火柴人图形

在 PlaformSprite 类的 __init__ 函数的参数为 Sprite，因为在屏幕上有很多平台对象，每一个可能用的图形大小都不一样，意为：平台精灵，请你在屏幕上绘图并使用这个图形。

但是因为在屏幕上只有一个火柴人，从外面向精灵传入图形就没有意义了。StickFilgureSprite 类自己会知道如何装入自己的图形。

接下来几行的 __init__ 函数只做几件事：把向左跑的三个图形和向右跑的三个图形分别装入，我们现在就要装入它们，因为我们不想每次在屏幕上显示火柴人时都重新装入（这样做太浪费时间，会让我们的游戏运行得很慢）。

```
1  self.images_left = [
       ImageTk.PhotoImage(file="stick_L1.gif"),
       ImageTk.PhotoImage(file="stick_L2.gif"),
       ImageTk.PhotoImage(file="stick_L3.gif")
   ]

2  self.images_right = [
       ImageTk.PhotoImage(file="stick_R1.gif"),
       ImageTk.PhotoImage(file="stick_R2.gif"),
       ImageTk.PhotoImage(file="stick_R3.gif")

   ]
3  self.image = game.canvas.create_image(200,470,image=self.images_left[0],anchor='nw')
```

这段代码把用来做向左跑动画的三个图形和向右跑动画的三个图形分别装入。在行 1 和 2，我们创建了对象变量 images_left 和 images_right。每个都包含一个我们创建的 PhotoImage 对象的列表，它是用来显示向左和向右的火柴人的。我们在行 3 用 create_image 函数在位置（200，470）画出第一个图形 images_left[0]，它把火柴人放在游戏屏幕的中间，画布的底部。create_image 函数返回在画布画出的图形的 ID。我们把这个 ID 保存在对象变量 image 中，留着以后用。

15.3.1.2　设置变量

__init__ 函数接下来的部分设置了更多以后代码中会用到的变量。

```
   self.images_left = [
       ImageTk.PhotoImage(file="stick_L1.gif"),
       ImageTk.PhotoImage(file="stick_L2.gif"),
       ImageTk.PhotoImage(file="stick_L3.gif")
   ]

   self.images_right = [
       ImageTk.PhotoImage(file="stick_R1.gif"),
       ImageTk.PhotoImage(file="stick_R2.gif"),
       ImageTk.PhotoImage(file="stick_R3.gif")

   ]
1  self.image = game.canvas.create_image(200,470,image=self.images_left[0],anchor='nw')
2  self.x = -2
3  self.y = 0
4  self.current_image = 0
5  self.current_image_add = 1
6  self.jump_count = 0
7  self.last_time = time.time()
   self.coordinates = Game_Coords()
```

在行 1 和 2 处，对象变量和是火柴人在运动时的水平位置（x1 和 x2）或者垂直位置（y1 和 y2）每次增加的量。

为了用 tkinter 模块来做动画，我们增加对象的 x 或 y 坐标来让他在画布上移动。通过把 x 设置为 −2，把 y 设置为 0，我们以后会对 x 坐标减去 2，对于纵坐标没有变量，火柴人应向左跑。

负的 x 值代表在画布上向左跑，正的 x 值代表向右跑。负的 y 值代表向上移动，正的 y 值代表向下移动。

在 3 处，我们创建了对象变量 current_image 来保存当前显示在屏幕上的图形的索引位置。我们面向左边的图形列表 images_left 中包含 stick_L1.gif、stick_L2.gif 和 stick_L3.gif。它们的索引位置分别是 0、1 和 2。

在 4 处，变量 current_image_add 中将包含一个数字，我们用它加到 current_image 变量中保存的索引位置上来得到下一个索引位置。例如，如果现在正在显示的是索引位置为 0 的图形，我们加 1 来得到下一个索引 1，再加 1 得到列表中最后一个索引位置 2（你将在以后学习如何用它来做出动画来）。

在 5 处的变量 jump_count 是一个计数器，我们在火柴人跳跃时将用到它。在 6 处变量 last_time 将记录上一次我们移动火柴人的时间，我们用 time 模块的 time 函数获得当前时间。

在 7 处，我们把对象量 coordinages 设置为 Coords 类的对象，但是没有给出初始参数（x1、y2、x2 和 y2 都是 0）。和平台不同的是，火柴人的坐标会改变，因此我们将在以后设置这些值。

15.3.1.3　与键盘按键绑定

在 __init__ 函数的最后部分，bind 函数把按键与我们代码中按键后需要运行的部分绑定。

```
self.images_left = [
    ImageTk.PhotoImage(file="stick_L1.gif"),
    ImageTk.PhotoImage(file="stick_L2.gif"),
    ImageTk.PhotoImage(file="stick_L3.gif")
]

self.images_right = [
    ImageTk.PhotoImage(file="stick_R1.gif"),
    ImageTk.PhotoImage(file="stick_R2.gif"),
    ImageTk.PhotoImage(file="stick_R3.gif")

]
self.image = game.canvas.create_image(200,470,image=self.images_left[0],anchor='nw')
self.x = -2
self.y = 0
self.current_image = 0
self.current_image_add = 1
self.jump_count = 0
self.last_time = time.time()
self.coordinates = Game_Coords()

game.canvas.bind_all('<KeyPress-Left>',self.turn_left)
game.canvas.bind_all('<KeyPress-Right>',self.turn_right)
game.canvas.bind_all('<space>',self.jump)
```

我们把 <KeyPress-Left> 绑定到函数 turn_left，<KeyPress-Right> 绑定到函数 turn_right，<space>（空格键）绑定到函数 jump（跳跃）。现在我们需要创建这些函数来让火柴人移动。

15.3.2 让火柴向左转和向右转

向左转和向右转函数要确保火柴人没有在跳跃中，然后设置对象变量 x 的值来让他向左或向右移动（如果火柴人正在跳跃中，我们的游戏不允许他在半空中改变方向）。

```
        self.images_left = [
            ImageTk.PhotoImage(file="stick_L1.gif"),
            ImageTk.PhotoImage(file="stick_L2.gif"),
            ImageTk.PhotoImage(file="stick_L3.gif")
        ]

        self.images_right = [
            ImageTk.PhotoImage(file="stick_R1.gif"),
            ImageTk.PhotoImage(file="stick_R2.gif"),
            ImageTk.PhotoImage(file="stick_R3.gif")
        ]
        self.image = game.canvas.create_image(200, 470, image=self.images_left[0], anchor='nw')
        self.x = -2
        self.y = 0
        self.current_image = 0
        self.current_image_add = 1
        self.jump_count = 0
        self.last_time = time.time()
        self.coordinates = Game_Coords()

        game.canvas.bind_all('<KeyPress-Left>', self.turn_left)
        game.canvas.bind_all('<KeyPress-Right>', self.turn_right)
        game.canvas.bind_all('<space>', self.jump)
1   def turn_left(self, evt):
2       if self.y == 0:
3           self.x = -2

4   def turn_right(self, evt):
5       if self.y == 0:
6           self.x = 2
```

当玩家按上左方向键时 Python 会调用函数 turn_left，并传入一个带有玩家动作信息的对象作为参数，这个对象叫作事件对象（event_object），我们给这个参数起的名字叫 evt。

⏳ **注意**：事件对象对于达到我们的目的来讲并不重要。但是我们的函数中还是需要有这个参数（在 1 和 4 处），否则的话我们会收到出错信息，因为 Python 诊断它应该在那里。事件对象包含如鼠标的 x 和 y 坐标信息（对于鼠标事件），一个标识按键的编码（对于键盘事件），以及其他信息，对于这个游戏，这些信息都不重要，我们完全可以忽略它。

通过检查对象变量 y 的值（见 2 处和 3 处）可以判断火柴人是否在跳跃。如果值不是 0 说明火柴人在跳跃。在这个例子中，如果 y 的值是 0，我们把 x 设置为 -2 来向左跑（5 处）或设置为 2 来向右跑（6 处），因为设置为 -1 或者 1 的话，火柴人在屏幕上移动得不够快。

15.3.3 让火柴人跳跃

jump 函数和 turn_left 及 turn_right 函数很像。

```
def turn_right(self,evt):
    if self.y == 0:
        self.x = 2

def jump(self,evt):
1   if self.y == 0:
2       self.y = -4
3       self.jump_count = 0
```

当空格键被按下了，这个函数被调用。这个函数有一个参数 evt（事件对象），我们可以忽略它，因为我们用不到事件中的任何信息。

因为我们只想在火柴人没有跳跃的时候才让他起跳，所以在 1 处我们判断是否等于 0。如果火柴人没有在跳跃中，在 2 处我们设置为 -4（让他在屏幕上垂直向上），并且在 3 处把 jump_count 设置为 0。我们会用 jump_count 来确保火柴人不会一直向上跳跃。相反，我们只让他跳跃一定的数量然后让他再落下来，就像重力的作用一样，我们会在下一章节再加上这些代码。

15.3.4　回顾一下

让我们回顾一下到目前为止游戏中的类和函数的定义，以及它们在文件中出现的位置。

在程序顶部，是 import 语句，后面跟着 Stickman_Game 和 Game_Coords 类。Stickman_Game 类将被用来创建成一个游戏的主控对象，Game_Coords 类的对象用来表示游戏中物体的位置（如平台和火柴人）：

```
from tkinter import *
import random
import time

class Stickman_Game:
    ...
class Game_Coords:
    ...
```

接下来是 conflict 函数（它告诉我们一个精灵的位置是否"包含在"另一个精灵中），父类 Sprite（它是游戏中所有精灵的父类）。PlatformSprite 类，还有 StickFirgureSprite 类的开始部分。PlatformSprite 用来创建平台对象，火柴人会在上面跳跃，我们还会创建一个 StickFigureSprite 类的对象，用它来代表游戏中的主角：

```
    def conflict_x(self, co2):
        ...
    def conflict_y(self, co2):
        ...
class Sprite:
    ...
class PlatformSprite(Sprite):
    ...
class StickFigureSprite(Sprite):
    ...
```

最后，在程序的结尾，代码会创建出目前为止游戏中的所有对象：game 对象自身以及平台，在最后一行我们调用 main_loop 函数：

```
g = Stickman_Game()
platform1 = PlatformSprite(g, ImageTk.PhotoImage(file="platform1.gif"),0,480,100,10)
platform2 = PlatformSprite(g, ImageTk.PhotoImage(file="platform1.gif"),150,440,100,10)
platform3 = PlatformSprite(g, ImageTk.PhotoImage(file="platform1.gif"),300,400,100,10)
platform4 = PlatformSprite(g, ImageTk.PhotoImage(file="platform1.gif"),300,160,100,10)
platform5 = PlatformSprite(g, ImageTk.PhotoImage(file="platform2.gif"),175,350,66,10)
platform6 = PlatformSprite(g, ImageTk.PhotoImage(file="platform2.gif"),50,300,66,10)
platform7 = PlatformSprite(g, ImageTk.PhotoImage(file="platform2.gif"),170,120,66,10)
platform8 = PlatformSprite(g, ImageTk.PhotoImage(file="platform2.gif"),45,60,66,10)
platform9 = PlatformSprite(g, ImageTk.PhotoImage(file="platform3.gif"),170,250,32,10)
platform10 = PlatformSprite(g, ImageTk.PhotoImage(file="platform3.gif"),230,200,32,10)
g.sprites.append(platform1)
g.sprites.append(platform2)
g.sprites.append(platform3)
g.sprites.append(platform4)
g.sprites.append(platform5)
g.sprites.append(platform6)
g.sprites.append(platform7)
g.sprites.append(platform8)
g.sprites.append(platform9)
g.sprites.append(platform10)
sf = StickFigureSprite(g)
g.sprites.append(sf)
g.main_loop()
```

15.4
火柴人逃生

在前面 3 节里，我们一直在开发游戏《Stick Men Game》。我们创建了图形，然后还写出了背景、平台和火柴人的代码。在这一节里，我们会补上缺失的部分，让火柴人动起来，并加上门。

现在我们会在第 15.3 节创建的 StickFigureSprite 类加上剩下的函数：animate、move 和 coords、animate 函数会画出不同的火柴人图形，move 会决定人物向哪里移动，coords 会返回火柴人现在的位置（与平台精灵不同，因为火柴人会在屏幕上移动，所以我们需要重新计算他的位置）。

15.4.1　创建动画函数

首先，我们要加入 animate 函数，用它来判断移动方式并相应地改变图形。

animate 我们不想在动画中太快地改变火柴人的图形，否则看上去不真实。想象画在笔记本一角的翻页动画，如果翻得太快，也许就看不全画出的全部效果了。

函数的前半段判断火柴人是在向左跑还是向右跑，然后用变量来决定是否要改变当前的图形。这个变量将帮助我们控制动画的速度。把这个函数放在第 15.3 节中创建的 StickFigureSprite 类的 jump 函数的后面：

```
def jump(self,evt):
    if self.y == 0:
        self.y = -4
        self.jump_count = 0

def animate(self):
1   if self.x != 0 and self.y == 0:
2       if time.time() - self.last_time > 0.1:
3           self.last_time = time.time()
4           self.current_image += self.current_image_add
5           if self.current_image >= 2:
6               self.current_image_add = -1
7           if self.current_image <= 0:
8               self.current_image_add = 1
```

首先在 1 处的 if 语句中，我们检查 x 是否不等于 0，以及 y 是否为 0，来判断火柴人是否在移动（可能向左也可能向右），来判断火柴人是否没有在跳跃，如果 if 语句为真，我们就需要做火柴人的动画，否则他只是站在原地，就不用再画了。如果火柴人没有移动，我们就退出函数。

在 2 处，我们计算 animate 函数自上次调用以来的时间，用当前时间 time.time() 减去变量 last_time 的值。这个计算用于判断是否要画序列中的下一个图形，如果其结果大于 0.1s，我们在 3 处的代码块继续，我们把变量 last_time 设置为当前地时间，这等同于按下秒表重新计时，为下次的改变做准备。

在 4 处，我们把对象变量 current_image_add 的值加到变量上，后者保存着当前显示的图形的索引位置。我们在火柴人的 __init__ 函数中创建了 current_image_add 变量，所以当 animate 函数第一次被调用时，这个变量的值已经被设置为 1 了。

第 5 处，我们判断这个 current_image 中的索引位置的值是否大于或等于 2，如果是，我们在 6 处把 current_image_add 的值改为 -1。这个过程中 7 处的差不多，一旦到达 0 后我们要在 8 处再向上计数。如果弄不明白如何缩进这段代码，有个提示：在 1 处的前面有 8 个空格，在 8 处的前面有 20 个空格。

为了理解到目前为止函数都做了什么，想象一下在地板上有一排有颜色的积木。把手指从一块积木移向另一块积木，手指指向的每块积木都有一个数字（即 current_image 变量）。手指每次移动过的积木个数（每次指向一块积木）就是 current_image_add 中保存的值。当手指一直向上数积木时，每次都加 1，当遇到最后一块并向回数时，每次减 1（也就是加上 -1）。

我们给 animate 函数所加的代码就是做这样的事情，只不过不是用有颜色的积木，而是用三个火柴人在各方向上的图形列表。这个图形的索引位置可以是 0、1 和 2。在我们为火柴人做动画时，当我们到达了最后一个图形，我们就开始向下数。当我们到达了第一个图形，我们就开始再向上数。其结果是，我们创造出了一个跑动人物的效果。

图 15-20 展示了我们在 animate 函数中如何用计算出的索引位置画出列表中的图形来移动。

在 animate 函数的后半部分，我们用计算出的索引位置来改变当前显示的图形。

Position0	Position1	Position2	Position1	Position0	Position1
Counting up	Counting up	Counting up	Counting down	Counting down	Counting up

图 15-20　图形的移动效果

```
def animate(self):
    if self.x != 0 and self.y == 0:
        if time.time() - self.last_time > 0.1:
            self.last_time = time.time()
            self.current_image += self.current_image_add
            if self.current_image >= 2:
                self.current_image_add = -1
            if self.current_image <= 0:
                self.current_image_add = 1
1   if self.x < 0:
2       if self.y != 0:
3           self.game.canvas.itemconfig(self.image, image=self.images_left[2])
4       else:
5           self.game.canvas.itemconfig(self.image, image=self.images_left[self.current_image])
6   elif self.x > 0:
7       if self.y != 0:
8           self.game.canvas.itemconfig(self.image, image=self.images_right[2])
9       else:
10          self.game.canvas.itemconfig(self.image, image=self.images_right[self.current_image])
```

在 1 处，如果 x 小于 0，火柴人向左移动，Python 运行到 2 处到 5 处的代码中，在那里判断 y 是否不等于 0（意味着火柴人在跳跃）。如果 y 不等于 0（火柴人在向上或向下移动，也就是说他在跳跃），我们在 3 处用画布的 itemconfig 函数把显示的图形改成向左的菜列表中的最后一张（images_left[2]）。因为火柴人在跳跃，我们要用这张迈开大步的图形来让动画看上去更真实，如图 15-21 所示。

图 15-21　火柴人在跳跃

如果火柴人没有在跳跃（也就是说 y 等于 0），从 4 处开始的 else 语句块在 5 处用 itemconfig 把显示的图形换成 current_image 中保存的索引位置的图形。

在 6 处，我们判断火柴人是否在向右跑（x 大于 0），然后 Python 运行到 7 处到 10 处的语句，这段代码和前面的很像，也是判断火柴人是否在跳跃，如果是的话就画出正确的图形，否则就使用 images_right 列表。

15.4.1.1　得到火柴人的位置

因为我们需要判断火柴人在屏幕的什么位置（因为它在屏幕上移动），coords 函数与其他的 Sprite 类的函数不同。我们要用画布 coords 的函数正数判断火柴人在哪里，然后，用这些值 coordinates 来设置变量中 x1、y1 和 x2、y2 的值。我们在第 15.3 节的开头就创建了这个变量，可以把代码加在 animate 函数的后面，如下所示：

```
def animate(self):
    if self.x != 0 and self.y == 0:
        if time.time() - self.last_time > 0.1:
            self.last_time = time.time()
            self.current_image += self.current_image_add
            if self.current_image >= 2:
                self.current_image_add = -1
            if self.current_image <= 0:
                self.current_image_add = 1

    if self.x < 0:
        if self.y != 0:
            self.game.canvas.itemconfig(self.image, image=self.images_left[2])
        else:
            self.game.canvas.itemconfig(self.image, image=self.images_left[self.current_image])
    elif self.x > 0:
        if self.y != 0:
            self.game.canvas.itemconfig(self.image, image=self.images_right[2])
        else:
            self.game.canvas.itemconfig(self.image, image=self.images_right[self.current_image])
def get_coordinates(self):
1   xy = list(self.game.canvas.coords(self.image))
2   self.coordinates.x1 = xy[0]
3   self.coordinates.y1 = xy[1]
4   self.coordinates.x2 = xy[0] + 27
5   self.coordinates.y2 = xy[1] + 30
    return self.coordinates
```

我们在第 15.2 节创建了 Stickman_Game 类，其中的一个对象变量是 canvas。在 1 处，我们用 canvas 变量上的 coords 函数，用法是 self.game.canvas.coords 来返回当前图形的 x 和 y 位置。这个函数用到保存在对象变量 image 中的数字，它是画布上画出的图形的 ID。

我们把结果列表保存到变量 xy 中，现在它包含着两个值：在 2 处的左上方的 x 位置保存到变量 coordinates 的 x1 中，在 3 处的左上方的 y 位置保存到变量 coordinates 的 y1 中，因为我们创建的所有的火柴人图形都是 27 像素宽 30 像素高，我们可以得到 x2 和 y2 的值，只要分别在 4 处加上 x 的宽度，在 5 处加上 y 的高可以了。最后，在函数的最后一行，我们返回变量 coordinates。

15.4.1.2　移动火柴人

StickFigureSprite 类的最后一个函数 move，它主要负责让我们游戏的主角在屏幕上移动，也要能告诉我们什么时候主角要跳起来。

● 开始写 move 函数

下面是 move 函数的第一部分，它应该在 get_coordinates 的后面：

```
def get_coordinates(self):
    xy = list(self.game.canvas.coords(self.image))
    self.coordinates.x1 = xy[0]
    self.coordinates.y1 = xy[1]
    self.coordinates.x2 = xy[0] + 27
    self.coordinates.y2 = xy[1] + 30
    return self.coordinates

def move(self):
1   self.animate()
2   if self.y < 0:
3       self.jump_count += 1
4       if self.jump_count > 20:
```

```
5              self.y = 4
6      if self.y > 0:
7              self.jump_count -= 1
```

在 1 处，这个函数会调用我们在这一章之前创建 animate 函数，在必要时改变目前显示的图形。在 2 处，我们判断的值是否小于 0。如果是，我们就知道火柴人是否在跳跃中。因为负值会让他在屏幕上向上移动（记住，0 在画布的顶部，画布底部的像素位置为 500）。

在 3 处，我们给 jump_count 加 1，在 4 处，我们判断 jump_count 是否到了 20，我们要把的值改成 4 来让火柴人再落下来（5 处）。

在 6 处，我们判断 y 的值是否大于 0（意味着主角在下落），如果是，我们把 jump_count 减 1，因为当我们向上数到 20 后，我们要再数回来（一边把手慢慢抬起来一边数到 20，再把手放下来，同时从 20 向下数，就会明白火柴人跳跃的计算是如何工作的了）。

在 move 函数接下来的几行代码中，我们调用 get_coordinates 函数，它们告诉我们主角在屏幕的什么位置，我们把它保存到变量 co 中，然后我们创建变量 left、right、top、bottom 和 falling。我们在函数的后面会用到它们。

```
def move(self):
    self.animate()
    if self.y < 0:
        self.jump_count += 1
        if self.jump_count > 20:
            self.y = 4
    if self.y > 0:
        self.jump_count -= 1


    co = self.get_coordinates()
    left = True
    right = True
    top = True
    bottom = True
    falling = True
```

注意每个变量都被设置为布尔值 True。我们会用它们来表示主角是否撞到了东西或者是否在下落。

● 火柴人是否撞到了画布的底部或顶部

move 函数的下一部分判断我们的主角是否撞到了画布的底部或顶部。下面是代码：

```
def move(self):
    self.animate()
    if self.y < 0:
        self.jump_count += 1
        if self.jump_count > 20:
            self.y = 4
    if self.y > 0:
        self.jump_count -= 1


    co = self.get_coordinates()
    left = True
    right = True
    top = True
    bottom = True
    falling = True
```

```
1   if self.y > 0 and co.y2 >= self.game.canvas_height:
2       self.y = 0
3       bottom = False
4   elif self.y < 0 and co.y1 <= 0:
5       self.y = 0
6       top = False
```

如果主角正在屏幕上下落，y 将大于 0，因此我们需要确保他没有掉到画布的底部（否则他将从屏幕底部消失）。要做到这一点，在 1 处我们判断他的 y2 位置（火柴人的底部）是否大于等于 game 对象的量 canvas_height。如果是，我们就在 2 处把 y 的值设置为 0 来让火柴人不要继续下落，然后在 3 处把变量 bottom 设置为 False，也就是说后面的代码不再需要判断火柴人是否撞到了底部。

判断火柴人是否撞到了屏幕顶部的代码和判断他是否撞到底部的代码差不多。在 4 处，我们首先判断火柴人是否在跳跃（y 小于 0），然后我们判断他的 y1 位置是否小于或等于 0，意味着它撞到了画布的顶部。如果两个条件都为真。我们在 5 处就把 y 设置为 0，让他不要再移动。我们还会在 5 处把 top 变量设置为 True，告诉后面的代码不用再判断火柴人是否撞到顶部了，火柴人是否撞到了画布的两侧。

我们用和前面一模一样的方式来判断火柴人是否撞到了画布的左边或右边，如下：

```
    if self.y > 0 and co.y2 >= self.game.canvas_height:
        self.y = 0
        bottom = False
    elif self.y < 0 and co.y1 <= 0:
        self.y = 0
        top = False

1   if self.x > 0 and co.x2 >= self.game.canvas_width:
2       self.x = 0
3       right = False
4   elif self.x < 0 and co.x1 <= 0:
5       self.x = 0
6       left = False
```

在 1 处的代码基于我们已知如果 x 大于 0 的话火柴人是在向右跑这一事实。通过判断 x2 的位置（co.x2）是否大于或等于画布的宽度，我们还可以知道他是否撞到了右边界。如果两个条件都为真，我们设 x 等于 0，让火柴人停止跳动，并且在 3 处处把变量 right 设置为 False。

● 与其他精灵相撞

当我们已经可以判断火柴人是否撞到边界后，我们还要知道他是否撞到了屏幕上的其他东西。我们用下面的代码来循环 game 对象中的精灵列表，看看火柴人是否撞到了它们。

```
    if self.x > 0 and co.x2 >= self.game.canvas_width:
        self.x = 0
        right = False
    elif self.x < 0 and co.x1 <= 0:
        self.x = 0
        left = False

1   for sprite in self.game.sprites:
2       if sprite == self:
3           continue
```

```
4    sprite_co = sprite.get_coordinates()

5    if top and self.y < 0 and co.conflict_top(sprite_co):
6        self.y = -self.y
7        top = False
```

在 1 处，我们对精灵列表进行循环，依次把每个精灵赋值给变量 sprite。在 2 处，我们判断如果精灵等于 self 的话（也就是说"如果这个精灵是我们自己"的话），我们不用判断火柴人是否撞上，因为他当然和自己的位置相撞。如果 sprite 变量等于 self，我们用 continue 来跳到对列表的下一次循环。

接下来，我们在 4 处用 get_coordinates 函数得到新精灵的坐标位置，并把它保存到变量 sprite_co 中。

然后 5 处的代码做如下检查。

① 火柴人没有撞到画布顶部（变量 top 仍为真）。

② 火柴人正在跳跃（y 的值小于 0）。

③ 火柴人的顶部撞到列表中的精灵（用我们写的 conflict_top 函数）。

如果所有这些条件都为真，我们希望火柴人精灵再次下落，所以在 5 处我们用负号（-）来反转 y 的值。在 7 处变量 top 被设置为 False，因为当火柴人撞到了顶部，我们就不用再继续检查冲突了。

接下来的部分判断我们主角的底部是否撞到了东西：

```
     if top and self.y < 0 and co.conflict_top(sprite_co):
         self.y = -self.y
         top = False

1    if bottom and self.y > 0 and co.conflict_bottom(self.y, sprite_co):
2        self.y = sprite_co.y1 - co.y2
3        if self.y < 0:
4            self.y = 0
5        bottom = False
6        top = False
```

在 1 处有三个差不多的判断：变量 bottom 的值是否已经设置，主角是否在下落（y 大于 0），我们主角的底部是否撞到了某精灵。如果所有三个判断都为真的话，我们在 2 处用精灵的顶部 y 值（y1）减去火柴人底部的 y 值（y2）。这可能看上去很奇怪，让我们来看看为什么要这样做。

假设我们游戏的主角从一个平台上落下来。他在 mainloop 函数运行时每次向下移动 4 个像素，这时他的脚比另一个平台高 3 个像素。如果火柴人的底部的（y2）和的位置为 57，平台的顶部（y1）的位置在 60。在这个情况下，conflict_bottom 函数会返回真，因为那里的代码会把火柴人的 y2 变量加上 y 的值（也就是 4），其结果为 61。

然而，我们不想让火柴人在看似碰到平台或者屏幕底部时马上停止下落，因为那看上去就像大步跳下去后停在了半空中，离地面还有一点点距离。说不定也可行，不过我们的游戏看上去就有点不正常了。然而如果我们把主角的 y2 值（57）从平台的 y1 值（60）中减掉，我们得到了 3，就是火柴人正确地刚好落到平台上所需要下落的距离。

在 3 处，我们确保计算的结果不会是个负数。如果是的话，我们在 4 处把 y 的值设为 0（如果我们让这个值变成负的，火柴人就又飞起来了，在这个游戏里我们不希望发生这样的事情）。

　　最后在 5、6 两处把 top 和 bottom 设置为 False，这样我们就不用再判断火柴人是否撞到了其他精灵的顶部或底部了。

　　我们还要再多做一个底部的判断，看看火柴人是否跑过了平台的边缘。下面是这段 if 语句的代码：

```
if bottom and self.y > 0 and co.conflict_bottom(self.y, sprite_co):
    self.y = sprite_co.y1 - co.y2
    if self.y < 0:
        self.y = 0
    bottom = False
    top = False

if bottom and falling and self.y == 0 \
        and co.y2 < self.game.canvas_height \
        and co.conflict_bottom(1, sprite_co):
    falling = False
```

　　要把 falling 变量设置为 False，下面五个判断必须都为真。

① 我们还要判断 bottom 标志是否被设为 True。

② 我们要判断火柴人是否应该下落（ falling 标志设置为 True ）。

③ 火柴人没有已经在下落（ y 是 0 ）。

④ 精灵的底部没有撞到屏幕的底部（ 小于画布的高度 ）。

⑤ 火柴人已经撞到了平台的顶部（ conflict_bottom 返回 True ）。

　　然后，我们把变量 falling 设置为 False。

● 检查左边和右边

　　我们已经检查了火柴人是否撞到了平台的顶部或底部，现在我们要检查它是否到了左边界或右边界，下面是代码：

```
     if bottom and falling and self.y == 0 \
             and co.y2 < self.game.canvas_height \
             and co.conflict_bottom(1, sprite_co):
         falling = False
1    if left and self.x < 0 and co.conflict_left(sprite_co):
2        self.x = 0
3        left = False
         if sprite.endgame:
             self.game.running = False
4    if right and self.x > 0 and co.conflict_right(sprite_co):
5        self.x = 0
6        right = False
         if sprite.endgame:
             self.game.running = False
  if falling and bottom and self.y == 0 and co.y2 < self.game.canvas_height:
      self.y = 4
```

　　在 1 处，我们判断是否还需要查看左边的冲突（ left 仍设置为 True ）以及火柴人是否在向左移动（ x 小于 0 ）。我们还要用 conflict_left 函数来判断火柴人是否与某精灵相撞，如果这三个条件都为真，我们就在 2 处把 x 设置为 0（ 让火柴人停下来 ），然后在 3 处把 left 设置为 False，这样我们就不会再检查左侧的碰撞了。

　　右侧碰撞的代码也差不多，如 4 处所示。我们在 5 处把 x 设置为 0，6 处把 right 设置为 False，这样就不用再检查右侧的碰撞了。

　　现在，有了所有方向的检查之后，我们的 for 循环看上去是这样的：

```
for sprite in self.game.sprites:
    if sprite == self:
        continue

    sprite_co = sprite.get_coordinates()

    if top and self.y < 0 and co.conflict_top(sprite_co):
        self.y = -self.y
        top = False

    if bottom and self.y > 0 and co.conflict_bottom(self.y, sprite_co):
        self.y = sprite_co.y1 - co.y2

    if self.y < 0:
        self.y = 0
    bottom = False
    top = False
if bottom and falling and self.y == 0 \
        and co.y2 < self.game.canvas_height \
        and co.conflict_bottom(1, sprite_co):
    falling = False
if left and self.x < 0 and co.conflict_left(sprite_co):
    self.x = 0
    left = False
    if sprite.endgame:
        self.game.running = False
if right and self.x > 0 and co.conflict_right(sprite_co):
    self.x = 0
    right = False
    if sprite.endgame:
        self.game.running = False
```

我们只要再给 move 函数加上几行代码：

```
    for sprite in self.game.sprites:
        if sprite == self:
            continue

        sprite_co = sprite.get_coordinates()

        if top and self.y < 0 and co.conflict_top(sprite_co):
            self.y = -self.y
            top = False

        if bottom and self.y > 0 and co.conflict_bottom(self.y, sprite_co):
            self.y = sprite_co.y1 - co.y2

            if self.y < 0:
                self.y = 0
            bottom = False
            top = False
        if bottom and falling and self.y == 0 \
                and co.y2 < self.game.canvas_height \
                and co.conflict_bottom(1, sprite_co):
            falling = False
        if left and self.x < 0 and co.conflict_left(sprite_co):
            self.x = 0
            left = False
            if sprite.endgame:
                self.game.running = False
        if right and self.x > 0 and co.conflict_right(sprite_co):
            self.x = 0
            right = False
            if sprite.endgame:
                self.game.running = False
1   if falling and bottom and self.y == 0 and co.y2 < self.game.canvas_height:
2       self.y = 4
3   self.game.canvas.move(self.image, self.x, self.y)
```

　　在 1 处，我们判断变量 falling 和 bottom 是否都为 True。如果是的话，我们就已经循环过列表中所有的平台精灵，在底部没有任何碰撞。

　　在这一行最后的检查是判断主角的底部是否小于画布的高度，也就是是否在地面（画布的底部）以上。如果火柴人没有碰撞到任何东西，并且他在地面以上，那么他就是在半空中，那么他应该开始下落（换句话说，他从平台一端掉下去了）。为了让他从平台一端掉下去，我们在 2 处把 y 设置为 4。

在 3 处，我们让图形在屏幕上移动，使用变量和。在我们循环所有的精灵，检测碰撞时，我们可能把两个变量都设置为 0，因为火柴人碰到了左下角。这样的话，调用画布上 move 的函数就什么也不会做。

也可能火柴人走过了平台的边缘。如果是这样的话，y 会被设置为 4，火柴人就会下落。

15.4.2　测试火柴精灵

已经做好了 StickFigureSprite 类了，在调用 mainloop 函数之前，我们加上两行代码来试试它。

```
    g = Stickman_Game()
    platform1 = PlatformSprite(g, ImageTk.PhotoImage(file="platform1.gif"), 0, 480, 100, 10)
    platform2 = PlatformSprite(g, ImageTk.PhotoImage(file="platform1.gif"), 150, 440, 100, 10)
    platform3 = PlatformSprite(g, ImageTk.PhotoImage(file="platform1.gif"), 300, 400, 100, 10)
    platform4 = PlatformSprite(g, ImageTk.PhotoImage(file="platform1.gif"), 300, 160, 100, 10)
    platform5 = PlatformSprite(g, ImageTk.PhotoImage(file="platform2.gif"), 175, 350, 66, 10)
    platform6 = PlatformSprite(g, ImageTk.PhotoImage(file="platform2.gif"), 50, 300, 66, 10)
    platform7 = PlatformSprite(g, ImageTk.PhotoImage(file="platform2.gif"), 170, 120, 66, 10)
    platform8 = PlatformSprite(g, ImageTk.PhotoImage(file="platform2.gif"), 45, 60, 66, 10)
    platform9 = PlatformSprite(g, ImageTk.PhotoImage(file="platform3.gif"), 170, 250, 32, 10)
    platform10 = PlatformSprite(g, ImageTk.PhotoImage(file="platform3.gif"), 230, 200, 32, 10)
    g.sprites.append(platform1)
    g.sprites.append(platform2)
    g.sprites.append(platform3)
    g.sprites.append(platform4)
    g.sprites.append(platform5)
    g.sprites.append(platform6)
    g.sprites.append(platform7)
    g.sprites.append(platform8)
    g.sprites.append(platform9)
    g.sprites.append(platform10)
①   sf = StickFigureSprite(g)
②   g.sprites.append(sf)
    g.main_loop()
```

在 1 处，我们创建一个 StickFigureSprite 对象，把它赋值给变量 sf，和平台一样，我们在 2 处把这个新变量加到 game 对象的精灵列表中。

现在运行程序，会发现，火柴人可以跳动，从一个平台跳跃到另一个平台，还能掉下来，如图 15-22 所示。

图 15-22　火柴人跳动、跳跃

15.4.3　门

现在我们游戏中唯一缺少的就是出口的门了。我们将为门创建一个精灵，加上检测门的代码，并给我们的程序加入一个门（door）的对象。

15.4.3.1　创建 DoorSprite 类

你猜对了，我们需要再创建一个类：DoorSprite 下面是代码的开始部分：

```
class DoorSprite(Sprite):
1    def __init__(self, game, x, y, width, height):
2        super().__init__(game)

        self.closed_door = ImageTk.PhotoImage(file="door1.gif")
        self.open_door = ImageTk.PhotoImage(file="door2.gif")

3        self.image = game.canvas.create_image(x, y, image=self.closed_door, anchor='nw')
4        self.coordinates = Game_Coords(x, y, x + (width // 2), y + height)
        self.endgame = True
        self.width = width
        self.height = height
```

在 1 处的代码，DoorSprite 类的 _init_ 函数的参数为 self，一个 game 对象、一个 photo_image 对象、x 和 y 坐标，还有图形的宽度和高度。在 2 处，我们像在其他精灵类里一样调用 _init_。

用画布的 create_image 函数创建一个显示用的图形，并把它的 ID 保存对象变量 image 中。

我们把 DoorSprite 的坐标设置为参数 x 和 y（作为门的 x1 和 y1 位置），然后计算出 x2 和 y2 的位置。我们计算的方法是用参数 x 加上一半的宽度（把变量 width 除以 2）。例如，如果 x 是 10（坐标的 x1 也是 10），宽度为 40，那么坐标的 x2 就是 30（10 加上 40 的一半）。

为什么要做这么奇怪的计算？因为，和火柴人碰到平台边缘时马上停下来不同，我们想让火柴人停在门前（而不是让火柴人停在门边）。当玩游戏并到达出口时就会看到效果了。

和 x1 不同，y1 位置的计算就简单多了。我们只要把变量 height 的值和参数 y 相加就可以了。

最后，我们把对象变量 endgame（游戏结束）设置为 True，也就是说，当火柴人到达门口时，游戏就结束了。

15.4.3.2　门的检测

现在我们要改动一下 StickFigureSprite 类中 move 函数的代码来判断火柴人是否与其他精灵的左侧或者右侧发生碰撞。下面是第一个改动：

```
if left and self.x < 0 and co.conflict_left(sprite_co):
    self.x = 0
    left = False
    if sprite.endgame:
        self.game.running = False
```

我们判断火柴人撞到的精灵是否有 endgame 变量为真的。如果是，我们把 running 变量设置为 False，这样的话所有的东西都停下来了，我们的游戏结束了。

我们会给右侧碰撞检测的代码加上相同的两行：

```
if right and self.x > 0 and co.conflict_right(sprite_co):
    self.x = 0
    right = False
    if sprite.endgame:
        self.game.running = False
```

15.4.3.3　加入门对象

我们对游戏代码的最后改动是加入一个门的对象。我们要把它加到主循环的前面。在创建火柴人对象之前，我们要创建一个 door 对象，然后把它加到精灵列表中，下面是代码：

```
g = Stickman_Game()
platform1 = PlatformSprite(g, ImageTk.PhotoImage(file="platform1.gif"),0,480,100,10)
platform2 = PlatformSprite(g, ImageTk.PhotoImage(file="platform1.gif"),150,440,100,10)
platform3 = PlatformSprite(g, ImageTk.PhotoImage(file="platform1.gif"),300,400,100,10)
platform4 = PlatformSprite(g, ImageTk.PhotoImage(file="platform1.gif"),300,160,100,10)
platform5 = PlatformSprite(g, ImageTk.PhotoImage(file="platform2.gif"),175,350,66,10)
platform6 = PlatformSprite(g, ImageTk.PhotoImage(file="platform2.gif"),50,300,66,10)
platform7 = PlatformSprite(g, ImageTk.PhotoImage(file="platform2.gif"),170,120,66,10)
platform8 = PlatformSprite(g, ImageTk.PhotoImage(file="platform2.gif"),45,60,66,10)
platform9 = PlatformSprite(g, ImageTk.PhotoImage(file="platform3.gif"),170,250,32,10)
platform10 = PlatformSprite(g, ImageTk.PhotoImage(file="platform3.gif"),230,200,32,10)
g.sprites.append(platform1)
g.sprites.append(platform2)
g.sprites.append(platform3)
g.sprites.append(platform4)
g.sprites.append(platform5)
g.sprites.append(platform6)
g.sprites.append(platform7)
g.sprites.append(platform8)
g.sprites.append(platform9)
g.sprites.append(platform10)
door = DoorSprite(g, ImageTk.PhotoImage(file="door1.gif"),45,30,40,35)
g.sprites.append(door)
sf = StickFigureSprite(g)
g.sprites.append(sf)
g.main_loop()
```

我们创建了一个 door 对象，用到了我们的游戏 game 对象 g，然后是一个 PhotoImage（我们在以前创建的图形）我们把 x 和 t 参数设置为 45 和 30，把门放在一个靠近屏幕顶部的平台边，然后把 width 和 height 设置为 40 和 35，我们把 door 对象加入精灵列表中，就和游戏中的其他精灵一样。

当火柴人来到门口时你就可以看到效果了，他将在门前停止跑动，而不是跑过去，如图 15-23 所示。

图 15-23　火柴人来到门口

15.4.4 最终的游戏

整个游戏的代码现在有 200 多行了，下面是游戏的完整代码。如果你运行游戏时遇到了麻烦的话，把你的每个函数（还有每个类）和下面的代码比较一下，看看是哪里错了。

```python
from PIL import Image
from PIL import ImageTk

from tkinter import *
import random
import time
class Stickman_Game:
    def __init__(self):
        self.tk = Tk()
        self.tk.title("Stickman Escape") #创建tk对象
        self.tk.resizable(0, 0) #创建窗口标题
        self.tk.wm_attributes("-topmost", 1)
        #创建画布
        self.canvas = Canvas(self.tk, width=500, height=500,highlightthickness=0)
        self.canvas.pack()
        self.tk.update()
        self.canvas_width = 500
        self.canvas_height = 500

        self.bg = ImageTk.PhotoImage(file="backgroud.gif")
        w = self.bg.width()
        h = self.bg.height()
        for x in range(5):
            for y in range(5):
                self.canvas.create_image(w*x, h*y,image=self.bg, anchor="nw")
        self.sprites = []
        self.running = True

        self.exit_game = False
        self.tk.protocol('WM_DELETE_WINDOW', self.close_window)

    def main_loop(self):
        while not self.exit_game:
            if self.running:
                for sprite in self.sprites:
                    sprite.move()
                self.tk.update_idletasks()
                self.tk.update()
                # flush window each 0.01s
                time.sleep(0.01)
            else:
                ans = showwarning(message="Congratulations!\nYou Got it")
                if ans:
                    return

    def close_window(self):
        ans = askyesno(title='Warning', message='Quit Stick-Man game?')
        if ans:
            self.tk.destroy()
            self.exit_game = True
        else:
            return
class Game_Coords:
    def __init__(self, x1=0, y1=0, x2=0, y2=0):
        self.x1 = x1
        self.y1 = y1
        self.x2 = x2
        self.y2 = y2
    def conflict_x(self, co2):
        if (co2.x1 < self.x1 < co2.x2)\
                or (co2.x1 < self.x2 < co2.x2)\
                or (self.x1 < co2.x1 < self.x2)\
                or (self.x1 < co2.x2 < self.x2):
            return True
        else:
            return False
    def conflict_y(self, co2):
        if (co2.y1 < self.y1 < co2.y2)\
                or (co2.y1 < self.y2 < co2.y2)\
                or (self.y1 < co2.y1 < self.y2)\
                or (self.y1 < co2.y2 < self.y2):
            return True
        else:
            return False
    def conflict_left(self, co2):
        if self.conflict_y(co2):
            if co2.x1 <= self.x1 <= co2.x2:
                return True
        return False
    def conflict_right(self, co2):
        if self.conflict_y(co2):
            if co2.x1 <= self.x2 <= co2.x2:
                return True
        return False
    def conflict_top(self, co2):
        if self.conflict_x(co2):
            if co2.y1 <= self.y1 <= co2.y2:
                return True
        return False
    def conflict_bottom(self, delta_y, co2):
        if self.conflict_x(co2):
            y_calc = self.y2 + delta_y
            if co2.y1 <= y_calc <= co2.y2:
                return True
        return False
```

```python
class Sprite:
    def __init__(self, game):
        self.game = game
        self.endgame = False
        self.coordinates = None
    def move(self):
        pass
    def get_coordinates(self):
        pass
class PlatformSprite(Sprite):
    def __init__(self, game, photo_image, x, y, width, height):
        super().__init__(game)
        self.photo_image = photo_image
        self.image = game.canvas.create_image(x, y, image=self.photo_image, anchor="nw")
        self.coordinates = Game_Coords(x, y, x + width, y + height)

        self.delta_x = random.choice([-1, 1])
        self.width = width
        self.height = height

    def move(self):
        current_coordinate = self.get_coordinates()
        if current_coordinate.x1 < 0:
            self.delta_x = 1
        elif current_coordinate.x2 > self.game.canvas_width:
            self.delta_x = -1
        self.game.canvas.move(self.image, self.delta_x, 0)
    def get_coordinates(self):
        xy = list(self.game.canvas.coords(self.image))
        self.coordinates.x1 = xy[0]
        self.coordinates.y1 = xy[1]
        self.coordinates.x2 = xy[0] + self.width
        self.coordinates.y2 = xy[1] + self.height
        return self.coordinates
class StickFigureSprite(Sprite):
    def __init__(self, game):
        super().__init__(game)
        self.images_left = [
            ImageTk.PhotoImage(file="stick_L1.gif"),
            ImageTk.PhotoImage(file="stick_L2.gif"),
            ImageTk.PhotoImage(file="stick_L3.gif")
        ]
        self.images_right = [
            ImageTk.PhotoImage(file="stick_R1.gif"),
            ImageTk.PhotoImage(file="stick_R2.gif"),
            ImageTk.PhotoImage(file="stick_R3.gif")
        ]
        self.image = game.canvas.create_image(200, 470, image=self.images_left[0], anchor="nw")
        self.x = -2
        self.y = 0
        self.current_image = 0
        self.current_image_add = 1
        self.jump_count = 0
        self.last_time = time.time()
        self.coordinates = Game_Coords()

        game.canvas.bind_all('<KeyPress-Left>', self.turn_left)
        game.canvas.bind_all('<KeyPress-Right>', self.turn_right)
        game.canvas.bind_all('<space>', self.jump)

    def turn_left(self, event):
        if self.y == 0:
            self.x = -2
    def turn_right(self, event):
        if self.y == 0:
            self.x = 2
    def jump(self, event):
        if self.y == 0:
            self.y = -4
            self.jump_count = 0

    def animate(self):
        if self.x != 0 and self.y == 0:
            if time.time() - self.last_time > 0.1:
                self.last_time = time.time()
                self.current_image += self.current_image_add
                if self.current_image >= 2:
                    self.current_image_add = -1
                if self.current_image <= 0:
                    self.current_image_add = 1
        if self.x < 0:
            if self.y != 0:
                self.game.canvas.itemconfig(self.image, image=self.images_left[2])
            else:
                self.game.canvas.itemconfig(self.image, image=self.images_left[self.current_image])
        elif self.x > 0:
            if self.y != 0:
                self.game.canvas.itemconfig(self.image, image=self.images_right[2])
            else:
                self.game.canvas.itemconfig(self.image, image=self.images_right[self.current_image])
    def get_coordinates(self):
        xy = list(self.game.canvas.coords(self.image))
        self.coordinates.x1 = xy[0]
        self.coordinates.y1 = xy[1]
        self.coordinates.x2 = xy[0] + 27
        self.coordinates.y2 = xy[1] + 30
        return self.coordinates
    def move(self):
        self.animate()
        if self.y < 0:
            self.jump_count += 1
            if self.jump_count > 20:
                self.y = 4
        if self.y > 0:
            self.jump_count -= 1
```

```python
            co = self.get_coordinates()
            left = True
            right = True
            top = True
            bottom = True
            falling = True
            if self.y > 0 and co.y2 >= self.game.canvas_height:
                self.y = 0
                bottom = False
            elif self.y < 0 and co.y1 <= 0:
                self.y = 0
                top = False
                if self.x > 0 and co.x2 >= self.game.canvas_width:
                    self.x = 0
                    right = False
                elif self.x < 0 and co.x1 <= 0:
                    self.x = 0
                    left = False

                for sprite in self.game.sprites:
                    if sprite == self:
                        continue
                    sprite_co = sprite.get_coordinates()
                    if top and self.y < 0 and co.conflict_top(sprite_co):
                        self.y = -self.y
                        top = False

                    if bottom and self.y > 0 and co.conflict_bottom(self.y, sprite_co):
                        self.y = sprite_co.y1 - co.y2

                        if self.y < 0:
                            self.y = 0
                        bottom = False
                        top = False

                    if bottom and falling and self.y == 0 \
                            and co.y2 < self.game.canvas_height \
                            and co.conflict_bottom(1, sprite_co):
                        falling = False

                    if left and self.x < 0 and co.conflict_left(sprite_co):
                        self.x = 0
                        left = False
                        if sprite.endgame:
                            self.game.running = False

                    if right and self.x > 0 and co.conflict_right(sprite_co):
                        self.x = 0
                        right = False
                        if sprite.endgame:
                            self.game.running = False
            if falling and bottom and self.y == 0 and co.y2 < self.game.canvas_height:
                self.y = 4
            self.game.canvas.move(self.image, self.x, self.y)

class DoorSprite(Sprite):
    def __init__(self, game, x, y, width, height):
        super().__init__(game)

        self.closed_door = ImageTk.PhotoImage(file="door1.gif")
        self.open_door = ImageTk.PhotoImage(file="door2.gif")
        self.image = game.canvas.create_image(x, y, image=self.closed_door, anchor='nw')
        self.coordinates = Game_Coords(x, y, x + (width // 2), y + height)
        self.endgame = True
        self.width = width
        self.height = height

    def get_coordinates(self):
        xy = list(self.game.canvas.coords(self.image))
        self.coordinates.x1 = xy[0]
        self.coordinates.y1 = xy[1]
        self.coordinates.x2 = xy[0] + (self.width // 2)
        self.coordinates.y2 = xy[1] + self.height
        return self.coordinates

    def opendoor(self):
        self.game.canvas.itemconfig(self.image, image=self.open_door)
        self.game.tk.update_idletasks()

    def closedoor(self):
        self.game.canvas.itemconfig(self.image, image=self.closed_door)
        self.game.tk.update_idletasks()

if __name__ == "__main__":
    g = Stickman_Game()
    rx = [random.randrange(0, 400, 1) for i in range(10)]
    platform1 = PlatformSprite(g, ImageTk.PhotoImage(file="platform1.gif"), 0, 480, 100, 10)
    platform2 = PlatformSprite(g, ImageTk.PhotoImage(file="platform1.gif"), 150, 440, 100, 10)
    platform3 = PlatformSprite(g, ImageTk.PhotoImage(file="platform1.gif"), 300, 400, 100, 10)
    platform4 = PlatformSprite(g, ImageTk.PhotoImage(file="platform1.gif"), 300, 160, 100, 10)
    platform5 = PlatformSprite(g, ImageTk.PhotoImage(file="platform2.gif"), 175, 350, 66, 10)
    platform6 = PlatformSprite(g, ImageTk.PhotoImage(file="platform2.gif"), 50, 300, 66, 10)
    platform7 = PlatformSprite(g, ImageTk.PhotoImage(file="platform2.gif"), 170, 120, 66, 10)
    platform8 = PlatformSprite(g, ImageTk.PhotoImage(file="platform2.gif"), 45, 60, 66, 10)
    platform9 = PlatformSprite(g, ImageTk.PhotoImage(file="platform3.gif"), 170, 250, 32, 10)
    platform10 = PlatformSprite(g, ImageTk.PhotoImage(file="platform3.gif"), 230, 200, 32, 10)
    g.sprites.append(platform1)
    g.sprites.append(platform2)
    g.sprites.append(platform3)
    g.sprites.append(platform4)
    g.sprites.append(platform5)
    g.sprites.append(platform6)
    g.sprites.append(platform7)
    g.sprites.append(platform8)
    g.sprites.append(platform9)
    g.sprites.append(platform10)
    sf = StickFigureSprite(g)
    g.sprites.append(sf)
    door = DoorSprite(g, 45, 30, 40, 35)
    g.sprites.append(door)
    g.main_loop()
```

第四部分

程序调试与数据库

第 **16** 章

 Python 基本文件操作

在 Python 中，内置了文件（File）对象。在使用文件对象时，首先需要通过内置的 open( ) 方法创建一个文件对象，然后通过该对象提供的方法进行一些基本文件操作。例如，可以使用文件对象的 write( ) 方法向文件中写入内容，以及使用 close( ) 方法关闭文件等，下面将介绍如何应用 Python 的文件对象进行基本文件操作。

至此掌握了编写组织有序而易于使用的程序所需要的基本技能，使得程序目标更明确、用途更大了。在本章中，将学习处理文件，让程序能够快速地分析大量的数据；学习错误处理，避免程序在面对意外情形时崩溃；学习异常，它们是 Python 创建的特殊对象，用于管理程序运行时出现的错误；学习模块 json，它能够保存用户数据，以免在程序停止运行后丢失。

学习处理文件和保存数据可让程序使用起来更容易；用户将能够选择输入数据，以及在什么时候输入；用户和程序做一些工作后，可将程序关闭，以后接着往下做。学习处理异常可帮助应对文件不存在的情形，以及处理其他可能崩溃的问题。这让程序在面对错误的数据时更健壮——不管这些错误数据源自无意的错误，还是源自破坏程序的恶意企图。本章学习的技能可提高程序的适用性、可用性和稳定性。

16.1
创建和打开文件

在 Python 中，想要操作文件需要先创建或者打开指定的文件创建文件对象。这可以通过内置的 open( ) 函数实现，open( ) 函数的基本语法格式如下：

```
file = open(filename[,mode[,buffering]])
```

参数说明如下：
☑ file：被创建的文件对象。

☑ filename：要创建或打开文件的文件名称，需要使用单引号或双引号引起来，如果要打开的文件和当前文件在同一个目录下，那么直接写文件名即可，否则需要指定完整路径。例如，要打开当前路径下的名称为 status.txt 的文件，可以使用 "status.txt"。

☑ mode：可选参数，用于指定文件的打开模式。其参数值如表 16-1 所示。默认的打开模式为只读（即 r）。

表 16-1　　mode 参数的参数值说明

值	说明	注意
r	以只读模式打开文件。文件的指针将会放在文件的开头	文件必须存在
rb	以二进制格式打开文件，并且采用只读模式。文件的指针将会放在文件的开头。一般用于非文本文件，如图片、声音等	
r+	打开文件后，可以读取文件内容，也可以写入新的内容覆盖原有内容（从文件开头进行覆盖）	
rb+	以二进制格式打开文件，并且采用读写模式。文件的指针将会放在文件的开头。一般用于非文本文件，如图片、声音等	
w	以只写模式打开文件	文件存在，则将其覆盖，否则创建新文件
wb	以二进制格式打开文件，并且采用只写模式。一般用于非文本文件，如图片、声音等	
w+	打开文件后，先清空原有内容，使其变为一个空的文件，对这个空文件有读写权限	文件存在，则将其覆盖，否则创建新文件
wb+	以二进制格式打开文件，并且采用只写模式。一般用于非文本文件，如图片、声音等	
a	以追加模式打开一个文件。如果该文件已经存在，文件指针将放在文件的末尾（即新内容会被写入已有内容之后），否则，创建新文件用于写入	
ab	以二进制格式打开文件，并且采用追加模式。如果该文件已经存在，文件指针将放在文件的末尾（即新内容会被写入已有内容之后），否则，创建新文件用于写入	
a+	以读写模式打开文件。如果该文件已经存在，文件指针将放在文件的末尾（即新内容会被写入已有内容之后），否则，创建新文件用于读写	
ab+	以二进制格式打开文件，并且采用追加模式。如果该文件已经存在，文件指针将放在文件的末尾（即新内容会被写入已有内容之后），否则，创建新文件用于读写	

☑ buffering：可选参数，用于指定读写文件的缓冲模式，值为 0 表示不缓存，值为 1 表示缓存，如果大于 1，则表示缓冲区的大小。默认为缓存模式。

open( ) 方法经常实现以下几个功能。

文本文件可存储的数据量多得难以置信，每当需要分析或修改存储在文件中的信息时，读取文件都很有用，对数据分析应用程序来说尤其如此。例如，可以编写一个这样的程序：读取一个文本文件的内容，重新设置这些数据的格式并将其写入文件，让浏览器能够显示这些内容。

要使用文本文件中的信息，首先需要将信息读取到内存中，为此，可以一次性读取文件的全部内容，也可以以每次一行的方式逐步读取。

16.1.1 整个文件读取

要读取文件，需要一个包含几行文本的文件。下面首先来创建一个文件，它包含精确到小数点后 30 位的随意数据，且在小数点后每 10 位处都换行，如图 16-1 所示。

图 16-1　创建文件

要动手尝试后续示例，可在编辑器中输入这些数据行，再将文件保存为 random_number. txt，下面的程序打开并读取这个文件，再将其内容显示到屏幕上，如图 16-2 所示。

```
with open('random_number.txt') as file_object:
    contents = file_object.read()
    print(contents)
```

图 16-2　打开并读取文件

在这个程序中，第 1 行代码做了大量的工作。我们先来看看函数 open( )。要以任何方式使用文件——哪怕仅仅是打印其内容，都得先打开文件，这样才能访问它。函数 open( ) 接受一个参数：要打开的文件的名称。Python 在当前执行的文件所在的目录中查找指定的文件。在这个示例中，当前运行的是 file_reader.py，因此，Python 在 file_reader.py 所在的目录中查找 random_number.txt。函数 open( ) 返回一个表示文件的对象。在这里，open ('randem.number.txt') 返回一个表示文件 random_number.txt 的对象；Python 将这个对象存储在我们将在后面使用的变量中。

关键字 with 在不再需要访问文件后将其关闭。在这个程序中，注意到我们调用了 open( )，但没有调用 close( )；也可以调用 open( ) 和 close( ) 来打开和关闭文件，但这样做时，如果程序存在 bug，导致 close( ) 语句未执行，文件将不会关闭。这看似微不足道，但未妥善地关闭文件可能会导致数据丢失或受损。如果在程序中过早地调用 close( )，会发现需要使用文件时它已关闭（无法访问），这会导致更多的错误。并非在任何情况下都能轻松确定关闭文件的恰当时机，但通过使用前面所示的结构，可让 Python 去确定；只管打开文件，并在需要时使用它，Python 自会在合适的时候自动将其关闭。

有了表示 random_number.txt 的文件对象后，我们使用方法 read( )（前述程序的第 2 行）读取这个文件的全部内容，并将其作为一个长长的字符串存储在变量 contents 中。这样，通过打印 contents 的值，就可将这个文本文件的全部内容显示出来，如图 16-3 所示。

```
========= RESTART: C:/Users/ThinkPad/Desktop/example/file_reader.py =========
1.0123456789
  0123456789
  0123456789

>>>
```

图 16-3　显示文本文件的内容

为何会多出这个空行呢？因为 read( ) 到达文件末尾时返回一个空字符串，而将这个空字符串显示出来时就是一个空行。要删除末尾的空行，可在 print 语句中使用 rstrip( )，如图 16-4 所示。

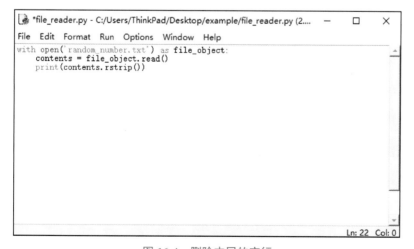

```
with open('random_number.txt') as file_object:
    contents = file_object.read()
    print(contents.rstrip())
```

图 16-4　删除末尾的空行

本书前面说过，Python 删除（剥除）字符串末尾的空白。现在，输出与原始文件的内容完全相同：

```
>>>
========= RESTART: C:\Users\ThinkPad\Desktop\example\file_reader.py =========
1.0123456789
    0123456789
    0123456789
>>>
```

16.1.2　文件路径

将类似 random_number.txt 这样的简单文件名传递给函数 open() 时，Python 将在当前执行的文件（即 .py 程序文件）所在的目录中查找文件。

根据组织文件的方式，有时可能要打开不在程序文件所在目录中的文件。例如，可能将程序文件存储在了文件夹 python_work 中，而在文件夹 python_work 中，有一个名为 text_files 的文件夹，用于存储程序文件操作的文本文件，虽然文件夹 text_files 包含在文件夹 python_work 中，但仅向 open() 传递位于该文件夹中的文件的名称也不可行，因为 Python 只在文件夹 python_work 中查找，而不会在其子文件夹 text_files 中查找。要让 Python 打开不与程序文件位于同一个目录中的文件，需要提供文件路径，它让 Python 到系统的特定位置去查找。

由于文件夹 text_files 位于文件夹 python_work 中，因此可使用相对文件路径来打开该文件夹中的文件，相对文件路径让 Python 到指定的位置去查找，而该位置是相对于当前运行的程序所在目录的。在 Linux 和 OS X 中，可以这样编写代码：

```
with open('text_files/filename.txt') as file_object:
```

这行代码让 Python 到文件夹 python_work 下的文件夹 text_files 中去查找指定的 .txt 文件。在 Windows 系统中，在文件路径中使用反斜杠（\）而不是斜杠（/）：

```
with open('text_files\filename.txt') as file_object:
```

还可以将文件在计算机中的准确位置告诉 Python，这样就不用关心当前运行的程序存储在什么地方了。这称为绝对文件路径。在相对路径行不通时，可使用绝对路径。例如，如果 text_files 并不在文件夹 python_work 中，而在文件夹 other_files 中，则向 open() 传递路径 text_files/filename.txt 行不通，因为 Python 只在文件夹 python_work 中查找该位置，为明确地指出希望 Python 到哪里去查找，需要提供完整的路径。

绝对路径通常比相对路径更长，因此将其存储在一个变量中，再将该变量传递给 open() 会有所帮助。在 Linux 和 OS X 中，绝对路径类似于下面这样：

```
file_path = '/home/ehmatthes/other_files/text_files/filename.txt'
with open(file_path) as file_object:
```

而在 Windows 系统中，它们类似于下面这样：

```
file_path = 'C:\Users\ehmatthes\other_files\text_files\filename.txt'
with open(file_path) as file_object:
```

通过使用绝对路径，可读取系统任何地方的文件。就目前而言，最简单的做法是，要么将数据文件存储在程序文件所在的目录，要么将其存储在程序文件所在目录下的一个文件夹（如 text_files）中。

注意：Windows 系统有时能够正确地解读文件路径中的斜杠。如果使用的是 Windows 系统，且结果不符合预期，请确保在文件路径中使用的是反斜杠。另外，由于反斜杠在 Python 中被视为转义标记，为在 Windows 中确保万无一失，应以原始字符串的方式指定路径，即在开头的单引号前加上 r。

16.1.3　逐行读取

读取文件时，常常需要检查其中的每一行：可能要在文件中查找特定的信息，或者要以某种方式修改文件中的文本。例如，可能要遍历一个包含天气数据的文件，并使用天气描述中包含字样 sunny 的行。在新闻报道中，可能会查找包含标签 <headline> 的行，并按特定的格式设置它。

要以每次一行的方式检查文件，可对文件对象使用 for 循环：

```
1    filename = 'random_number.txt'

2    with open(filename) as file_object:
3        for line in file_object:
             print(line)
```

在 1 处，我们将要读取的文件的名称存储在变量 filename 中，这是使用文件时一种常见的做法。由于变量 filename 表示的并非实际文件——它只是一个 Python 知道到哪里去查找文件的字符串，因此可轻松地将 random_number.txt 替换为要使用的另一个文件的名称。调用 open( ) 后，将一个表示文件及其内容的对象存储到变量 file_object 中（见 2 处）。这里也使用了关键字 with，让 Python 负责妥善地打开和关闭文件。为查看文件的内容，我们通过文件对象执行循环来遍历文件中的每一行（见 3 处）。

我们打开每一行时，发现空白行更多了，如图 16-5 所示。

图 16-5　空白行更多了

为何会出现这些空白行呢？因为在这个文件中，每行的末尾都有一个看不见的换行符，而 print 语句也会加上一个换行符，因此每行末尾都有两个换行符：一个来自文件，另一个来自 print 语句。要消除这些多余的空白行，可在 print 语句中使用 rstrip( )：

```
filename = 'random_number.txt'

with open(filename) as file_object:
    for line in file_object:
        print(line.rstrip())
```

现在，输出又与文件内容完全相同了。如图 16-6 所示。

```
>>>
========= RESTART: C:/Users/ThinkPad/Desktop/example/file_reader.py =========
1.0123456789
    0123456789
    0123456789



>>>
```

图 16-6　输出又与文件内容完全相同了

16.1.4　读取指定字符

文件对象提供了 read( ) 方法读取指定个数的字符，其语法格式如下：

```
file.read([size])
```

其中，file 为打开的文件对象；size 为可选参数，用于指定要读取的字符个数，如果省略则一次性读取所有内容。

例如，要读取 message.txt 文件中的前 20 个字符，可以使用下面的代码。

```
with open('message.txt','r') as file:      #打开文件
    string = file.read(40)                 #读取前20个字符
    print(string)
```

如果 message.txt 的文件内容为：

　　很久以前的一位王后，在美丽迷人的冬天生下一位美丽的女儿，取名"白雪公主"。但不久王后便去世了，国王又娶了一位美丽的女人，成了新的王后。她很骄傲，不喜欢旁人说比她漂亮的女人。她有一面魔镜，她经常问魔镜谁是世界上最美丽的女人，魔镜总是说她是世界上最美丽的女人。但有一天，魔镜却说白雪公主比她美丽一千倍，因此，她就让猎人把白雪公主带到森林里杀掉，还要拿肝和肺来证明。猎人同情白雪公主，把她放走了，拿小猪的肝和肺冒充，王后上当了。白雪公主在森林中认识了七个小矮人。但不久后王后知道白雪公主还活着，便想方设法地陷害她，最终王后胜利了，她很满意。最后，一位王子救活了白雪公主，并举行了婚礼。

那么执行上面的代码将显示以下结果：

```
>>>
============ RESTART: C:\Users\ThinkPad\Desktop\example
很久以前的一位王后，在美丽迷人的冬天生下
>>>
```

使用 read（size）方法读取文件时，是从文件的开头读取的，如果想要读取部分内容，可以先使用文件对象的 seek( ) 方法将文件的指针移动到新的位置，然后应用 read（size）方法读取，seek( ) 方法的基本语法格式如下：

```
file.seeek(offset[,whence])
```

参数说明如下：

☑ file：表示已经打开的文件对象。

☑ offset：用于指定移动的字符个数，其具体位置与 whence 有关。

☑ whence：用于指定从什么位置开始计算，值为 0 表示从文件头开始计算，1 表示从当前位置开始计算，2 表示从文件尾开始计算，默认为 0。

例如，想要多文件的第 5 个字符开始读取 20 个字符可以使用下面的代码。

```
with open('message.txt','r') as file:      # 打开文件
    file.seek(10)                          # 移动文件指针到新的位置
    string = file.read(40)                 # 读取前20个字符
    print(string)
```

如果 message.txt 的文件内容为：

　　很久以前的一位王后，在美丽迷人的冬天生下一位美丽的女儿，取名"白雪公主"。但不久王后便去世了，国王又娶了一位美丽的女人，成了新的王后。她很骄傲，不喜欢旁人说比她漂亮的女人。她有一面魔镜，她经常问魔镜谁是世界上最美丽的女人，魔镜总是说她是世界上最美丽的女人。但有一天，魔镜却说白雪公主比她美丽一千倍，因此，她就让猎人把白雪公主带到森林里杀掉，还要拿肝和肺来证明。猎人同情白雪公主，把她放走了，拿小猪的肝和肺冒充，王后上当了。白雪公主在森林中认识了七个小矮人。但不久后王后知道白雪公主还活着，便想方设法地陷害她，最终王后胜利了，她很满意。最后，一位王子救活了白雪公主，并举行了婚礼。

那么执行上面的代码将显示以下结果：

```
>>>
============ RESTART: C:\Users\ThinkPad\Desktop\example\
一位王后，在美丽迷人的冬天生下一位美丽的
>>>
```

　　说明：在使用 seek( ) 方法时，offset 的值是按一个汉字占两个字符、英文和数字占一个字符计算的。这与 read（size）方法不同。

场景模拟：在故事集的动态栏目中记录着白雪公主的事。现在想显示白雪公主的信息。

【例 16.1】　显示白雪公主的故事。

在 IDLE 中创建一个名称为 antmanor_message_r.py 的文件，然后在该文件中首先应用

open( ) 函数以只读方式打开一个文件，再调用 read( ) 方法读取全部动态信息，并输出，代码如下：

```
print("="*33,"白雪公主", "="*33)
with open("message.txt",'r') as file:    # 打开文件
    message = file.read()                 # 读取字符
    print(message)
    print("\n", "="*36, "over", "="*36,"\n")
```

执行上面的代码，将显示如图 16-7 所示的结果。

============= 白雪公主 =============
很久以前的一位王后，在美丽迷人的冬天生下一位美丽的女儿，取名"白雪公主"。但不久王后便去世了，国王又娶了一位美丽的女人，成为了新的王后。她很骄傲，不喜欢旁人说比她漂亮的女人。她有一面魔镜，她经常问魔镜谁是世界上最美丽的女人，魔镜总是说她是世界上最美丽的女人。但有一天，魔镜却说白雪公主比她美丽一千倍，因此，她就让猎人把白雪公主带到森林里杀掉，还要拿肝和肺来证明。猎人同情白雪公主，把她放走了，拿小猪的肝和肺冒充，王后上当了。白雪公主在森林中认识了七个小矮人。但不久后王后知道白雪公主还活着，便想法设法地陷害他，最终王后胜利了，她很满意。最后，一位王子救活了白雪公主，并举行了婚礼。
============= over =============

图 16-7　显示白雪公主的全部动态

16.1.5　打开文件时使用 with 语句

打开文件后，要及时将其关闭，如果忘记关闭，可能会带来意想不到的问题。另外，如果在打开文件时抛出了异常，那么将导致文件不能被及时关闭。为了更好地避免此类问题发生，可以使用 Python 提供的 with 语句，从而实现在处理文件时，无论是否抛出异常，都能保证 with 语句执行完毕后关闭已经打开的文件。with 语句的基本语法格式如下：

```
with expression as target:
    with-body
```

参数说明如下：

☑ expression：用于指定一个表达式，这里可以是打开文件的 open( ) 函数。

☑ target：用于指定一个变量，并且将 expression 的结果保存到该变量中。

☑ with-boby: 用于指定 with 语句体，其中可以是执行 with 语句后相关的一些操作语句，如果不想执行任何语句，可以直接使用 pass 语句代替。

例如，将实例 16.1 修改为在打开文件时使用 with 语句，修改后的代码如下：

```
print("="*10,"白雪公主", "="*10)
with open("message.txt",'w') as file:   # 打开文件
    pass
    print("\n 即将显示...... \n")
```

执行上面的代码，同样得以如下运行结果。

```
========== 白雪公主 ==========

即将显示......

>>>
```

16.2 关闭文件

打开文件后，需要及时关闭，以免对文件造成不必要的破坏。关闭文件可以使用文件对象的 close( ) 方法实现，close( ) 方法的语法格式如下：

```
file.close()
```

其中，file 为打开的文件对象。

例如，关闭实例 16.1 中打开的 file 对象，可以使用下面的代码。

```
file.close()    # 关闭文件对象
```

⧖ 说明：close( ) 方法先刷新缓冲区中还没有写入的信息，再关闭文件，这样可以将没有写入文件的内容写入文件中。在关闭文件后，便不能再进行写入操作了。

16.3 写入文件内容

在实例 16.1 中，虽然创建并打开一个文件，但是该文件中并没有任何内容，它的大小是 0KB，Python 的文件对象提供了 write( ) 方法，可以向文件中写入内容，write( ) 方法的语法格式如下：

```
file.write(string)
```

其中，file 为打开的文件对象；string 为要写入的字符。

16.3.1　写入空文件

要将文本写入文件，在调用 open( ) 时需要提供另一个实参，告诉 Python 要写入打开的文件。为明白其中的工作原理，我们来将一条简单的消息存储到文件中，而不是将其打印到屏幕上，如图 16-8 所示。

```
*write_message.py - C:/Users/ThinkPad/Desktop/example/write_messa...
File  Edit  Format  Run  Options  Window  Help
filename = 'programming.txt'

with open(filename,'w') as file_object:          1
    file_object.write("I love programming.")     2
```

图 16-8　将一条简单的消息存储到文件中

在这个示例中，调用 open( ) 时提供了两个实参（见 1 处）。第一个实参也是要打开的文件的名称，第二个实参（w）告诉 Python，我们要以写入模式打开这个文件。打开文件时，可指定读取模式（r）、写入模式（w）、附加模式（a）或能够读取和写入文件的模式（r+）。如果省略了模式实参，Python 将以默认的只读模式打开文件。

如果要写入的文件不存在，函数 open( ) 将自动创建它。然而，以写入（w）模式打开文件时千万要小心，因为如果指定的文件已经存在，Python 将在返回文件对象前清空该文件。

在 2 处，我们使用文件对象的方法 write( ) 将一个字符串写入文件。这个程序没有终端输出，但如果打开文件 programming.txt，将看到其中包含如图 16-9 所示的一行内容。

图 16-9　打开文件 **programming.txt**

相比于计算机中的其他文件，这个文件没有什么不同，可以打开它、在其中输入新文本、复制其内容、将内容粘贴到其中等。

注意：Python 只能将字符串写入文本文件。要将数值数据存储到文本文件中，必须先使用函数 str( ) 将其转换为字符串模式。

16.3.2 写入多行

函数 write( ) 不会在写入的文本末尾添加换行符，因此如果写入多行时没有指定换行符，文件看起来可能不是希望的那样：

```
filename = 'programming.txt'

with open(filename,'w') as file_object:
    file_object.write("I love programming.")
    file_object.write("I love creating new games.")
```

如果打开 programming.txt，将发现两行内容挤在一起，如图 16-10 所示。

图 16-10　两行内容挤在一起

要让每个字符串单独占一行，需要在 write( ) 语句中包含换行符：

```
filename = 'programming.txt'

with open(filename, 'w') as file_object:
    file_object.write("I love programming.\n")
    file_object.write("I love creating new games.\n")
```

现在，输出出现在不同行中，如图 16-11 所示。

图 16-11　输出出现在不同行中

像显示对终端的输出一样，还可以使用空格、制表符和空行来设置这些输出的格式。

16.3.3　附加到文件

如果要给文件添加内容，而不是覆盖原有的内容，可以附加模式打开文件。以附加模式打开文件时，Python 不会在返回文件对象前清空文件，而写入到文件的行都将添加到文件末尾。如果指定的文件不存在，Python 将创建一个空文件。

下面来修改 write_message.py，在既有文件 programming.txt 中再添加一些酷爱编程的原因：

```
         filename = 'programming.txt'
1   with open(filename,'a') as file_object:
2       file_object.write("I also love finding meaning in large datasets.\n")
        file_object.write("I love creating apps that can run in a browser.\n")
```

在 1 处，我们打开文件时指定了实参 "a"，以便将内容附加到文件末尾，而不是覆盖文件原来的内容。在 2 处，我们又写入两行，它们被添加到文件 programming.txt 末尾。

最终的结果是，文件原来的内容还在，它们后面是我们刚添加的内容。如图 16-12 所示。

图 16-12　给文件添加内容

16.4
删除文件

Python 没有内置删除文件的函数，但是在内置的 os 模块中提供了删除文件的函数 remove( )，该函数的基本语法格式如下：

```
os.remove(path)
```

其中，path 为要删除的文件路径，可以使用相对路径，也可以使用绝对路径。

例如，要删除当前工作目录下的 data.txt 文件，可以使用下面的代码。

```
>>> import os
>>> os.remove("data.txt")
```

执行上面的代码后，如果在当前工作目录下存在 data.txt 文件，即可将其删除，否则将显示如下所示的异常。

```
>>> import os
>>> os.remove("data.txt")

Traceback (most recent call last):
  File "<pyshell#9>", line 1, in <module>
    os.remove("data.txt")
WindowsError: [Error 2] : 'data.txt'
>>>
```

为了屏蔽以上异常，可以在删除文件时先判断文件是否存在，只有存在时才执行删除操作。具体代码如下：

```python
import os                       # 导入os模块
path = "data.txt"               # 指定要删除的文件
if os.path.exists(path):        # 判断要删除的文件是否存在
    os.remove(path)             # 删除指定文件
    print("文件删除完毕！")      # 打印
else:
    print("文件不存在！")
```

执行上面的代码，如果 data.txt 不存在，则显示以下内容：

```
>>>
======== RESTART: C:\Users\ThinkPad\Desktop\
文件不存在！
>>>
```

否则将显示以下内容，同时文件将被删除。

```
>>>
======== RESTART: C:\Users\ThinkPad\Desktop\
文件删除完毕！
>>>
```

16.5
文件重命名

os 模块提供了重命名文件和目录的函数 rename( )，如果指定的路径是文件，则重命名文件，如果指定的路径是目录，则重命名目录，rename( ) 函数的基本语法格式如下：

```python
os.rename(src,dst)
```

其中，src 用于指定要重命名的目录或文件；dst 用于指定重命名后的目录或文件。

同删除文件一样，在进行文件或目录重命名时，如果指定的目录或文件不存在，也将抛出 FileNotFoundError 异常，所以在进行文件或目录重命名时，也建议先判断文件或目录是否存在，只有存在时才进行重命名操作。

例如，想要将 "C:\Users\ThinkPad\Desktop\example\data.txt" 文件重命名为 "C:\Users\ThinkPad\Desktop\example\newdata.txt"，可以使用下面的代码。

```python
import os                                               # 导入os模块
src = "C:\Users\ThinkPad\Desktop\example\data.txt"      # 被重命名的文件
dst = "C:\Users\ThinkPad\Desktop\example\newdata.txt"   # 重命名后的文件
if os.path.exists(src):                                 # 判断要重命名的文件是否存在
    os.rename(src,dst)                                  # 重命名指定文件
    print("文件重命名完毕！")                            # 打印
else:
    print("文件不存在！")
```

执行上面的代码，如果 C:\Users\ThinkPad\Desktop\example\data.txt 文件不存在，则显示以下内容：

```
>>>
======== RESTART: C:\Users\ThinkPad\Desktop\example\
文件不存在!
>>>
```

否则将显示以下内容,同时文件被重命名。

```
>>>
======== RESTART: C:\Users\ThinkPad\Desktop\example\
文件重命名完毕!
>>>
```

第17章

程序调试

17.1
异常（错误）

在程序运行过程中，经常会遇到各种各样的错误，这些错误统称为"异常"。这些异常有的是由于开发者一时疏忽将关键字敲错导致的，这类错误多数产生的是 SyntaxError: invatid syntat（无效的语法）。这将直接导致程序不能运行。这类异常是显式的，在开发阶段很容易被发现，还有一类是隐式的，通常和使用者的操作有关。

场景模拟：程序员小明编写了一个程序，模拟幼儿园老师分桔子，如果老师买来 10 个桔子，今天来了 10 个小朋友，那么输入 10 和 10，程序给出的结果是每人分 1 个桔子。但是小明的程序有一个异常，下面我们来看一下。

【例 17.1】 模拟幼儿园分桔子。

在 IDLE 中创建一个名称为 sldivision_orange.py 的文件，然后在该文件中定义一个模拟的函数 division( )，在该函数中，要求输入桔子的数量和小朋友的数量，然后应用除法算式计算分配的结果，然后调用 division( ) 函数，代码如下：

```python
def division():
    '''功能：分桔子'''
    print("\n=================分桔子了=================\n")
    orange = int(raw_input("请输入桔子的个数: "))      # 输入桔子的个数
    children = int(raw_input("请输入来了几个小朋友: "))
    result = orange//children    # 计算每人分几个桔子
    remain = orange-result*children    # 计算余下几个桔子
    if remain > 0:
        print (orange,"个桔子，平均分给",children,"个小朋友，每人分",result,"个，剩下",remain,"个。")
    else:
        print (orange,"个桔子，平均分给",children,"个小朋友，每人分",result,"个。")

if __name__ == '__main__':
    division()
```

运行程序，当输入桔子和小朋友的个数都是 10 时，将显示如图 17-1 所示的结果。

```
=====================分桔子了=====================

请输入桔子的个数：10
请输入来了几个小朋友：10
10 个桔子，平均分给 10 个小朋友，每人分 1 个。
>>>
```

图 17-1　正确的输出结果

如果在输入个数时，不小心把小朋友的个数输成了 0，将得到如图 17-2 所示的结果。

```
=====================分桔子了=====================

请输入桔子的个数：10
请输入来了几个小朋友：0

Traceback (most recent call last):
  File "C:\Users\ThinkPad\Desktop\example\3-14.1.py", line 15, in <module>
    division()       # 调用分桔子的函数
  File "C:\Users\ThinkPad\Desktop\example\3-14.1.py", line 8, in division
    result = orange//children          # 计算每人分几个桔子
ZeroDivisionError: integer division or modulo by zero
>>>
```

图 17-2　抛出了 ZeroDivisionError 异常

产生 ZeroDivisionError（除数为 0 错误）的根源在于算术表达式 "10/0" 中，0 作为除数出现。所以正在执行的程序被中断（第 6 行以后，包括第 6 行的代码都不会被执行）。

除了 ZeroDivisionError 异常外，Python 中还有很多异常，如表 17-1 所示为 Python 中常见的异常。

表 17-1　Python 中常见的异常

异　常	描　述
NameError	尝试访问一个没有声明的变量引发的错误
IndexError	索引超出序列范围引发的错误
IndentationError	缩进错误
ValueError	传入的值错误
KeyError	请求一个不存在的字典关键字引发的错误
IOError	输入输出错误（如要读取的文件不存在）
ImportError	当 import 语句无法找到模块或 from 无法在模块中找到相应的名称时引发的错误
AttributeError	尝试访问未知的对象属性引发的错误
TypeError	类型不合适引发的错误
MemoryError	内存不足
ZeroDivisionError	除数为 0 引发的错误

说明：表 17-1 所示的异常并不需要记住，只要简单了解即可。

17.2
异常处理语句

在程序开发时，有些错误并不是每次运行都会出现，例如本章的实例 17.1，只要输入的数据符合程序的要求，程序就可能正常运行，否则将出现异常并停止运行。假设在输入桔子的数量时输入了 10.5，那么程序将抛出如图 17-3 所示的异常。

```
=====================分桔子了=====================

请输入桔子的个数：10.5

Traceback (most recent call last):
  File "C:\Users\ThinkPad\Desktop\example\3-14.1.py", line 15, in <module>
    division()
  File "C:\Users\ThinkPad\Desktop\example\3-14.1.py", line 6, in division
    orange = int(raw_input("请输入桔子的个数："))      # 输入桔子的个数
ValueError: invalid literal for int() with base 10: '10.5'
>>>
```

图 17-3　抛出 ValueError 异常

这时，就需要在开发程序时对可能出现异常的情况进行处理，下面将详细介绍 Python 中提供的异常处理语句。

17.2.1　try...except 语句

在 Python 中，提供了 try...except 语句捕获并处理异常。在使用时，把可能产生异常的代码放在 try 语句块中，把处理结果放在 except 语句块中，这样，当 try 语句块中的代码出现错误，就会执行 except 语句块中的代码，如果 try 语句块中的代码没有错误，那么 except 语句块将不会执行。具体的语法格式如下：

```
try:
    block1
except[ExceptionName[as alias]]:
    block2
```

参数说明如下：

☑ block1：表示可能出现错误的代码块。

☑ ExceptionName[as alias] 可选参数，用于指定要捕获的异常，其中，ExceptionName 表示要捕获的异常名称，如果在其右侧加上 as alias，则表示为当前的异常指定一个别名，通过该别名，可以记录异常的具体内容。

　说明：在使用 try...except 语句捕获异常时，如果在 except 后面不指定异常名称，则表示捕获全部异常。

☑block2：表示进行异常处理的代码块，在这里可以输出固定的提示信息，也可能通过别名输出异常的具体内容。

　说明：使用 try...except 语句捕获异常后，当程序出错时，输出错误信息后，程序会继续执行。

下面将对实例 17.1 进行改进，加入捕获异常功能，对除数不能为 0 的情况进行处理。

【例 17.2】 模拟幼儿园分桔子（除数不能为 0）。

在 IDLE 中创建一个名称为 Division_apple_0.py 的文件，然后将实例 17.1 的代码全部复制到该文件中，并且对"if__name__==__main__"语句下面的代码进行修改，应用 try...except 语句捕获执行 division( ) 函数可能抛出的 ZeroDivisionError（除数为零）异常，修改后的代码如下：

```python
def division():
    '''功能：分桔子'''
    print("\n=====================分桔子了=====================\n")
    orange = int(raw_input("请输入桔子的个数："))     # 输入桔子的个数
    children = int(raw_input("请输入来了几个小朋友："))
    result = orange//children        # 计算每人分几个桔子
    remain = orange-result*children   # 计算余下几个桔子
    if remain > 0:
        print (orange,"个桔子，平均分给",children,"个小朋友，每人分",result,"个，剩下",remain,"个。")
    else:
        print (orange,"个桔子，平均分给",children,"个小朋友，每人分",result,"个。")
if __name__ == '__main__':
    try:
        division()        # 调用分桔子的函数
    except ZeroDivisionError:
        print ("\n 出错了 桔子不能被0个小朋友分！")
```

运行执行，输入桔子的个数为 10，小朋友的个数为 0 时，将不再抛出异常，而是显示如图 17-4 所示的结果。目前，我们只处理了除数为 0 的情况，如果将桔子和小朋友的数量输成小数或者不是数字会是什么结果呢？再次运行上面的实例，输入桔子的个数为 10.5，将得到如图 17-5 所示的结果。

从图 17-5 中可以看出，程序中要求输入整数，而实际输入的是小数，则抛出 ValueError（传入的值错误）异常，要解决该问题，可以在实例 17.2 的代码中，为 try...except 语句再添加一个 except 语句，用于处理抛出 ValueError 异常的情况，修改后的代码如下：

```python
def division():
    '''功能：分桔子'''
    print("\n=====================分桔子了=====================\n")
    orange = int(raw_input("请输入桔子的个数："))     # 输入桔子的个数
    children = int(raw_input("请输入来了几个小朋友："))
    result = orange//children        # 计算每人分几个桔子
    remain = orange-result*children   # 计算余下几个桔子
    if remain > 0:
        print (orange,"个桔子，平均分给",children,"个小朋友，每人分",result,"个，剩下",remain,"个。")
    else:
        print (orange,"个桔子，平均分给",children,"个小朋友，每人分",result,"个。")
if __name__ == '__main__':
    try:
        division()        # 调用分桔子的函数
    except ZeroDivisionError:
        print ("\n 出错了 桔子不能被0个小朋友分！")
    except ValueError as e:
        print ("输入有误",e)
```

输出结果如图 17-5 所示。

```
=====================分桔子了=====================

请输入桔子的个数：10
请输入来了几个小朋友：0

    出错了 桔子不能被0个小朋友分！
>>>
```

图 17-4 除数为 0 时重新执行程序

```
======================分桔子了======================

请输入桔子的个数：10.5

Traceback (most recent call last):
  File "C:\Users\ThinkPad\Desktop\example\3-14.1.py", line 15, in <module>
    division()
  File "C:\Users\ThinkPad\Desktop\example\3-14.1.py", line 6, in division
    orange = int(raw_input("请输入桔子的个数："))      # 输入桔子的个数
ValueError: invalid literal for int() with base 10: '10.5'
>>>
```

图 17-5　输入的数量为小数时得到的结果

再次运行程序，输入桔子的个数为小数时，将不再直接抛出异常，而是显示友好的提示，如图 17-6 所示。

```
======================分桔子了======================

请输入桔子的个数：10.5
输入错误：invalid literal for int() with base 10: '10.5'
>>>
```

图 17-6　输入的数量为小数时显示友好的提示

⊠ **说明**：在捕获异常时，如果说需要同时处理多处异常，也可以采用下面的代码实现。

```
try:                                                # 捕获异常
  division()                                        # 调用分桔子的函数
except(ValueError,ZeroDivisionError) ase：          # 处理异常
  print" \ n 出错了，原因是：", e                      # 显示出错原因
```

即在 except 语句后面使用一对小括号将可能出现的异常名称括起来，多个异常名称之间使用逗号分隔。如果想要显示具体的出错原因，那么再加上 as 指一个别名。

17.2.2　try...except...else 语句

在 Python 中，还有另一种异常处理结构，它是 try...except...else 语句，也就是在原来 try...except 语句的基础上再添加一个 else 子句，用于指定当 try 语句块中没有发现异常时要执行的语句块，该语句块中的内容当 try 语句中发现异常时，将不被执行。例如，对实例 17.2 进行修改，实现当 division() 函数在执行时没有抛出异常时，输出文字"分桔子成功！"。修改后的代码如下：

```python
def division():
    '''功能：分桔子'''
    print("\n======================分桔子了======================\n")
    orange = int(raw_input("请输入桔子的个数："))      # 输入桔子的个数
    children = int(raw_input("请输入来了几个小朋友："))
    result = orange//children      # 计算每人分几个桔子
    remain = orange-result*children      # 计算余下几个桔子
    if remain > 0:
        print (orange,"个桔子，平均分给",children,"个小朋友，每人分",result,"个，剩下",remain,"个。")
    else:
        print (orange,"个桔子，平均分给",children,"个小朋友，每人分",result,"个。")
if __name__ == '__main__':
    try:
        division()      # 调用分桔子的函数
    except ZeroDivisionError:
        print ("\n 出错了 桔子不能被0个小朋友分！")
    except ValueError as e:
        print ("输入有误",e)
    else:
        print ("分桔子顺利完成...")
```

执行代码，将显示如图 17-7 所示的运行结果。

```
====================分桔子了====================

请输入桔子的个数：10
请输入来了几个小朋友：5
10 个桔子，平均分给 5 个小朋友，每人分 2 个。
分桔子顺利完成...
>>>
```

图 17-7　不抛异常时提示相应信息

17.2.3　try...except...finally 语句

完整的异常处理语句应该包含 finally 代码块，通常情况下，无论程序中有无异常产生，finally 代码块中的代码都会被执行，其基本格式如下：

```
try:
    block1
except[ExceptionName[as alias]]:
    block2
finally:
    block3
```

对于 try...except...finally 语句的理解并不复杂，它只是比 try...except 语句多了一个 finally 语句，如果程序中有一些在任何情形中都必须执行的代码，那么就可以将它们放在 finally 语句的区块中。

⏳ 说明：使用 except 子句是为了允许处理异常。无论是否引发了异常，使用 finally 子句都可以执行清理代码。如果分配了昂贵或有限的资源（如打开文件），应将释放这些资源的代码放置在 finally 块中。

例如，再次对实例 17.2 进行修改，实现当 division( ) 函数在执行时无论是否抛出异常，都输出文字"进行了一次分桔子操作。"修改后的代码如下：

```
def division():
    '''功能：分桔子'''
    print("\n====================分桔子了====================\n")
    orange = int(raw_input("请输入桔子的个数："))       # 输入桔子的个数
    children = int(raw_input("请输入来了几个小朋友："))
    result = orange//children       # 计算每人分几个桔子
    remain = orange-result*children       # 计算余下几个桔子
    if remain > 0:
        print (orange,"个桔子，平均分给",children,"个小朋友，每人分",result,"个，剩下",remain,"个。")
    else:
        print (orange,"个桔子，平均分给",children,"个小朋友，每人分",result,"个。")
if __name__ == '__main__':
    try:
        division()       # 调用分桔子的函数
    except ZeroDivisionError:
        print ("\n 出错了 桔子不能被0个小朋友分！")
    except ValueError as e:
        print ("输入有误",e)
    else:
        print ("分桔子顺利完成...")
    finally:
        print ("进行了一次分桔子的操作。")
```

执行代码，将显示如图 17-8 所示的运行结果。

至此，已经介绍了异常处理语句的 try...except、try...except...else 和 try...except...finally 等形式。下面通过图 17-9 说明异常处理语句的各个子句的执行关系。

图 17-8　不抛异常时提示相应信息

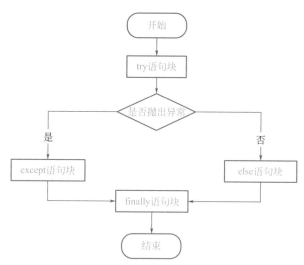

图 17-9　异常处理语句的不同子句的执行关系

17.2.4　使用 raise 语句抛出异常

如果某个函数或方法可能会产生异常，但不想在当前函数或方法中处理这个异常，则可以使用 raise 语句在函数或方法中抛出异常，raise 语句的基本格式如下：

```
raise [ExceptionName[reason]]
```

其中，ExceptionName[（reason）] 为可选参数，用于指定抛出的异常名称，以及异常信息相关描述，如果省略，就会把当前的错误原样抛出。

🔲 说明：*ExceptionName[（reason）] 参数中 "（reason）" 也可能省略，如果省略，则在抛出异常时，不附带任何描述信息。*

例如，修改实例 17.2，加入限制桔子个数必须大于或等于小朋友的个数，从而保证每个小朋友都能得到至少一个桔子。

【例 17.3】　模拟幼儿分桔子（每个人至少分到一个桔子）。

在 IDLE 中创建一个名称为 Division_orange_1.py 的文件，然后将实例 17.2 的代码全部复制到该文件中，并且在第 5 行代码 "chidren=int（input）请输入来了几个小朋友：）" 的下方添加一个 if 语句，实现当桔子的个数小于小朋友的个数时，应用 raise 语句抛出一个 ValueError 异常，接下来再在最后一行语句的下方添加 except 语句处理 ValueError 异常，修改后的代码如下：

```
def division():
    '''功能：分桔子'''
    print("\n=====================分桔子了=====================\n")
    orange = int(raw_input("请输入桔子的个数："))      # 输入桔子的个数
    children = int(raw_input("请输入来了几个小朋友："))

    if orange < children:
        raise ValueError("桔子太少了，不够分...")

    result = orange//children        # 计算每人分几个桔子
    remain = orange-result*children  # 计算余下几个桔子
    if remain > 0:
        print (orange,"个桔子，平均分给",children,"个小朋友，每人分",result,"个，剩下",remain,"个。")
    else:
        print (orange,"个桔子，平均分给",children,"个小朋友，每人分",result,"个。")
if __name__ == '__main__':
    try:
        division()        # 调用分桔子的函数
    except ZeroDivisionError:
        print ("\n 出错了 桔子不能被0个小朋友分！")
    except ValueError as e:
        print ("出错了",e)
```

执行程序，输入桔子的个数为 5，小朋友的个数为 10 时，将提示出错了，效果如图 17-10
所示。

```
=====================分桔子了=====================

请输入桔子的个数：5
请输入来了几个小朋友：10
出错了 桔子太少了，不够分...
>>>
```

图 **17-10** 桔子的个数小于小朋友的个数时给出的提示

⧗ 说明：在应用 raise 抛出异常时，要尽量选择合理的异常对象，而不应该抛出一个与
实际内容不相关的异常。例如，在实例 17.3 中，想要处理的是一个和值有关的异常，这时
就不应该抛出一个 IndentationError 异常。

17.3
程序调试

在程序开发过程中，免不了会出现一些错误，有语法方面的，也有逻辑方面的。对于
语法方面的错误比较容易检测，因为程序会直接停止，并且给出错误提示。而对于逻辑错误
就不太容易发现了，因为程序可能会一直执行下去，但结果是错误的。所以作为一名程序员，
掌握一定的程序调试方法，可以说是一项必备技能。

17.3.1 用 Python 自带的 IDLE 进行程序调试

多数的集成开发工具都提供了程序的调试功能。例如，我们一直在使用的 IDLE 也提供
了程序调试功能，使用 IDLE 进行程序调试的基本步骤如下。

（1）打开 IDLE（Python Shell），在主菜单上选择 Debug → Debugger 菜单项，将打开
DebugControl 对话框（此时该对话框是空白的），同时 PythonShell 窗口中将显示 "[DEBUG

ON]"（表示已经处于调试状态），如图 17-11 所示。

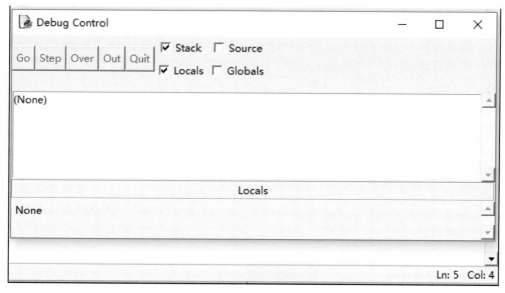

图 17-11　处于调试状态的 **Python Shell**

（2）在 Python Shell 窗口中选择 File → Open 菜单项，打开要调试的文件，这里打开本章的实例 17.1 中编写的 division_orange.py 文件，然后添加需要的断点。

⏳ **说明：** 断点的作用是，设置断点后，程序执行到断点时就会暂时中断执行，程序可以随时继续。

添加断点的方法是，在想要添加断点的行上右击，在弹出的快捷菜单中选择 Set Breakpoint 菜单项，添加断点的行将以黄色底纹标记，如图 17-12 所示。

图 17-12　添加断点

说明：如果想要删除已经添加的断点，可以选中已经添加断点的行，然后右击，在弹出的快捷菜单中选择 Clear Breakpoint 菜单项。

（3）添加断点（添加断点的原则是，程序执行到这个位置时，想要查看某些变量的值，就在这个位置添加一个断点）后，按快捷键 F5，执行程序，这时 Debug Control 对话框中将显示程序的执行信息，选中 Globals 复选框，将显示全局变量，默认只显示局部变量。此时的 Debug Control 对话框如图 17-13 所示。

（4）在图 17-13 所示的调试工具栏中，提供了 5 个工具按钮。这里单击 Go 按钮继续执行程序，直到所设置的第一个断点。因为在 division_orange.py 文件中，第一个断点之前需要获取用户的输入，所以需要先在 Python Shell 窗口中输入桔子和小朋友的数量，输入后 Debug Control 窗口中的数据将发生变化，如图 17-14 所示。

说明：在调试工具栏中的 5 个按钮的作用为：Go 按钮用于执行跳至断点操作；Step 按钮用于进入要执行的函数；Over 按钮表示单步执行；Out 按钮表示跳出所在的函数；Quit 按钮表示结束调试。

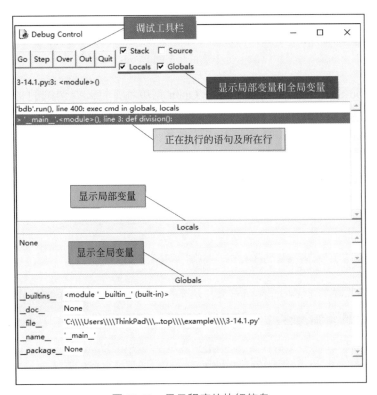

图 17-13　显示程序的执行信息

说明：在调试过程中，如果所设置的断点处有其他函数调用，还可以单击 Step 按钮进入函数内部，当确定该函数没有问题时，可能单击 Out 按钮跳出该函数。或者在调试的过程中已经发现问题的原因，需要进行修改时，可以直接单击 Quit 按钮结束调试。另外，如果调试的目的不是很明确（即不确认问题的位置），也可以直接单击 Setp 按钮进行单步执行，这样可以清晰地观察程序的执行过程和数据的变量，方便找出问题。

（5）继续单击 Go 按钮，将执行到下一个断点，查看变量的变化，直到全部断点都执行完毕。调试工具栏上的按钮将变为不可用状态，如图 17-15 所示。

（6）程序调试完毕后，可以关闭 Debug Control 窗口，此时在 Python Shell 窗口中将显示 "[DEBUG OFF]"（表示已经结束调试）。

图 17-14　显示执行到第一个断点时变量信息

图 17-15　全部断点均执行完毕的效果

17.3.2　用 assert 语句调试程序

在程序开发过程中，除了使用开发工具自带的调试工具进行调试外，还可以在代码中通过 print( ) 函数把可能出现问题的变量输出进行查看，但是这种方法会产生很多垃圾信息。所以调试之后还需要将其删除，比较麻烦，所以，Python 还提供了另外的方法，使用 assert 语句调试。

assert 的中文意思是断言，它一般用于对程序某个时刻必须满足的条件进行验证，assert 语句的基本语法如下：

```
assert expression[,reason]
```

参数说明如下：

expression：条件表达式，如果该表达式的值为真，则什么都不做；如果为假，则抛出 AssertionError 异常。

reason：可选参数，用于对判断条件进行描述，为了以后更好地知道哪里出现了问题。

例如，修改实例 17.1，应用断言判断程序是否会出现桔子不够分的情况汇报，如果不够分，则需要对这种情况进行处理。

【例 17.4】　模拟幼儿园分桔子（应用断言调试）。

在 IDLE 中创建一个名称为 division_orange_dug_py 的文件，然后将实例 17.1 的代码全部复制到该文件中，并且在第 5 行代码 "children=int（input（"请输入来了几个小朋友:"））" 的下方添加一个 assert 语句，验证桔子的个数是否小于小朋友的个数，修改后的代码如下：

```python
def division():
    '''功能：分桔子'''
    print("\n====================分桔子了====================\n")
    orange = int(raw_input("请输入桔子的个数: "))      # 输入桔子的个数
    children = int(raw_input("请输入来了几个小朋友: "))

    assert orange > children ,"桔子不够分"

    result = orange//children       # 计算每人分几个桔子
    remain = orange-result*children    # 计算余下几个桔子
    if remain > 0:
        print (orange,"个桔子, 平均分给",children,"个小朋友, 每人分",result,"个, 剩下",remain,"个。")
    else:
        print (orange,"个桔子, 平均分给",children,"个小朋友, 每人分",result,"个。")
if __name__ == '__main__':
    division()    # 调用分桔子的函数
```

执行代码，输入桔子的个数为 5，小朋友的个数为 10 时，将抛出如图 17-16 所示的 AssertionError 异常。

```
====================分桔子了====================

请输入桔子的个数: 5
请输入来了几个小朋友: 10

Traceback (most recent call last):
  File "C:\Users\ThinkPad\Desktop\example\3-14.1.py", line 21, in <module>
    division()       # 调用分桔子的函数
  File "C:\Users\ThinkPad\Desktop\example\3-14.1.py", line 9, in division
    assert orange > children ,"桔子不够分"
AssertionError: 桔子不够分
>>>
```

图 17-16　桔子的个数小于小朋友的个数时抛出 AssertionError 异常

通常情况下，assert 语句可能和异常处理语句结合使用，所以，可以将上面代码的第 15 行修改为以下内容。

```python
def division():
    '''功能：分桔子'''
    print("\n=====================分桔子了=====================\n")
    orange = int(raw_input("请输入桔子的个数："))      # 输入桔子的个数
    children = int(raw_input("请输入来了几个小朋友："))

    #assert orange > children ,"桔子不够分"

    result = orange//children      # 计算每人分几个桔子
    remain = orange-result*children    # 计算余下几个桔子

    if remain > 0:
        print (orange,"个桔子，平均分给",children,"个小朋友，每人分",result,"个，剩下",remain,"个。")
    else:
        print (orange,"个桔子，平均分给",children,"个小朋友，每人分",result,"个。")

if __name__ == '__main__':
    try:
        division()        # 调用分桔子的函数
    except AssertionError as e:
        print ("输入有误",e)
```

这样，再执行程序时就不会直接抛出异常，而是给出如图 17-17 所示的友好提示。

```
=====================分桔子了=====================

请输入桔子的个数：5
请输入来了几个小朋友：10
输入有误 桔子不够分
>>>
```

图 17-17　处理抛出的 **AssertionError** 异常

assert 语句只在调试阶段有效，我们可以通过在执行 Python 命令时加入 -O（大写）参数来关闭 assert 语句。

输入桔子的个数为 5，小朋友的个数为 10 时，并没有给出"输入有误，桔子不够分"的提示，如图 17-18 所示。

```
=====================分桔子了=====================

请输入桔子的个数：5
请输入来了几个小朋友：10
5 个桔子，平均分给 10 个小朋友，每人分 0 个，剩下 5 个。
>>>
```

图 17-18　忽略 assert 语句

小结：

本章主要对异常处理语句和两种程序调试方法进行了详细讲解。在讲解过程中，重点讲解了如何使用异常处理语句捕获和抛出异常。以及如何使用自带的 IDLE 工具进行程序调试。另外，还介绍了断言语句进行调试。程序调试和异常处理在程序开发过程中起着非常重要的作用，一个完善的程序，在其开发过程中必然会对可能出现的所有异常进行处理，并进行调试，以保证程序的可用性。通过学习本章，读者应掌握 Python 语言中异常处理的语句的使用，并能根据需要对开发的程序进行调试。

第 18 章

数据库基本操作

18.1
数据库编程接口

在项目开发中，数据库应用必不可少，虽然数据库的种类有很多，如 SQLive、MySQL、Oracle 等，但是它们的功能基本都是一样的。为了对数据库进行统一的操作，大多数语言都提供了简单的、标准化的数据库接口（API）。在 Python Database API2.0 规范中，定义了 Python 数据库 API 接口的各个部分，如模块接口、连接对象、游标对象、类型对象和构造器、DB API 的可选扩展以及可选的错误处理机制等。下面重点介绍一下数据库 API 接口中的连接对象和游标对象。

18.1.1　连接对象

数据库连接对象（Connection Object）主要提供获取数据库游标对象和提交/回滚事务的方法，以及关闭数据库连接。

（1）获取连接对象　如何获取连接对象呢？这就需要使用 connect( ) 函数，该函数有多个参数，具体使用哪个参数，取决于使用的数据库类型。例如，需要访问 Oracle 数据库和 MySQL 数据库，则必须同时下载 Oracle 和 MySQL 数据库模块。这些模块在获取连接对象时，都需要使用函数 connect( )。connect( ) 函数常用的参数及说明如表 18-1 所示。

表 18-1　connect( ) 函数常用的参数及说明

参数	说明
dsn	数据源名称，给出该参数表示数据库依赖
user	用户名

参数	说明
password	用户密码
host	主机名
database	数据库名称

例如，使用 MySQL 模块连接 MySQL 数据库，示例代码如下：

```
conn = pymysql.connect(host='localhost',
                       user='user',
                       password='passwd',
                       db='test',
                       charset='utf8',
                       cursorclass=pymysql.cursors.DictCursor)
```

🔲 说明：上述代码中，pymysql.connect( ) 使用的参数与表 18-1 中并不完全相同。在使用时，要以具体的数据库模块为准。

（2）连接对象的方法　connect( ) 函数返回连接对象。这个对象表示目前和数据库的会话。连接对象支持的方法如表 18-2 所示。

表 18-2　连接对象方法

方法名	说明
close( )	关闭数据库连接
commit( )	提交事务
rollback( )	回滚事务
cursor( )	获取游标对象，操作数据库，如执行 DML 操作，调用存储过程等

connect( ) 方法用于提交事务，事务主要用于处理数据量大、复杂度高的数据。如果操作的是一系列的动作，比如张三给李四转账，有如下两个操作：

① 张三账户金额减少；

② 李四账户金额增加。

这时使用事务可以维护数据库的完整性，保证两个操作要么全部执行，要么全部不执行。

18.1.2　游标对象

游标对象（Cursor Object）代表数据库中的游标，用于指示抓取数据操作的上下文。主要提供执行 SQL 语句、调用存储过程、获取查询结果等方法。

如何获取游标对象呢？通过使用连接对象 cursor( ) 的方法。可以获取到游标对象。游标对象的属性如下所示：

description：数据库列类型和值的描述信息。

rowcount：返回结果的行数统计信息，如 SELECT、UPDATE、CALLPROC 等。

游标对象的方法如表 18-3 所示。

表 18-3　游标对象方法

方法名	说明
callproc（procname，[，parameters]）	调用存储过程，需要数据库支持
close()	关闭当前游标
execute（operation[，parameters]）	执行数据库操作，SQL 语句或者数据库命令
executemany（operation，seq_of_params）	用于批量操作，如批量更新
fetchone()	获取查询结果集中的下一条记录
fetchmany（size）	获取指定数量的记录
fetchall()	获取结果集的所有记录
nextset()	跳至下一个可用的结果集
arraysize	指定使用 fetchmany() 获取的行数，默认为 1
setinpytsizes（sizes）	设置在调用 execute*() 方法时分配的内存区域大小
setoutputsize（sizes）	列缓冲区大小，对大数据列如 LONGS 和 BLOBS 尤其有用

18.2
SQLite

与许多其他数据库管理系统不同，SQLite 不是一个客户端 / 服务器结构的数据库引擎，而是一种嵌入式数据库，它的数据库就是一个文件，SQLite 将整个数据库，包括定义、表、索引以及数据本身，作为一个单独的、可跨平台使用的文件存储在主机中，由于 SQLite 本身是用 C 语言写的，而且体积很小，因此经常被集成到各种应用程序中，Python 就内置了 SQLite3，所以，在 Python 中使用 SQLite，不需要安装任何模块，可直接使用。

图 18-1　操作数据库流程

18.2.1　数据库文件创建

由于 Python 中已经内置了 SQLite3，因此可以直接使用 import 语句导入 SQLite3 模块。Python 操作数据库的通用的流程如图 18-1 所示。

【例 18.1】　创建 SQLite 数据库文件。

创建一个 mrsoft.db 的数据库文件，然后执行 SQL 语句创建一个 user（用户表），user 表包含 id 和 name 两个字段，具体代码如下：

```
import sqlite3
# 连接到SQLite数据库
# 数据库文件是mrsoft.db，如果文件不存在，会自动在当前目录创建
conn = sqlite3.connect('mrsoft.db')
# 创建一个Cursor
cursor = conn.cursor()
# 执行一条SQL语句，创建user表
cursor.execute('create table user(id int(10) primary key,name varchar(20))')
# 关闭游标
cursor.close()
# 关闭Connection
conn.close()
```

上述代码中，使用 sqlite3.connect() 方法连接 SQLite 数据库文件 mrsoft.db，因为 mrsoft.db 文件并不存在，所以会在本实例 Python 代码同级目录下创建 mrsoft.db 文件，该文件包含了 user 表的相关信息。mrsoft.db 文件所在目录如图 18-2 所示。

图 18-2   mrsoft.db 文件所在目录

⊠ 说明：再次运行实例 18-1 时，会提示以下错误信息。

```
Traceback (most recent call last):
  File "C:\Users\ThinkPad\Desktop\example\3-15.1.py", line 12, in <module>
    cursor.execute('create table user(id int(10) primary key,name varchar(20))')
OperationalError: table user already exists
>>>
```

这是因为 user 表已经存在。

18.2.2 SQLite 操作

（1）新增用户数据信息   为了向数据表中新增数据，可以使用如下 SQL 语句：

```
insert into 表名（字段名 1,字段名 2,...,字段名 n） values(字段值 1,字段值 2,...,字段值 n)
```

在 user 表中有两个字段，字段名分别为 id 和 name。而字段值需要根据字段的数据类型来赋值，如 id 是一个长度为 10 的整型，name 是长度为 20 的字符串型数据。向 user 表中插入 3 条用户信息记录，则 SQL 语句如下：

```
cursor.execute('insert into user(id,name) values("1","MRSOFT")')
cursor.execute('insert into user(id,name) values("2","Lucy")')
cursor.execute('insert into user(id,name) values("3","aaa")')
```

下面通过一个实例介绍一下向 SQLite 数据库中插入数据的流程。

【例 18.2】   新增用户数据信息。

由于在实例 18.1 中已经创建了 user 表，因此本实例可以直接操作 user 表，向 user 表中插入 3 条用户信息。此外，由于是新增数据，需要使用 commit() 方法提交事务，因为对于增加、修改和删除操作，使用 commit() 方法提交事务后，如果相应操作失败，可以使用 rollback() 方法回滚到操作之前的状态。新增用户数据信息的具体代码如下：

```
import sqlite3
# 连接到SQLite数据库
# 数据库文件是mrsoft.db，如果文件不存在，会自动在当前目录创建
conn = sqlite3.connect('mrsoft.db')
# conn.text_factory = str
# 创建一个Cursor
cursor = conn.cursor()
# 执行一条SQL语句，插入一条记录
cursor.execute('insert into user(id,name) values("1","MRSOFT")')
cursor.execute('insert into user(id,name) values("2","Lucy")')
cursor.execute('insert into user(id,name) values("3","aaa")')
# 关闭游标
cursor.close()
# 提交事务
conn.commit()
# 关闭Connection
conn.close()
```

运行该实例，会向 user 表中插入 3 条记录。为验证程序是否正常运行，可以再次运行，如果提示如下信息，说明插入成功（因为 user 表中已经保存了上一次插入的记录，所以再次插入会报错）。

```
sqlite3.integrityError.UNIQUE constraint faited: user.id
```

（2）查看用户数据信息　查看 user 表中的数据可以使用如下 SQL 语句：

```
select 字段名1,字段名2......字段名3......from 表名 where 查询条件
```

查看用户信息的代码与插入数据信息大致相同，不同点在于使用的 SQL 语句不同。此外，查询数据时通常使用如下 3 种方式：

fetchone( )：获取查询结果集中的下一条记录。

fetchmany（size）：获取指定数量的记录。

fetchall( )：获取结构集的所有记录。

下面通过一个实例来学习这 3 种查询方式的区别。

【例 18.3】　使用 3 种方式查询用户数据信息。

分别使用 fetchone、fetchmany 和 fetchall 这 3 种方式查询用户信息，具体代码如下：

```
import sqlite3
# 连接到SQLite数据库
# 数据库文件是mrsoft.db，如果文件不存在，会自动在当前目录创建
conn = sqlite3.connect('mrsoft.db')
# 创建一个Cursor
cursor = conn.cursor()
# 执行查询语句
cursor.execute('select*from user')

# 获取查询结果
result1 = cursor.fetchone()
print(result1)

# 关闭游标
cursor.close()
# 提交事务
conn.commit()
# 关闭Connection
conn.close()
```

使用 fetchone( ) 方法返回的 result 为一个元组，运行结果如下：

```
(1, u'MRSOFT')
>>>
```

① 修改实例 18.3 的代码，将获取查询结果的语句块代码修改为：

```
import sqlite3
# 连接到SQLite数据库
# 数据库文件是mrsoft.db，如果文件不存在，会自动在当前目录创建
conn = sqlite3.connect('mrsoft.db')
conn.text_factory = str
# 创建一个Cursor
cursor = conn.cursor()
# 执行查询语句
cursor.execute('select*from user')

# 获取查询结果
result2 = cursor.fetchmany(2)
print(result2)

# 关闭游标
cursor.close()
# 提交事务
conn.commit()
# 关闭Connection
conn.close()
```

使用 fetchmany 方法传递一个参数，其值为 2，默认为 1。返回的 2 为一个列表，列表中包含两个元组，运行结果如下：

```
[(1, u'MRSOFT'), (2, u'Lucy')]
>>>
```

② 修改实例 18.3 的代码，将获取查询结果的语句块代码修改为：

```
import sqlite3
# 连接到SQLite数据库
# 数据库文件是mrsoft.db，如果文件不存在，会自动在当前目录创建
conn = sqlite3.connect('mrsoft.db')
#conn.text_factory = str
# 创建一个Cursor
cursor = conn.cursor()
# 执行查询语句

cursor.execute('select*from user')

# 获取查询结果
result3 = cursor.fetchall()
print result3

# 关闭游标
cursor.close()
# 提交事务
conn.commit()
# 关闭Connection
conn.close()
```

使用 fetchall 方法返回的 result3 为一个列表，列表中包含 user 表中数据组成的元组，运行结果如下：

```
[(1, u'MRSOFT'), (2, u'Lucy'), (3, u'aaa')]
>>>
```

③ 修改实例 18.3 的代码，将获取查询结果的语句块代码修改变为：

```
import sqlite3
# 连接到SQLite数据库
# 数据库文件是mrsoft.db，如果文件不存在，会自动在当前目录创建
conn = sqlite3.connect('mrsoft.db')
#conn.text_factory = str
# 创建一个Cursor
cursor = conn.cursor()
# 执行查询语句
cursor.execute('select*from user where id>?',(1,))

# 获取查询结果
result3 = cursor.fetchall()
print result3

# 关闭游标
cursor.close()
# 提交事务
conn.commit()
# 关闭Connection
conn.close()
```

在 select 查询语句中使用问号作为占位符代替具体的数值，然后使用一个元组来替换问号（注意，不要忽略元组中最后的逗号）。上述查询语句等价于：

```
cursor.execute('select*from user where id>1')
```

运行结果如下：

```
[(2, u'Lucy'), (3, u'aaa')]
>>>
```

⚠ 说明：使用占位符的方式可以避免 SQL 注入的风险，推荐使用这种方式。

（3）修改用户数据信息 修改 user 表中的数据可以使用如下 SQL 语句。

```
update 表名 set 字段名字段值 where 查询条件
```

下面通过一个实例来学习一下如何修改表中数据。

【例 18.4】 修改用户数据信息。

将 SQLite 数据库中 user 表 ID 为 1 的数据 name 字段值 mrsoft 修改为 mr，并使用 fetchall 获取表中的所有数据，具体代码如下：

```
import sqlite3
# 连接到SQLite数据库，数据库文件是mrsoft.db
conn = sqlite3.connect("mrsoft.db")
# 创建一个Cursor
cursor = conn.cursor()
cursor.execute('update user set name = ? where id = ?',('MR',1))
cursor.execute('select * from user')
result = cursor.fetchall()
print(result)
# 关闭游标
cursor.close()
# 提交事务
conn.commit()
# 关闭Connection:
conn.close()
```

运行结果如下：

```
[(1, u'MR'), (2, u'Lucy'), (3, u'aaa')]
>>>
```

（4）删除用户数据信息 删除 user 表中的数据可以使用如下 SQL 语句：

delete from **表名 where 查询条件**

下面通过一个实例来学习一下如何删除表中数据。

【例 18.5】 删除用户数据信息。

将 SQLite 数据库中 user 表 ID 为 1 的数据删除，并使用 fetchall 获取表中的所有数据，查看删除后的结果，具体代码如下：

```
import sqlite3
# 连接到SQLite数据库
# 数据库文件是mrsoft.db，如果文件不存在，会自动在当前目录创建
conn = sqlite3.connect('mrsoft.db')
conn.text_factory = str
# 创建一个Cursor
cursor = conn.cursor()
cursor.execute('delete from user where id = ?',(1,))
cursor.execute('select * from user')
result = cursor.fetchall()
print(result)

# 关闭游标
cursor.close()

# 提交事务
conn.commit()

# 关闭Connection
conn.close()
```

执行上述代码后，user 表中 ID 为 1 的数据将被删除，运行结果如下：

```
[(2, 'Lucy'), (3, 'aaa')]
>>>
```

18.3
使用 MySQL

18.3.1 下载安装 MySQL

MySQL 是一款开源的数据库软件，由于其免费特性得到了全世界用户的喜爱，是目前使用人数最多的数据库。下面将详细讲解如何下载和安装 MySQL 库。

（1）下载 MySQL 在浏览器的地址栏中输入地址 http://dev.mysql.com/downloads/windows/installer/，并按 Enter 键，将进入当前版本的下载页面，选择离线安装包。

单击 Download 按钮下载。进入开始下载页面。如果有 MySQL 的账户，可以单击 Login 按钮，登录账户下载，如果没有，可以直接单击下方的 "No thanks just take me to the download" 超链接，跳过注册步骤，直接下载。

（2）安装 MySQL　下载完毕以后，开始安装 MySQL。双击安装文件，在所示界面中选中 "I accept the license terms"，单击 Next 按钮，进入选择设置类型界面。在选择设置中有 5 种类型，说明如下：

☑ Developer Default：安装 MySQL 服务器以及开发 MySQL 应用所需的工具。工具包括开发和管理服务器的 GUI 工作台，访问操作数据的 Excel 插件、与 Visual Studio 集成开发的插件、通过 NET/Java /C/C++/OBDC 等访问数据的连接器、例子和教程、开发文档。

☑ Server only：仅安装 MySQL 服务器，适用于部署 MySQL 服务器。

☑ Client only：仅安装客户端，适用于基于已存在的 MySQL 取务器进行 MySQL 应用开发的情况。

☑ full：安装 MySQL 所有可用组件。

☑ Custom：自定义需要安装的组件。

MySQL 会默认选择 Developer Default 类型，这里我们选择纯净的 Server only 类型，然后一直默认选择安装。

（3）设置环境变量　安装完成以后，默认的安装路径是 C：\Program Files\MySQL\MySQL Server 5.5\bin，下面设置环境变量，以便在任意目录下使用 MySQL 命令，右击 "计算机" →选择 "属性" →选择 "高级系统设置" →选择 "环境变量" →选择 "PATH" →单击 "编辑" 按钮，将 C：\Program Files\MySQL\MySQL Server 5.5\bin 写在变量值中，如图 18-3 所示。

图 18-3　设置环境变量

（4）启动 MySQL　使用 MySQL 数据库前，需要先启动 MySQL。在窗口中，输入命令行 "net start mysql 55" 来启动 MySQL5.5。启动成功后，使用账户和密码进入 MySQL，输入命令 "mysql-u root-p"，接着显示 "Enter password："，输入密码 root 即可进入 MySQL，如图 18-4 所示。

（5）使用 Navicat for MySQL 管理软件　在命令提示符下操作 MySQL 数据库的方式对初学者并不友好，而且需要有专业的 SQL 语言知识，所以各种 MySQL 图形化管理工具应运而生，其中 Navicat for MySQL 就是一个广受好评的桌面版权 MySQL 数据库管理和开发工具，它使用图形化的用户界面，可以让用户使用和管理更为轻松。官方网址为 http：//

www.navicat.com.cn。

图 18-4　启动 MySQL

首先下载、安装 Navicat for MySQL，然后新建 MySQL 连接，如图 18-5 所示。

图 18-5　新建 MySQL 连接

接下来，输入连接信息，输入连接名 studyPython，输入主机名后 IP 地址 localhost 或

127.0.0.1，输入密码 root，如图 18-6 所示。

图 18-6　输入连接信息

单击"确定"按钮，创建完成。此时，双击 localhost 图标，即进入 localhost 数据库，如图 18-7 所示。

图 18-7　Navicat 主页

下面使用 Navicat 创建一个名为 mrsoft 的数据库，步骤为：右击 studyPython 图标→选择"新建数据库"命令→填写数据库信息，如图 18-8 所示。

图 18-8　创建数据表

说明：Navicat for MySQL 的更多操作请查阅相关资料。

18.3.2　安装 PyMySQL

由于 MySQL 服务器以独立的进程运行，并通过网络对外服务，因此，需要支持 Python 的 MySQL 驱动连接到 MySQL 服务器。在 Python 中支持 MySQL 的数据库模块有很多，我们选择使用 PyMySQL。

PyMySQL 的安装比较简单，在 CMD 中运行如下命令：

```
pip install PyMySQL
```

18.3.3　数据库连接

使用数据库的第一步是连接数据库，接下来使用 PyMySQL 连接数据库。由于 PyMySQL 也遵循 Python Database AP12.0 规范，故操作 MySQL 数据库的方式与 SQLite 相似。我们可以通过类比的方式来学习。

【例 18.6】 使用 PyMySQL 连接数据库。

前面我们已经创建了一个 MySQL 连接 studyPython，并且在安装数据库时设置了数据库的用户名 root 和密码 root，下面就通过以上信息，使用 connect( ) 方法连接 MySQL 数据库，具体代码如下：

```
import pymysql
# 打开数据库连接，参数1：主机名或IP；参数2：用户名；参数3：密码；参数4：数据库名称
db = pymysql.connect("localhost","root","root","studyPython")
# 使用cursor()方法创建一个游标对象 cursor
cursor = db.cursor
# 使用execute()方法执行SQL查询
cursor.execute("SELECT VERSION()")
# 使用fetchone()方法获取单条数据
data = cursor.fetchone()
print("Database version:%s" %data)
# 关闭数据库连接
db.close()
```

上述代码中，首先使用 connect( ) 方法连接数据库，然后使用 cursor( ) 方法创建游标，接着使用 execute( ) 方法执行 SQL 语句查看 MySQL 数据库版本，然后使用 fetchone( ) 方法获取数据，最后使用 close 方法关闭数据库连接，运行结果如下：

```
Database version: 5.7.21-log
```

18.3.4 数据表创建

数据库连接成功以后，我们就可以为数据库创建数据表了。下面通过一个实例使用execute( ) 方法来为数据库创建表 books 图书表。

【例 18.7】 创建图书库。

books 表包含 id（主键）、name（图书名称），category（图书分类），price（图书价格）和 publish-time（出版时间）5 个字段，创建 books 表的 SQL 语句如下：

```
CREATE TABLE books(
    id int(8) NOT NULL AUTO(INCREMENT
    name varchar(50) NOT NULL,
    category varchar(50) NOT NULL,
    paice decimal(10,2) DEFAULT NULL,
    publish_time date DEFAULT NULL,
    PRIMARY KEY(id)
 )ENGINE=MYISAM AUTO_INCREMENT=1 DEFAULT CHARSET=utf8;
```

在创建数据表前，使用如下语句：

```
DROP TABLE IF EXISTS books:
```

如果 mrsoft 数据库中已经存在 books，那么先删除 books，再创建 books 数据表，具体代码如下：

```
import pymysql

# 打开数据库连接
db = pymysql.connect("localhost","root","root","mrsoft")
# 使用cursor()方法创建一个游标对象 cursor
cursor = db.cursor
# 使用execute()方法执行SQL,如果表存在,则删除
```

```
cursor.execute("DROP TABLE IF EXISTS books")
# 使用预处理语句创建表
sql = """
CREATE TABLE books(
id int(8) NOT NULL AUTO_INCREMENT,
name varchar(50) NOT NULL,
category varchar(50) NOT NULL,
price decimal(10,2) DEFAULT NULL,
publish_time date DEFAULT NULL,
PRIMARY KEY(id)
)ENGINE=MYISAM AUTO_INCREMENT=1 DEFAULT CHARSET=utf8;
"""
# 执行SQL语句
cursor.execute(sql)
# 关闭数据库连接
db.close()
```

运行上述代码后，mrsoft 数据库下就已经创建了一个 books 表。打开 Navicat（如果已经打开按 F5 键刷新），发现 mrsoft 数据库下多了一个 books 表，右击 books，选择设计表。

18.3.5 数据表操作

MySQL 数据表的操作主要包括数据的增删改查，与操作 SQLite 类似，这里通过一个实例讲解如何向 books 表中新增数据，至于修改、查找和删除数据则不再赘述。

【例 18.8】 books 图书表添加图书数据。

在向 books 图书表中插入图书数据时，可以使用 executeone( ) 方法添加一条记录，也可以使用 executemany( ) 方法批量添加多条记录，executemany( ) 方法的格式如下：

```
executemany(operation,seq_of_params)
```

参数说明如下：

☑：操作的 SQL 语句。

☑：参数序列。

executemany( ) 方法批量添加多条记录的具体代码如下：

```
import pymysql

# 打开数据库连接
db = pymysql.connect("localhost","root","root","mrsoft",charset="utf8")
# 使用cursor()方法获取操作游标
cursor = db.cursor
# 数据列表
data = [("零基础学 Python",'Python','79.80','2018-5-20'),
        ("Python从入门到精通",'Python','69.80','2018-6-18'),
        ("零基础学PHP",'PHP','69.80','2017-5-21'),
        ("PHP项目开发实战入门",'PHP','79.80','2016-5-21'),
        ("零基础学Java",'Java','69.80','2017-5-21'),
        ]
try:
    # 执行sql语句，插入多条数据
    cursor.executemany("insert into books(name,category,price,publish_time)values(%s,%s,%s,%s)",data)
    # 提交数据
    db.commit()
except:
    # 发生错误时回滚
    db.rollback()

# 关闭数据库连接
db.close()
```

上述代码中，特别注意以下两点：

① 使用 connect( ) 方法连接数据库时，额外设置字符集 charset-utf-8，可以防止插入中文时出错。

② 在使用 insert 语句插入数据时，使用 %s 作为占位符，可以防止 SQL 注入。

运行上述代码，在 Navicat 中查看 books 表数据。

小结：

本章主要介绍了使用 Python 操作数据库的基础知识，通过本章的学习，读者能够理解 Python 数据库编程接口，并掌握 Python 操作数据库的通用流程。掌握数据库连接对象的常用方法，并能够具备独立完成设计数据库的能力。希望本章能够起到抛砖引玉的作用，能够帮助读者在此基础上更深层次地学习 Python 操作 SQLite 和 MySQL 数据库的相关技术，并进一步学习使用 SQLAlchemy 的方式操作数据库的方法。